Michael Arnold

Histochemie

Einführung in Grundlagen und Prinzipien der Methoden

Mit 68 Abbildungen

Springer-Verlag
Berlin · Heidelberg · New York 1968

Privatdozent Dr. Michael Arnold
Anatomisches Institut der Universität Tübingen

ISBN-13: 978-3-642-92959-5   e-ISBN-13: 978-3-642-92958-8
DOI: 10.1007/978-3-642-92958-8

Vorwort

Die Histochemie hat ein fast unübersehbares Arsenal von Methoden zur Stoff-
ortung im histologischen Präparat bereitgestellt. Die histochemische Grundlagen-
forschung entwickelt in rascher Folge weitere spezielle Verfahren, die für die topo-
chemische Analyse licht- und elektronenmikroskopischer Objekte eingesetzt werden
können.

Die beeindruckenden Möglichkeiten histochemischer Gewebsuntersuchung haben
zu breiter Anwendung auf den verschiedensten Gebieten, vor allem auch in der
klinischen Medizin, geführt. Dies hat zur natürlichen Folge, daß häufig histochemisch
zunächst unerfahrenes technisches Hilfspersonal mit der Präparatherstellung befaßt
ist und daß auch die wissenschaftliche Interpretation der Ergebnisse oft auf unzu-
reichenden Erfahrungsgrundlagen erfolgt. So erklärt es sich, daß so viele histochemische Befunde veröffentlicht werden, die der Kritik nicht standhalten.

Aus vielfältigen Erfahrungen bei der Zusammenarbeit auf dem Gebiet der ange-
wandten Histochemie ergibt sich, daß insbesondere der Mediziner vielen z. T. elementaren Schwierigkeiten gegenübersteht. Das exakte Nacharbeiten von Methoden
anhand der ausgezeichneten Werke, die für diesen Zweck bereits zur Verfügung
stehen, genügt offensichtlich nicht, die histochemische Praxis auf eine sichere Grundlage zu stellen.

Von dem Gedanken ausgehend, daß Verständnis für den Mechanismus der
einzelnen speziellen histochemischen Reaktionen zwar selbstverständlich notwendig,
aber allein nicht ausreichend ist, daß vielmehr Einsicht in die allgemeinen Grundprinzipien histologisch-histochemischer Arbeitsweisen geweckt werden müsse, wurde
das vorliegende Werk konzipiert. Der Akzent der Darstellung liegt auf der Behandlung der methodischen Grundmöglichkeiten. Deren Systematisierung führt zu einer
Methodologie im eigentlichen Sinn, in deren Rahmen jede spezielle Methode die
Wertigkeit einer Anwendung oder eines Beispiels hat.

Das Arnoldsche Buch ist ein höchst bemerkenswerter Ansatz zu einer theoretischen Histochemie. Wegen seines didaktischen Anliegens möchte man ihm eine
zahlreiche Leserschaft aus dem Kreis derer wünschen, die Histochemie für ihre
speziellen Probleme anzuwenden haben.

Tübingen, im September 1968   W. Graumann

Inhaltsverzeichnis

I. Einleitung und Begriffsbestimmung

Seit vielen Jahren wird die Histochemie immer wieder als der jüngste, noch in den Anfängen steckende Zweig der Morphologie apostrophiert. In einem gewissen Widerspruch dazu steht aber die Tatsache, daß die Histochemie inzwischen durch die mit ihren Methoden gewonnenen Ergebnisse maßgeblich Anteil daran hat, daß die Morphologie neben Physiologie, Biochemie, Genetik und Mikrobiologie noch den Rang einer modernen biologischen Disziplin beanspruchen kann.

Für das Verständnis biologischer Funktionen ist der Nachweis der *Strukturgebundenheit* oder *Strukturbezogenheit* von Stoffwechselleistungen bedeutsam. Er kann in vielen Fällen mühelos mit histochemischen Methoden geführt werden. So ist beispielsweise das Vorkommen einer alkalischen Phosphatase im Epithel der Darmzotten, nicht aber im Epithel der Darmkrypten, am histologischen Schnitt mit einer *histochemischen* Methode sehr leicht nachzuweisen. Mit *biochemischen* Methoden kann dieser Sachverhalt nur unter Schwierigkeiten aufgedeckt werden. An diesem Beispiel zeigt sich die vielfach vorhandene Überlegenheit histochemischer über physiologisch-chemische Methoden, wenn es um den Nachweis *örtlich umschriebener* Stoffwechselleistungen geht. Das Untersuchungsobjekt des Biochemikers sind eben in der Regel nicht Scheiben eines weitgehend unverletzten Organs, sondern ein Homogenat desselben. Durch die Analyse eines Homogenates wird aber stets nur der *Mittelwert* aller im Homogenat befindlichen stofflichen Komponenten erfaßt, während die Strukturzugehörigkeit beispielsweise eines Enzyms nicht ohne weitere, meist recht aufwendige Trennungsverfahren erkennbar wird. Auch im Verlauf einer biochemischen Untersuchung sollte jedenfalls der morphologisch-strukturelle Aspekt berücksichtigt und eine gedankliche Synthese *morphologischer* und *biochemischer* Befunde versucht werden; deren Ergebnis bleibt aber im Vergleich zu einer primär *histochemischen* Befunderhebung zumindest insofern unbefriedigend, als die unmittelbare Anschaulichkeit fehlt.

Gleichgültig mit welcher Methode und mit welcher Fragestellung ein biologisches Objekt untersucht wird, im Mittelpunkt der Bemühungen steht immer das Ziel, die Chemie *und* die Struktur, also die „Topochemie", zu erkennen. Nur so kann der Fehler vermieden werden, die in einem Organismus ablaufenden chemischen Prozesse den chemischen Prozessen im Reagenzglas gleichzusetzen. Umgekehrt sollte allerdings auch jede histologische und cytologische Struktur unter Hinzuziehung der von Physiologie und Biochemie erarbeiteten funktionell-dynamischen Aspekte stets als *Mittel zum Zweck einer Funktion* aufgefaßt werden. Gerade die histochemischen Methoden weisen nun aber in der Mehrzahl Bausteine oder Enzyme nach, die Hinweise auf Partialfunktionen der Zelle geben und *funktionsbezogene Struk-*

turanalysen ermöglichen oder erleichtern. Sie unterscheiden sich damit grundsätzlich in Zielsetzung und Möglichkeiten von den herkömmlichen histologischen Methoden.

Die Methoden der *klassischen* Histologie, und somit — cum grano salis — auch die heute noch gebräuchlichen histologischen Färbemethoden, bezwecken eine *farbliche Kennzeichnung* histologischer Objekte, wodurch im allgemeinen eine mikroskopische Untersuchung überhaupt erst möglich wird. Der ungefärbte Gewebeschnitt ist bei mikroskopischer Betrachtung nur dann untersuchbar, wenn in den Strahlengang eingegriffen wird, wie beispielsweise beim Phasenkontrastverfahren.

Eine für die histologische Untersuchung nutzbare Anfärbung kommt bereits zustande, wenn mit nur *einem* Farbstoff eine nur *einfarbige* Tönung des Schnittes erreicht wird. Die Erkennbarkeit einzelner Strukturen kann jedoch sehr erleichtert werden, wenn der Schnitt gleichzeitig (simultan) oder nacheinander (succedan) mit *verschiedenen* Farbstoffen behandelt wird, weil sich damit *differente Anfärbungen* einzelner Gewebekomponenten erzielen lassen.

Einer solchen farblich-differenten Darstellung der verschiedenen strukturellen Details liegen unterschiedliche physiko-chemische Eigenschaften der verschiedenen Gewebeanteile zugrunde. Da diese physiko-chemischen Eigenschaften im speziellen aber weitgehend unbekannt sind, ist eine Kennzeichnung der Anfärbbarkeit nicht nach ihrer *Ursache*, sondern nur nach ihrer *Erscheinung* möglich. Rein phänomenologisch waren beispielsweise ihrem historischen Ursprung nach die Bezeichnungen „chromophil" und „chromophob", „basophil" und „acidophil" zu verstehen. Sie kennzeichneten die Anfärbbarkeit eines Gewebes mit sog. basischen oder sog. sauren Farbstoffen, die aufgrund zunächst unbekannter „Affinitäten" an bestimmte Strukturen gebunden werden. Durch entsprechende Versuche wurden im Laufe der Zeit die Ursachen einiger dieser „Affinitäten" aufgedeckt. Dabei zeigte sich, daß die Färbbarkeit mit basischen bzw. sauren Farbstoffen als Materialeigenschaft eines Gewebes nur unter *bestimmten Bedingungen* auftritt und experimentell zu beeinflussen ist. So kann unter der Versuchsbedingung A eine Struktur mit basischen Farbstoffen, bei Versuchsbedingung B aber mit sauren Farbstoffen anfärbbar sein.

Bei Kenntnis des einer Anfärbbarkeit zugrunde liegenden Mechanismus kann die Anfärbung unbekannter Strukturen über eine rein phänomenologische Kennzeichnung hinaus *Hinweise auf den Chemismus* einer Struktur liefern und damit durchaus den Rang einer histochemischen Reaktion erhalten. Das gilt auch tatsächlich für die „Basophilie" bzw. die „Acidophilie" eines Gewebes, deren Feststellung einen beträchtlichen Informationswert haben kann (S. 68). Bedenkt man, daß Basophilie und Acidophilie durch günstige Umstände relativ leicht durchschaubare Phänomene sind, daß alle anderen different-färberischen Erscheinungen aber ebenfalls auf bestimmte Eigenschaften der Gewebe rückführbar sein müssen, nur viel schwerer interpretierbar sind, so wird der *fließende Übergang der klassisch-histologischen zu spezifisch-histochemischen Methoden* sichtbar. Die physikalisch-chemischen Ursachen differenter Anfärbungen sind meistens weitgehend unbekannt; daher liefert ihr Auftreten keine über eine „Etikettierung" hinausgehende Information und hat somit nicht die Wertigkeit eines histochemischen Merkmals.

Beim Versuch einer *positiven Begriffsbestimmung* der Histochemie darf man allerdings wohl kaum darauf bestehen, daß nur *dort* Histochemie vorliege, wo die physikochemischen Reaktionsmechanismen genau bekannt sind. Schon die wohl erste histochemische Reaktion, nämlich der Glykogennachweis mit Jod (1859), könnte dieses Kriterium nicht stricto sensu erfüllen, da der ihm zugrunde liegende Mechanismus bis heute noch nicht in allen Einzelheiten zu übersehen ist. Immerhin ist aber festzustellen, daß bei der Mehrzahl der histochemischen Reaktionen, wenn schon nicht der Reaktionsmechanismus, so doch die erfaßte chemische Komponente des Gewebes etwa durch *Kontrollreaktionen* bekannt ist. Durch Kontrollreaktionen kann also der *Aussagewert* einer empirischen Methode festgestellt werden. Beispielsweise wird die Spezifität der Glykogendarstellung mit Carmin erst durch eine am Parallelschnitt durchgeführte Diastasevorbehandlung erkennbar.

Auch bei Anwendung einer Methode mit bekanntem Reaktionsablauf kann unter Umständen das Ziel oder eben das überhaupt mögliche Ergebnis nur in einer Etikettierung von bestimmten Gewebekomponenten bestehen: Dann unterscheidet sich das *faktische Ergebnis* nach Anwendung einer histochemischen Methode nicht von der Zweckbestimmung klassisch-histologischer Methoden, nämlich der Kennzeichnung bestimmter Anteile eines Gewebeschnittes. Entscheidend für die Einordnung in die Kategorie „Histochemie" ist also nicht die Anwendung einer bestimmten histochemischen Technik, sondern die Zielsetzung *vor* Durchführung der Reaktion und die *nachfolgende* Interpretation. So hat das Vorliegen einer Phosphataseaktivität in einer bestimmten Zellsorte für sich genommen im allgemeinen noch keinen nennenswert größeren Informationswert als z. B. eine beliebige Blaufärbung durch eine konventionelle Methode. Erst wenn diese Aktivität zu Stoffwechselprozessen in Beziehung gebracht oder andere funktionelle Aspekte anhand dieses Befundes diskutiert werden können, wenn also aus dem Ergebnis der Anwendung einer Methode *mehr Information* abgelesen werden kann als die Feststellung des ganz vordergründigen Phänomens „positiver Reaktionsausfall", erst *dann* wird aus der angewendeten Technik eine histochemische Methode. Es ist ein Irrtum, wenn man annimmt, die Verwendung eines komplizierten Inkubationsgemisches sei bereits Histochemie. Bestenfalls ist dies *Anwendung von Chemie auf den Histos*, nicht aber *Erkennen der Chemie des Histos*.

Die Histochemie ist im Idealfall eine „in situ-Biochemie". Die topische Darstellung ist eine wesentliche Absicht in dieser Disziplin und bestimmt auch die Eigentümlichkeiten und Eigengesetzlichkeiten histochemischer Methoden. Abweichend von histologischen muß bei histochemischen Methoden nicht nur eine möglichst *optimale Strukturerhaltung* erreicht, sondern auch eine *Substanzverlagerung* und ein *Substanzverlust* verhindert werden. Zum Unterschied von biochemischen Methoden muß außerdem das Reaktionsprodukt immer *unlöslich* sein. Strukturerhaltung, Vermeidung von Substanzverlagerung und -verlust sowie Bildung eines unlöslichen Reaktionsproduktes sind bei *allen* histochemischen Nachweismethoden die determinierenden Notwendigkeiten. Eine auf die *Grundlagen* und *Prinzipien* hinweisende *Einführung* in die histochemische *Methodologie* kann daher nicht durch Aufzählen von Rezepten erfolgen, sondern muß zunächst und hauptsächlich die *Grundprinzipien* klarlegen. Kritische

Hinweise auf Zielsetzung und Informationswert, Grenzen und Fehlermöglichkeiten histochemischer Methoden sind zudem für den interessierten Anfänger nützlicher, als es eine enzyklopädische Bestandsaufnahme histochemischer Methoden sein könnte. Nachdem die im folgenden näher dargestellten immer wiederkehrenden Charakteristika histochemischer Verfahren deutlich geworden sind, sollte jedes beliebige Rezept verständlich und sinnvoll anwendbar sein.

II. Grundlagen

Die *Spezifität* einer Methode und die zu berücksichtigenden *Fehlermöglichkeiten* sind im allgemeinen nur bei genauer *Kenntnis des Reaktionsablaufes* zu erfassen. Außerdem wird bei Kenntnis desselben der Informationswert einer Methode vergrößert: Dann erst ist es möglich, *so* gezielt in den Ablauf der Reaktion einzugreifen, daß ein durch diesen Eingriff verursachtes neues Reaktionsergebnis für die Interpretation verwendet werden kann.

Die äußerst geringen Kenntnisse von Reaktionsabläufen bei den klassisch-histologischen Färbemethoden können mit der Schwierigkeit erklärt werden, ein stofflich so komplexes Objekt wie den histologischen Schnitt zu untersuchen. Auch die physikalisch-chemischen Prozesse im Verlauf einer histochemischen Reaktion sind nur schwer zu durchschauen: Die den verschiedensten Stoffgruppen angehörenden Substanzen des Gewebes beeinflussen sich gegenseitig im Hinblick auf ihre physikalisch-chemischen Eigenschaften. Auf dieses System wirken dann bei Anwendung einer histochemischen Methode unter Umständen zahlreiche Reagentien ein. Wenn nun aber auch bei histochemischen Nachweisreaktionen nicht immer alle Prozesse genau wie in einem *Modell* mit überschaubaren Reaktionspartnern ablaufen, so kann man dennoch behaupten, daß dies bei keinem dieser Prozesse im *Widerspruch* zu chemischen und physikalischen Gesetzen geschieht. Sie sind sozusagen der Rahmen, innerhalb dessen auch die Reaktionen zur Erfassung von bestimmten Anteilen des Stoffgemisches ablaufen müssen. Erklärungsversuche von Reaktionsabläufen und Deutungen von Befunden, welche diesen Rahmen überschreiten, müssen falsch sein.

Jede histochemische Reaktion hat die Aufgabe, ein *Zeichen* zu bilden, das bei mikroskopischer Betrachtung des Schnittes als Hinweis auf diese oder jene Substanz verstanden werden kann. Es *informiert* den Beobachter somit — allerdings in verschlüsselter Form — über das Vorhandensein einer Substanz, über einen Stoffwechselprozeß oder einen Zustand im Gewebe. Das Zeichen soll möglichst spezifisch sein. Die materielle Grundlage des Zeichens, also der *Zeichenträger*, ist im allgemeinen ein gefärbtes, seltener ein lichtundurchlässiges Reaktionsprodukt, das durch den Prozeß der *Pigmentbildung* bei der Umsetzung mit einem Nachweisreagens gebildet wird. Das Reaktionsprodukt darf sich in den verwendeten Lösungsmitteln nicht oder nur in einer zu vernachlässigenden Menge lösen, weil sonst ein Teil des Pigmentes während der Reaktion oder im Verlauf der Weiterbehandlung des Untersuchungsgutes verlorengehen könnte. Im ungünstigsten Fall kann durch eine zu große Löslichkeit des Reaktionsproduktes sogar ein negativer Reaktionsausfall zustande kommen, der zu einer falschen Deutung des Objektes führt..

Ein Zeichenträger liegt dann in Form eines *gefärbten Reaktionsproduktes* vor, wenn ein *Teil* des angebotenen Lichtes im sichtbaren Gebiet absorbiert wird, wodurch ein Farbeindruck entsteht. Wird ein Filter in den Strahlengang gebracht, der so gewählt wird, daß nur monochromatisches Licht jener Wellenlänge hindurchgeht, in dessen Bereich das Reaktionsprodukt absorbiert, tritt ein Helligkeitsunterschied auf. Das Reaktionsprodukt erscheint dadurch dunkler als der nicht absorbierende Teil des Objektes.

Ein Zeichenträger liegt dann in Form eines *lichtundurchlässigen Reaktionsproduktes* vor, wenn das angebotene Licht überhaupt nicht hindurchtreten kann, wodurch ebenfalls ein Helligkeitsunterschied gegenüber dem Umfeld entsteht.

Das monochromatische Licht, welches das absorbierende Reaktionsprodukt durchläuft, wird in jedem Bruchteil der Schichtdicke des Reaktionsproduktes um einen Bruchteil seiner Intensität I_0 verringert. Nach Durchlaufen der *ganzen* Schichtdicke des Reaktionsproduktes ist die Intensität des Lichtes vom Wert I_0 auf den Wert I_1 gesunken. Der logarithmische Quotient wird als *Extinktion E* bezeichnet:

$$E = \lg \frac{I_0}{I_1}$$

Das Reaktionsprodukt darf eine gewisse minimale Schichtdicke nicht unterschreiten, um eine für die subjektive (Auge) oder objektive (Photometer) Beobachtung notwendige Mindestgröße von E und damit des *Kontrastes* zum nicht absorbierenden Umfeld zu erreichen. Für eine *Totalabsorption* ist bei undurchsichtigen Stoffen eine Mindestschichtdicke von $\geq \, {}^1/_2 \, \lambda$ erforderlich (λ = Wellenlänge des verwendeten monochromatischen Lichtes).

Die Frage nach der Mindestgröße von *E* ist deshalb von erheblicher praktischer Bedeutung, weil sie mitbestimmend ist für die mikroskopisch noch faßbare Substanzmenge. Auch wird die gewählte Technik beim Einschluß des fertigen Präparates die für die Erfassung nötige Größe von E beeinflussen. Eine möglichst reine *Absorption* — also ohne Brechungserscheinungen — kann nämlich nur dann stattfinden, wenn das Brechungsvermögen des Reaktionsproduktes mit dem Brechungsvermögen des umliegenden Mediums weitgehend übereinstimmt. Eine *vollständige* Übereinstimmung kann allerdings kaum erreicht werden, da die Brechzahl absorbierender Stoffe in komplexer Weise mit der Extinktion zusammenhängt. Bei größeren Abweichungen der Brechungsindices voneinander kommt es aber zu *Brechungserscheinungen*, welche die Schärfe der Abbildung beeinträchtigen und dadurch die Erkennung kleiner Objekte und damit auch kleinvolumiger Reaktionsprodukte verhindern können (Abb. 1). Daraus leitet sich die Forderung nach *fehlerfreiem Einschluß* des Schnittes mit einem dem Reaktionsprodukt in der Brechkraft möglichst weit angenäherten Einschlußmedium ab (Anhang, S. 196). Im allgemeinen ist dies besonders gut nach Entwässerung des Präparates möglich.

Die bei Bestrahlung mit weißem oder monochromatischem Licht auftretende *Absorption durch ein Reaktionsprodukt* bedeutet *Aufnahme von Lichtquanten* und damit von *Energie*. Hierdurch wird das absorbierende Molekül in einen energetisch *angeregten Zustand* überführt. Nach kurzer Zeit geht das Molekül in den Ausgangszustand zurück, indem die aufgenommene Energie in Form von *Strahlung* oder *Molekülbewegung* (Wärme) abgegeben wird. Beide Faktoren sind für die Histochemie von Bedeutung: Die thermische (d. h. Bewegungs-) Energie des einzelnen Moleküls wäre erheblich, wenn die Energie nicht bei Zusammenstößen mit benachbarten Molekülen weitergegeben würde. Bei längerer Bestrahlung, besonders mit energiereichem UV-Licht, kann dennoch eine Zerstörung gefärbter Präparate durch lokale Überhitzung erfolgen.

Für die Histologie und für bestimmte Verfahren der Histochemie ist die zweite Art der Energieabgabe wichtiger: Ein Farbstoffmolekül wird zunächst durch Aufnahme eines Lichtquants aus dem Grundzustand in einen energetisch angeregten Zustand überführt. Anschließend geht das angeregte Molekül wieder in den Grundzustand

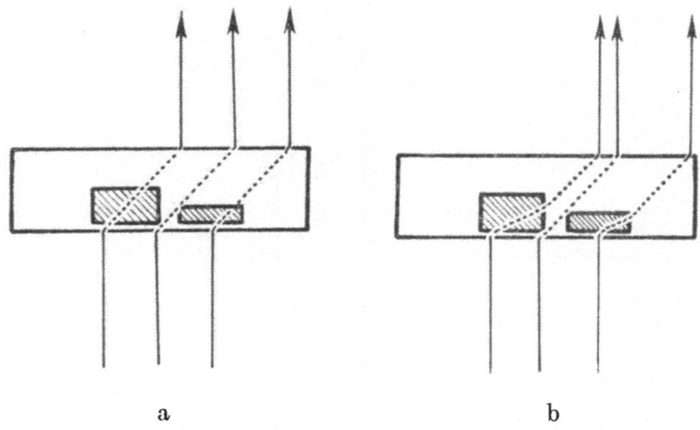

Abb. 1. Einfluß der Brechkraft des Einschußmediums auf die Brillanz des Absorptionsbildes. a. Gute Übereinstimmung der Brechungsindices von Reaktionsprodukt und Umfeld, daher gute Erkennung von Details. b. Keine Übereinstimmung, daher unterschiedlicher Strahlendurchgang und schlechte Detailerkennung

zurück und gibt die bei der Absorption eines Quants aufgenommene Energie in Form von *Strahlung* wieder ab. Die abgegebene Strahlung kann die gleiche Wellenlänge haben wie die anregende (Resonanzstrahlung); sie kann dann mikroskopisch nicht erkannt werden, weil sich das „strahlende" Molekül nicht aus dem von Licht gleicher Wellenlänge durchstrahlten Umfeld abhebt. Wenn das Molekül *stufenweise* in den Grundzustand zurückgeht, dann ist die Wellenlänge des abgestrahlten Lichtes von der Wellenlänge der anregenden Strahlung verschieden (die angeregte Strahlung ist stets langwelliger als die anregende), und ein Reaktionsprodukt tritt deutlich hervor. Dazu muß allerdings die anregende Primärstrahlung *vor* dem Ocular mit Hilfe eines entsprechenden Filters gesperrt werden, damit ein dunkler Hintergrund vorliegt (Abb. 2). Der Nachweis dieser Erscheinung, der Fluorescenz, erfordert demnach die Verwendung spezieller Mikroskope (Fluorescenzmikroskope). Wegen der leichten Erkennbarkeit eines leuchtenden Punktes auf schwarzem Hintergrund erlaubt die Fluorescenzmikroskopie die Erfassung sehr kleiner Substanzmengen (S. 49ff; Anhang, S. 129).

Neben der Farbe oder Lichtundurchlässigkeit des Reaktionsproduktes ist dessen
Unlöslichkeit von größter Bedeutung für die Histochemie. Im allgemeinen sind die
nachzuweisenden Substanzmengen bemerkenswert gering, und schon eine relativ
geringe Löslichkeit würde daher einen negativen Reaktionsausfall zur Folge haben.
Die im Text und Anhang (S. 180ff) angegebenen Löslichkeiten für verschiedene feste
Substanzen sind dadurch bestimmt worden, daß man ein Salz oder einen Niederschlag, im Lösungsmittel bis zum Eintreten der Sättigung beläßt. Dann wird der
Gewichtsverlust der festen Phase bestimmt und die *Differenz der Gewichte vor und nach
Lösen* als in Lösung gegangene Substanzmenge angenommen. Die auf diese Weise
bestimmten Löslichkeiten von Substanzen, die als Produkte histochemischer Reak-
tionen auftreten, bewegen sich alle in einer Größenordnung, die es fast kleinlich

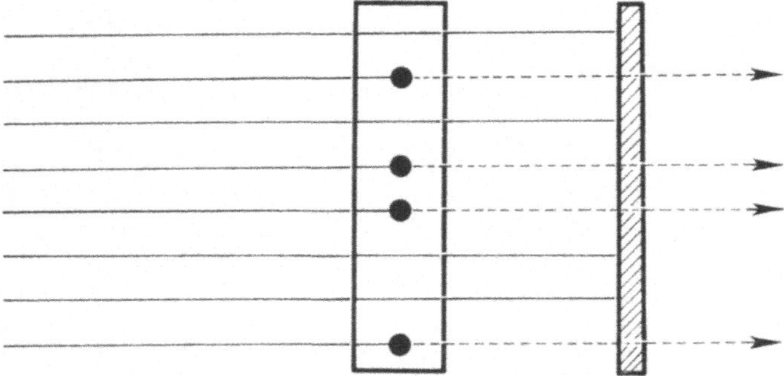

Abb. 2. Schema der Fluorescenzmikroskopie. Ein Teil der in das Objekt einfallenden Strahlen durchdringt das Objekt und wird im Sperrfilter zurückgehalten (durchgehende Linien).
Ein Teil der Strahlen regt Moleküle im Objekt zur Aussendung von Fluorescenzstrahlung
an, die langwelliger ist als die Erregerstrahlung und daher das Sperrfilter passieren kann
(gestrichelte Linie)

erscheinen läßt, diesem Problem so große Beachtung zu schenken. Es ist jedoch bei
histochemischen Reaktionen nicht nur die Möglichkeit eines Verlustes von bereits
gefälltem Reaktionsprodukt durch Lösung im Verlauf der Weiterbehandlung des
Schnittes zu beachten; die Fällung, also die *Bildung einer festen Phase*, während des
Reaktionsablaufes ist vielmehr in bestimmter Hinsicht von der Auflösung einer
festen Phase bei Löslichkeitsversuchen verschieden.

Ganz allgemein ist die Voraussetzung für die Bildung einer festen Phase aus einer
Lösung eine *Keimbildung*. Die Keimbildung ist stets dann ein äußerst komplizierter
Vorgang, wenn keine kondensationsauslösenden Faktoren wie Schmutzteilchen usw.
vorhanden sind. Ohne solche Faktoren muß nämlich zunächst einmal eine erhebliche
Übersättigung der Lösung erreicht werden, ehe eine *spontane* Keimbildung zustande
kommt. Dazu müssen einige hundert Moleküle zusammentreffen, wobei man davon
ausgehen darf, daß die Wahrscheinlichkeit für ein solch zufälliges Zusammentreffen
so vieler Moleküle eben bei höheren Konzentrationen größer ist. Da im histologischen Schnitt die zu bildenden Teilchen sehr klein sind und kleincorpusculäre
Niederschläge infolge verschiedener Oberflächeneinflüsse besser löslich sind als große,

sind die Bedingungen für eine Keimbildung im histologischen Schnitt weit ungünstiger, als sie es im allgemeinen im Reagenzglas sein werden.

Andererseits ist der histologische Schnitt weit davon entfernt, sich wie eine homogene Lösung zu verhalten. Schon in Glasgefäßen bildet sich beim Vorliegen „rauher" Oberflächen aus einer übersättigten Lösung infolge eines Aufwachsens des gelösten Stoffes an den rauhen Stellen rascher ein Niederschlag als an glattwandigen Flächen. Im histologischen Schnitt liegen zahlreiche „rauhe" Flächen vor; im Hinblick darauf kann man daher auf günstigere Fällungsbedingungen im Schnitt als im Reagenzglas schließen. Das Aufwachsen von Niederschlägen an bereits im Schnitt vorhandenen Flächen birgt aber die Gefahr einer *Verlagerung* des Reaktionsproduktes in sich. So kann das Reaktionsprodukt zwar am Ort *A* in löslicher Form gebildet werden, wird aber am Ort *B* niedergeschlagen und dort dann auch als Zeichen für das Vorliegen beispielsweise eines Enzyms gewertet. Solche Verlagerungen haben u. a. die Anwesenheit von Phosphatase im Zellkern vorgetäuscht. Sofern die durch Aufwachsen hervorgerufenen Verlagerungen geringfügig sind, können sie in lichtmikroskopischen Untersuchungen nicht erkannt und daher vernachlässigt werden. Insbesondere in der elektronenmikroskopischen Histochemie können sie aber eine bedeutende Rolle spielen, da bei der hohen Auflösung des Elektronenmikroskops schon kleine Verlagerungen zu fehlerhaften Interpretationen führen müssen.

Die Schwierigkeiten der Keimbildung aus Lösungen und die Notwendigkeit einer *Übersättigung* kann dazu führen, daß unter Umständen eine kleine Substanzmenge im Schnitt überhaupt nicht nachgewiesen werden kann, da das Reaktionsprodukt nicht niedergeschlagen und somit aus dem Schnitt herausgelöst wird. Es kommt dann ein negativer Reaktionsausfall trotz der an sich für ihre Erfassung ausreichenden Substanzmengen zustande. Erst wenn größere Substanzmengen im Schnitt vorliegen, kann die Löslichkeit merklich überschritten werden und eine Keimbildung stattfinden: das Reaktionsprodukt fällt aus, und die Reaktion erscheint positiv. Diese Überlegungen gelten allerdings in strengem Sinne nur für *homogene* Reaktionen. Bei der Mehrzahl histochemischer Nachweise dürften jedoch *heterogene* Reaktionen ablaufen. Das bedeutet, daß der Reaktionspartner im Schnitt an eine Struktur gebunden ist und sich aus einer festen Phase heraus mit dem im Nachweismedium gelösten Reagens umsetzt. Das hat den Vorteil, daß für die Keimbildung unter Umständen nur *lokale Übersättigungen* erforderlich sind (S. 85).

Jedes Reaktionsprodukt ist solange löslich, bis die zur Bildung einer festen Phase erforderliche Konzentration erreicht ist. Dies wird in einem kleinen Volumen schneller der Fall sein als in einem großen. Daraus könnte die Forderung nach möglichst kleinen Volumina abgeleitet werden, mit denen der Schnitt beim Nachweis kleiner Substanzmengen zu behandeln ist. In solchen Fällen ist es vorteilhaft, die Schnitte nicht auf normale Objektträger, sondern auf Deckgläser aufzukleben und die Reaktion in einem *Mikrofärbebecher* durchzuführen (Abb. 3). Da man allerdings bei den meisten Reaktionen annehmen darf, daß die für eine Keimbildung erforderliche Übersättigung nicht das ganze Lösungsmittelvolumen einer Cuvette betrifft, sondern schon lokale Übersättigungen im Schnitt und in unmittelbarer Schnittumgebung für die Präcipitation ausreichen, wird die Verwendung sehr kleiner Volumina von

Inkubationsmedien nur in Ausnahmefällen zur Erzielung einer positiven Reaktion notwendig sein.

Neben der Verwendung kleiner Reaktionsvolumina könnte erwogen werden, wie es manchmal in der analytischen Chemie praktiziert wird, durch Zugabe kleiner Mengen von Reaktionsprodukt in das Reaktionsmedium eine Herauslösung des Reaktionsproduktes aus dem Schnitt zu verhindern. Dadurch würde die Löslichkeitsgrenze des Reaktionsproduktes früher überschritten und seiner Lösung entgegengewirkt. Es besteht aber dabei die Gefahr, daß durch *Adsorption* des zugegebenen Stoffes aus der Lösung an den Schnitt die wahren Verhältnisse verfälscht werden.

Mit Mikrofärbebechern sind bei besonders teuren Nachweisreagentien die Kosten niedrig zu halten. Dies ist nicht zuletzt deshalb möglich, weil auch bei der Verwen-

Abb. 3. Durchführung einer Nachweisreaktion nach Aufziehen des Schnittes auf einem Deckglas in einem Mikrofärbebecher (B. Braun, Melsungen)

dung relativ kleiner Volumina die darin befindlichen Mengen an Nachweisreagentien im allgemeinen in *ausreichendem Überschuß zu den minimalen Substanzmengen* eines histologischen Schnittes vorhanden sind.

Die Feststellung, daß die in dem kleinen Volumen eines Schnittes nachzuweisenden Stoffmengen in jedem Fall äußerst gering sind, scheint auf den ersten Blick trivial, doch berührt sie das eigentümlicherweise kaum beachtete Problem der *Empfindlichkeitsgrenze histochemischer Methoden*. Um es extrem zu formulieren: Auch mit der empfindlichsten Methode kann schließlich nicht der Nachweis eines einzelnen Moleküls gelingen, vielmehr muß das Reaktionsprodukt mindestens ein — wenn auch nur mikroskopisch — sichtbares Volumen einnehmen.

Wie unbekümmert die Frage nach der Erfassungsgrenze der Histochemie tatsächlich behandelt wird, geht aus Literaturangaben hervor, in denen z. B. die Verwendung einer mikrochemischen Methode für histochemische Zwecke damit begründet wird, daß mit ihr $1{,}0\,\mu$g einer bestimmten Substanz nachgewiesen werden könne. Es bleibt offenbar unbeachtet, daß eine Zelle von 15 μm Kantenlänge und bei einem angenommenen spezifischen Gewicht von 1,000 insgesamt nur $1/1000\,\mu$g wiegt. Die in der Zelle nachzuweisende Substanzmenge muß aber in jedem Fall noch wesentlich geringer sein als das Gesamtgewicht der Zelle.

Überträgt man die Grenzkonzentrationen für chemisch-analytische Verfahren unbedacht auf die Bedingungen des histologischen Schnittes, dann müßte die Vermutung entstehen, es könne eigentlich keine Histochemie geben. Denn die noch eben nachweisbaren Substanzmengen in noch eben möglicher Verdünnung liegen — etwa bei Tüpfelproben — für verschiedene Stoffgruppen bei $10^{-2}\,\mu g$ in 10^{-1} ml. Indes beziehen sich die Empfindlichkeitsangaben der analytischen Chemie, soweit sie auf Farbreaktionen oder Fällungen beruhen, offenbar alle, ohne daß expressis verbis darauf hingewiesen wird, auf die *Beobachtung von Reaktionsausfällen mit dem unbewaffneten Auge*. Wenn nun aber die für die mikrochemischen Reaktionen erforderlichen Mengen und Volumina in Beziehung gesetzt werden zur mikroskopischen Ver-

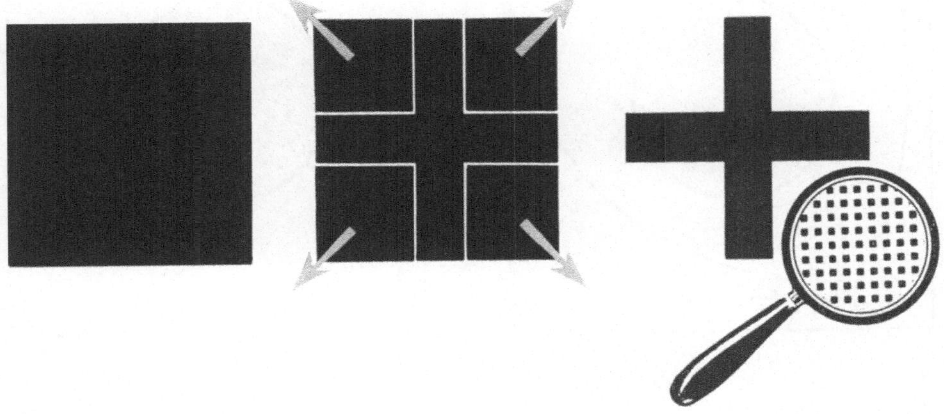

Abb. 4. Erklärung der Abhängigkeit von Erfassungsgrenze und optischem System. Teilung eines großen Quadrates (links) in kleine Quadrate (Mitte) und Auseinanderrücken der gebildeten kleinen Quadrate aus den Ecken des großen Quadrates (rechts). Es verbleibt ein mit unbewaffnetem Auge deutlich sichtbares Kreuz. Bei Lupenbetrachtung sind die kleinen Quadrate erkennbar

größerung, dann sind positive histochemische Reaktionen der in der Zelle vorhandenen Substanzmengen plötzlich nicht mehr überraschend.

Man kann sich dies mit einem *Gedankenexperiment* verdeutlichen. Ein mit unbewaffnetem Auge gut erkennbares großes Quadrat, das einer positiven histochemischen Reaktion entsprechen soll, wird an seinen Ecken in sehr kleine Quadrate von etwa $50\,\mu m$ Kantenlänge geteilt. Diese kleinen Quadrate werden so auseinandergerückt, daß ihr Abstand voneinander sehr groß im Verhältnis zur Kantenlänge ist. Die Einzelquadrate sind dann nicht mehr zu erkennen, da ihre Kantenlänge unter dem Auflösungsvermögen des unbewaffneten Auges liegt, und für den Betrachter verbleibt daher ein Kreuz. Untersucht man jedoch die scheinbar leeren Flächen außerhalb des Kreuzes mit einer Lupe, so sind die durch Teilung entstandenen kleinen Einzelquadrate zu erkennen (Abb. 4). Quadrate mit noch kleineren

Kantenlängen werden erst sichtbar, wenn man sie mit Hilfe des Mikroskops entsprechend vergrößert. Die Größe der noch erkennbaren Einzelquadrate erreicht aber eine *untere Grenze*, die vom Auflösungsvermögen des jeweils verwendeten optischen Systems abhängt. So können Quadrate, deren Kantenlänge unter 0,3 μm liegt, mit dem Lichtmikroskop nicht mehr erkannt werden. Dieses Gedankenexperiment kann nur die wechselseitige Abhängigkeit von Erfaßbarkeit und Auflösungsvermögen beim Nachweis *lichtundurchlässiger* Reaktionsprodukte verdeutlichen. Auch im folgenden werden nur die Bedingungen beim Nachweis von undurchlässigen Reaktionsprodukten berücksichtigt. Bei gefärbten „Reaktionsprodukten" (Basophilie von Nuclein-

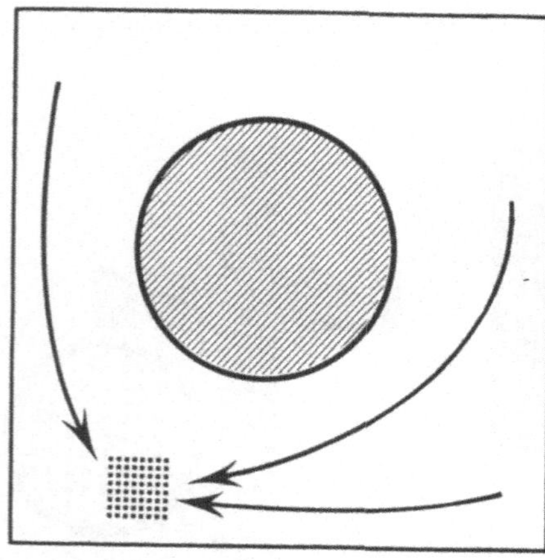
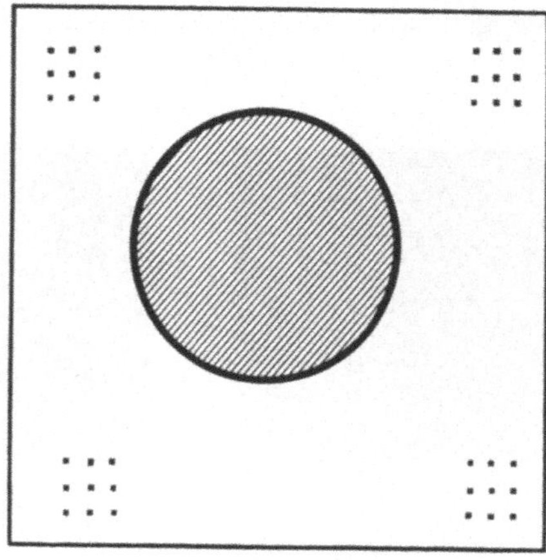

a   b

Abb. 5 Einfluß der Verteilung auf die Erfaßbarkeit: a. Sind in einer Zelle 10^{-12} g Substanz an einer Stelle konzentriert, so liegt das Volumen über der Auflösungsgrenze des Lichtmikroskops. b. Bei Lokalisierung an verschiedenen Stellen in der Zelle liegen die Einzelvolumina unter der Auflösungsgrenze

säuren) hängt die Nachweisgrenze außer von ihrer Größe auch noch von ihrer Extinktion ab.

In der Einzelzelle können demnach, sofern eine geeignete Methode vorliegt, in jedem Fall lichtmikroskopisch noch *Substanzmengen bis zur Grenze des Auflösungsvermögens* nachgewiesen werden, welche bei etwa 0,3 μm liegt. Ein Kubus von dieser Kantenlänge wiegt unter der Annahme eines spezifischen Gewichtes von 1,000 etwa 10^{-13} g. Dies ist theoretisch die geringste Menge einer beliebigen Substanz, die als Einzelpartikel in einer Zelle lichtmikroskopisch noch nachgewiesen werden kann. Liegt allerdings in einer Zelle nur diese Menge *insgesamt* vor, so ist ihr Nachweis unwahrscheinlich, da die 10^{-13} g an einen einzigen Punkt der Zelle verlagert sein müßten, um erfaßt werden zu können (Abb. 5). Man wird daher besser mit mindestens 10^{-12} bis 10^{-11} g Substanz pro Zelle rechnen müssen, um einen positiven Reaktionsausfall zu erwarten. Auf das Zellvolumen bezogen ergibt dies in der Zelle

Substanzkonzentrationen von 0,1 bis 1,0%. Daraus folgt aber nun, daß in der Histochemie selbst bei Verwendung von relativ unempfindlichen Methoden *minimale Substanzmengen* erkannt werden können, wenn diese nicht schon bei der Vorbehandlung des Gewebes verloren gegangen sind.

Es ist bereits nach diesen zum Thema Fällung, Keimbildung und Erfassungsgrenze dargelegten Gesichtspunkten offensichtlich, daß die Histochemie nicht mit den eigentlichen Nachweisreaktionen, sondern ganz entscheidend bereits mit der *Vorbehandlung des Gewebes* beginnt. Diese umfaßt die Stoff- *und* Strukturkonservierung, denn ein optimaler Stoffnachweis *ohne* gleichzeitige Strukturerhaltung erlaubt keine Lokalisation und geht an der Zielsetzung der Histochemie vorbei.

III. Vorbehandlung des Gewebes

A. Allgemeine Gesichtspunkte

In der Frühzeit der Histologie versuchte man, durch Testen einer Vielzahl von Chemikalien ein einziges, optimal geeignetes Vorbehandlungsverfahren für histologische Untersuchungen zu finden. Unter Vorbehandlung ist in diesem Zusammenhang hauptsächlich die *Fixierung* des Gewebes zu verstehen. Die verschiedenen Gewebe, die verschiedenen Zellen und schließlich auch die verschiedenen Zellorganellen besitzen aber eine so unterschiedliche Widerstandsfähigkeit gegenüber Chemikalien, daß die Suche nach *einem* Fixationsmittel, welches *allen* Geweben und *allen* histologischen Untersuchungsmethoden gerecht würde, inzwischen als zwecklos aufgegeben werden mußte.

Für die Histochemie konnte ein solch optimales Universalfixationsmittel überhaupt nicht erwartet werden. Die im Gewebe nachzuweisenden Substanzen gehören verschiedenen Stoffgruppen an und besitzen dementsprechend so unterschiedliche Lösungscharakteristika, daß für jeden geplanten Stoffnachweis speziell entschieden werden muß, welches Fixationsmittel zu wählen ist. Im Unterschied zur Histologie erfordern zahlreiche histochemische Methoden zudem die Verwendung *nativer* Gewebe, so daß hier die Behandlung mit einer fixierenden Chemikalie wegfällt, wodurch aber keinesfalls alle Probleme beseitigt, sondern nur neue aufgeworfen werden.

Es gibt also für die Histochemie kein universelles *chemisches* Verfahren der Gewebekonservierung. Von vielen Autoren wird jedoch immer wieder auf das *physikalische* Verfahren der Gewebekonservierung hingewiesen, welches universell zu verwenden sei. Es handelt sich um die *Gefriertrocknung*, die aufgrund theoretischer Überlegungen ein Optimum an Gewebe- und Stoffkonservierung liefern müßte.

B. Gefriertrocknung

Bei der Gefriertrocknung wird das Gewebe zunächst durch rasches Einbringen in Isopentan (Methylbutan), das seinerseits durch flüssige Luft oder — zur Vermeidung der Explosionsgefahr — durch flüssigen Stickstoff abgekühlt wurde, eingefroren. Das rasche Abkühlen auf möglichst tiefe Temperaturen bezweckt ein *schlagartiges* Einfrieren des Gewebewassers, welches hierbei keine Eiskristallbildung zeigt, sondern in einen glasförmigen Zustand übergeht. Dieser Vorgang des glasförmigen Erstarrens berührt wieder das Problem der Keimbildung: Zur Kristallkeimbildung gehört ein *orientierter Einbau* der Moleküle. Das erfordert *Bewegung* und *Zeit*. Durch eine schnelle Abkühlung wird den Molekülen die Bewegungsenergie schneller entzogen als sie Zeit haben, sich richtig einzuordnen. Es unterbleibt daher eine Kristallkeimbildung, und es entsteht eine unterkühlte Schmelze, ein „Glas". Wird dagegen langsam eingefroren, so bleibt den Molekülen ausreichend Bewegungsenergie und Zeit zur Kristallbildung. Die so gebildeten Kristalle zerreißen in gewissem Umfang das Gewebe. Die Gewebezerstörung kann nur vermieden werden, wenn genügend *schnell* und genügend *tief* eingefroren wird. Für das genügend schnelle Abkühlen ist aber die Verwendung von Isopentan als Kühlmittel erforderlich, weil so das Auftreten des Leydenfrostschen Phänomens und damit eine Verlangsamung des Einfriervorganges verhindert wird.

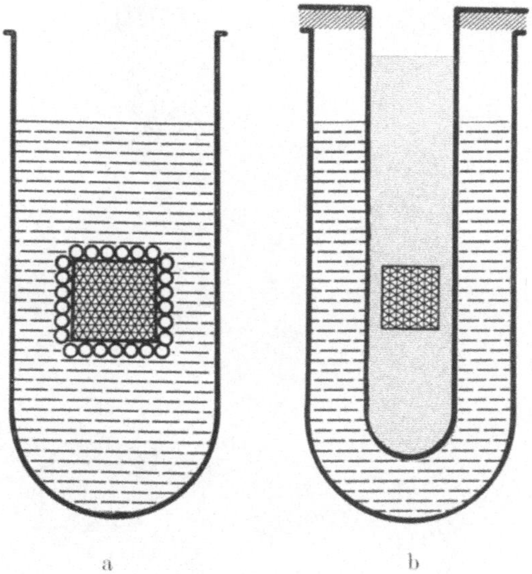

Abb. 6 Leydenfrostsches Phänomen und seine Vermeidung durch Isopentan. a. Flüssige Luft siedet an der warmen Gewebeprobe: schlechter Wärmeübergang. b. Isopentan bleibt flüssig: guter Wärmeübergang

Das Leydenfrostsche Phänomen äußert sich beim Einfrieren des Gewebes im Auftreten von *Gasblasen* an der Oberfläche der Gewebeprobe, welche durch Sieden des flüssigen Stickstoffes am vorerst ja noch körperwarmen Gewebe entstehen. Da Gase eine schlechte Wärmeleitfähigkeit besitzen, kommt es dementsprechend zu einer Verlangsamung der Abkühlung. Kühlt man hingegen in einem Medium, das bei Raumtemperatur ebenso wie auch bei tiefen Temperaturen, etwa der Temperatur des flüssigen Stickstoffes, noch flüssig ist, so kann das Leydenfrostsche Phänomen nicht auftreten, und es kann der *steile Temperaturgradient* von etwa 200 °C in sehr kurzer Zeit voll ausgenutzt werden (Abb. 6). Diese Bedingung erfüllt weitgehend Isopentan als Kühlmittel. Allerdings ist es bei der Temperatur des flüssigen Stickstoffes bereits fest, und man muß daher das Röhrchen mit Isopentan aus dem flüssigen Stickstoff herausnehmen und solange in der Raumluft erwärmen, bis es mit Ausnahme eines noch gefrorenen Isopentanrestes wieder flüssig ist. In der Literatur wird unverständlicherweise meist nicht auf diese Tatsache hingewiesen, was Unsicherheit bei der Befolgung einer Arbeitsvorschrift ergeben kann. Der Gefrierpunkt des Isopentans

liegt bei —158,6 °C und damit höher als der Siedepunkt des Stickstoffes
(—195,8 °C).

Nach dem Einfrieren wird das Gewebestückchen in einen Gefriertrocknungs-
apparat gebracht, von dem zahlreiche Ausführungen angeboten werden (Abb. 7).
Im Prinzip muß die Apparatur aus einer *Kühlvorrichtung* und aus einer beliebig wirken-
den *Trocknungsvorrichtung* bestehen (Abb. 8). Das Objekt darf während des Trocknungsvorganges unter keinen Umständen auftauen, weil dann Substanzverlagerungen

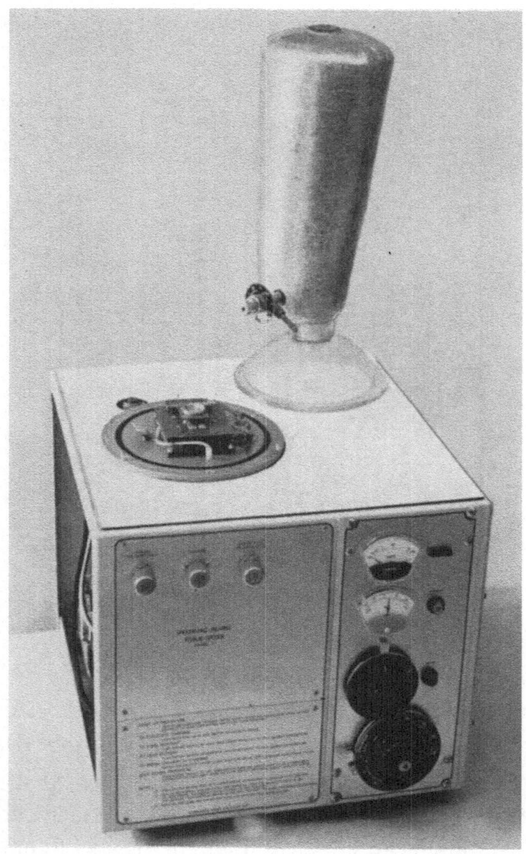

Abb. 7. Gefriertrockner für histolo-
gische Zwecke (Tissue dryer nach
PEARSE der Fa. Edwards, Frankfurt).
Der mit Aluminiumfolie umwickelte
Behälter dient zur Aufnahme flüs-
siger Luft für einen Kühlfinger
(Eigenbau)

eintreten können. Es genügt aber auch nicht, das Gewebe nur auf etwa —2 °C bis
—3 °C zu kühlen, da in den Zellen und im Intercellularraum eine „Salzlösung" vorliegt, deren Gefrierpunkt von der Salzkonzentration abhängt. Weil die Konzentration
durch den Trocknungsprozeß noch ständig erhöht wird, sinkt der Gefrierpunkt im
Verlauf der Trocknung weiter ab. Daher muß die Temperatur des Untersuchungsgutes bis zur Einbettung in z. B. Paraffin unter dem sog. *eutektischen Punkt* liegen.

Der Gefrierpunkt einer Salzlösung fällt mit steigender Salzkonzentration bis zu
einer tiefsten Temperatur ab, die als eutektischer Punkt der Salzlösung bezeichnet
wird. An diesem Punkt ist das Wasser (oder ein anderes Lösungsmittel) mit dem

gelösten Stoff gesättigt. Bei weiterer Abkühlung erstarren gelöste Bestandteile und Wasser *gleichzeitig*. Die dann vorliegende (nicht gefrorene) flüssige und die (gefrorene) feste Phase weisen die gleiche chemische Zusammensetzung auf (Abb. 9). Fällt die Bestimmung des eutektischen Punktes einer einfachen Salzlösung auch relativ leicht, so ist es nahezu unmöglich, definitive Werte des eutektischen Punktes im Gewebe zu ermitteln. Die Angaben über seine Lage schwanken zwischen —10 °C und —100 °C. Da allgemein jedoch die eutektische Temperatur von Salzgemischen tiefer liegt als die der Einzelkomponenten, wird man den eutektischen Punkt im Gewebe bei etwa

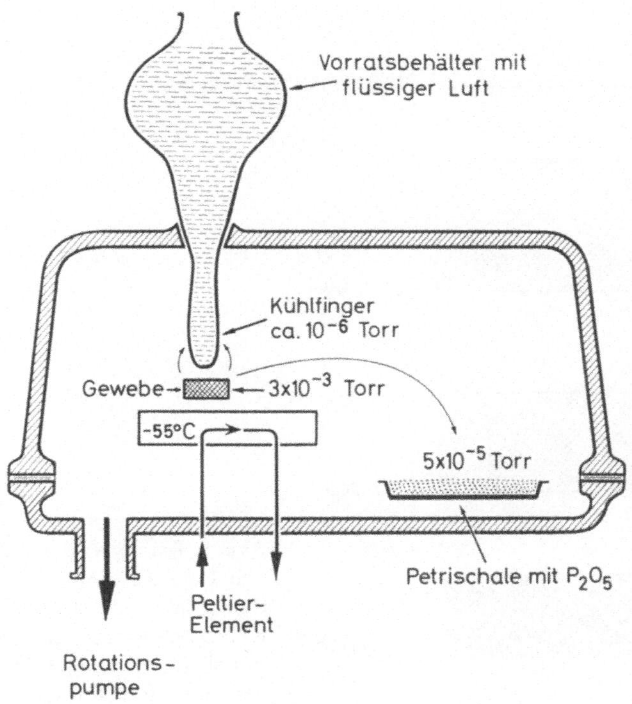

Abb. 8. Schema einer Gefriertrocknungsanlage mit Kühlfinger und P_2O_5 als Trockenvorrichtung. Objektkühlung durch Peltier-Element. Die Druckangaben entsprechen dem Dampfdruck von Wasser über Gewebe, P_2O_5 und Kühlfinger

—60 °C annehmen dürfen. Dieser Wert liegt ein wenig unter dem eutektischen Punkt einer $CaCl_2$-Lösung, der besonders deshalb so tief liegt, weil dieses Salz von den „physiologischen" Neutralsalzen die größte Wasserlöslichkeit hat.

Die Temperatur des Gewebes wird im allgemeinen während der ganzen Trocknungszeit unter der Temperatur des eutektischen Punktes gehalten, um ein Auftauen des unter Idealbedingungen glasartig eingefrorenen Gewebewassers zu vermeiden. Da oberhalb des eutektischen Punktes nur Wasser gefriert und die dann vorliegende gesättigte Lösung flüssig bleibt, empfiehlt sich die Einhaltung dieser tiefen Temperatur während der ganzen Trocknungszeit durch ständige Kühlung des Objektes.

Seine Temperatur erniedrigt sich zwar durch Verdampfen des Wassers, doch spielt dieser bei der industriellen Gefriertrocknung äußerst wichtige Faktor in der Wärmebilanz der sehr kleinen histologischen Objekte keine Rolle.

Mit welcher technischen Vorrichtung die Einhaltung der tiefen Temperatur erreicht wird, ist von untergeordneter Bedeutung. Man wird heute an Stelle von Kältemischungen trotz ihrer geringen Kühlkapazität vorzugsweise die auf einer Umkehrung des Thermoelement-Prinzips beruhenden Peltier-Elemente verwenden. Sie sind

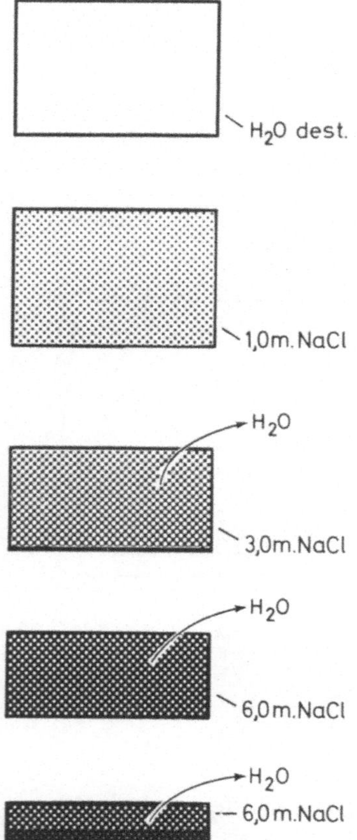

Abb. 9. Reines Wasser gefriert bei $\pm$ 0 °C. Bei Zugabe von 1 M NaCl kommt es zu einer Gefrierpunkterniedrigung auf — 3,5 °C. Verdampft Wasser, so steigt die Konzentration des Salzes; entsprechend stärker erniedrigt sich der Gefrierpunkt, der bei 3,0 M NaCl — 10,5°C und bei 6,0 M NaCl — 21,0 °C beträgt. Bei dieser Temperatur beginnt die gesättigte Salzlösung zu gefrieren. Feste und flüssige Phase weisen dabei die gleiche chemische Zusammensetzung auf

gut regelbar und werden bei Umkehrung des Stromflusses erwärmt, so daß sie dann zum Schmelzen des Einbettungsmittels (meist Paraffin) dienen können.

Der jeweilige Trocknungsmechanismus ist für den Erfolg ebenfalls nicht entscheidend. Liegt ein Wasserdampfdruckgefälle zwischen Gewebe und Trocknungsanordnung vor, so fließt bis zum Druckausgleich und bei ständiger Störung des Gleichgewichtes *(stationärer Zustand)* bis zur Trocknung ein Wasserdampf-Strom vom Objekt zum Trocknungsort. Als solcher wirkt eine Petrischale mit trockenem Phosphorpentoxid: P_2O_5 (Dampfdruck $3,2 \times 10^{-5}$ Torr) oder mit Magnesiumperchlorat: $Mg(ClO_4)_2$ (Dampfdruck $3,5 \times 10^{-4}$ Torr) oder ein Kühlfinger mit flüssiger Luft (Dampfdruck etwa 10^{-6} Torr). Der Dampfdruck über Eis liegt bei einer Temperatur von etwas oberhalb des eutektischen Punktes (—55 °C) bei $1,5 \times 10^{-2}$ Torr. Es besteht also eine Wasserdampfdruckdifferenz von 10^2 bis 10^4 Torr je nach Trocknungsart.

Es ist zeitsparend, aber prinzipiell nicht erforderlich, die Trocknung des Gewebes in einem evakuierbaren Rezipienten Vorzunehmen. Im Vakuum ist die *freie Wegstrecke* der vom Objekt abgedampften Wassermoleküle größer als bei Atmosphärendruck, und zudem wird durch das ständige Abpumpen die *Diffusion* der Wassermoleküle teilweise durch *Konvektion* ersetzt. Bei kleiner Entfernung zwischen Gewebeprobe und Trocknungsort (1 bis 2 cm), deren Einhaltung im Interesse kurzer Arbeitszeiten dringend zu empfehlen ist, reicht die Evakuierung des Trockensystems mit einer Rotationspumpe voll aus. Bei Verwendung eines Kühlfingers oder einer anderen Trockenvorrichtung ist der häufig empfohlene Einbau einer Diffusionspumpe als 2. Stufe absolut entbehrlich.

Am Ende des Trocknungsvorganges wird das Gewebe noch im Vakuum in durch Erhitzen verflüssigtes Paraffin eingebettet und kann dann weiter aufgearbeitet werden.

Der methodische Ablauf der Gefriertrocknung ist theoretisch einleuchtend und das Verfahren gerade für histochemische Untersuchungen angebracht, da ein Verlust von Substanzen unwahrscheinlich ist, weil keine Lösungsmittel verwendet werden. Man sollte daher erwarten, daß ein Großteil histochemischer Untersuchungen an gefriergetrocknetem Gewebe ausgeführt wird.

Tatsächlich wird aber das Verfahren in der Praxis nur sehr vereinzelt angewendet. Die meisten Arbeiten jedenfalls, in denen die Gefriertrocknung angewendet wird, behandeln anwendungstechnische Probleme, apparative Verbesserungen, usw.

Zwischen Häufigkeit der *Anwendung* und Häufigkeit der *theoretischen Erörterung* besteht also ein auffälliges *Mißverhältnis*, und dies weist darauf hin, daß offenbar technische Schwierigkeiten eine routinemäßige Anwendung verbieten. Solche Schwierigkeiten beginnen schon damit, daß es nur selten gelingt, einen ganzen Gewebeblock wirklich ohne Eiskristallbildung, und damit ohne Gewebezerreißungen, zu gewinnen. Schließlich müssen die Paraffinschnitte trocken auf Objektträger aufgezogen und möglichst von Wasser ferngehalten werden, da andernfalls das Gewebe seiner starken Hygroskopie wegen schlagartig Wasser aufnehmen und dabei regelrecht zerplatzen kann. Man kann dies dadurch vermeiden, daß man das Paraffin mit Petroläther entfernt und die Schnitte *vor* Durchführung der eigentlichen histochemischen Reaktion 24 h mit absolutem Methanol oder absolutem Äthanol behandelt. Aber dann ist die ganze Trocknungsprozedur nur ein recht mühsamer Umweg. Man wird also die Gefriertrocknung für histochemische Untersuchungen nur dort empfehlen können, wo keine andere, bequemere Methode zum Ziel führt.

C. Gefrieraustausch

Wesentlich einfacher zu handhaben und doch im Prinzip in vielem der Gefriertrocknung ähnlich ist der Gefrieraustausch. Dabei wird das — ebenso wie für die

Durchführung einer Gefriertrocknung — tiefgekühlte Objekt in eine ebenfalls *unter den eutektischen Punkt des Gewebes abgekühlte Fixierungsflüssigkeit* gebracht und in dieser wasserfreien Flüssigkeit „getrocknet", also entwässert. Die Entwässerung erfolgt analog der Trocknung im Vakuum, indem die Moleküle des tiefgefrorenen Gewebewassers (Eis) nach Maßgabe des durch die Temperatur bestimmten *Lösungs- druckes* in die Fixierungsflüssigkeit diffundieren und diese ihrerseits in das Gewebe (Abb. 10). Es muß sich ein Diffusionsgleichgewicht zwischen herausdiffundieren- den Wassermolekülen und hineindiffundierenden Molekülen des Fixierungsmittels einstellen. Um eine möglichst vollständige Entfernung des Wassers zu erzielen, ist

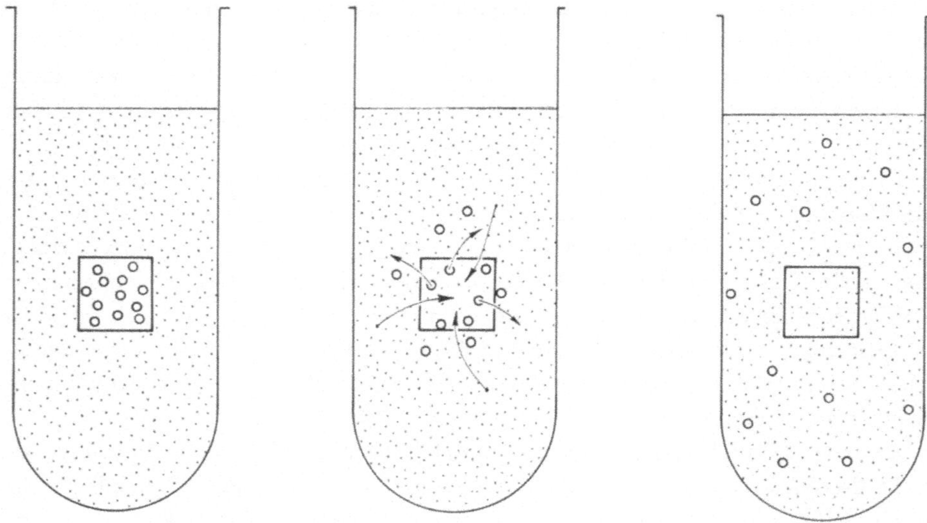

Abb. 10. Gefrieraustausch bei tiefen Temperaturen durch Austausch des glasartig gefrorenen Gewebewassers (o) mit Fixierungsmittel

ein mehrmaliger Wechsel der gekühlten Fixierungsflüssigkeit erforderlich. Die Ein- zelvolumina können klein sein, denn wie bei *allen Spülungen ist die Verwendung mehrerer kleiner Volumina effektiver und ökonomischer als die Verwendung eines einzigen großen Volumens.*

Das Gewebe wird nach erfolgter Entwässerung und nach Erwärmung des Systems auf Raumtemperatur wie üblich über Methylbenzoat in Paraffin eingebettet und weiterbehandelt. Als Trocknungsflüssigkeiten und damit als Fixierungsmedien kön- nen nur solche verwendet werden, die bei tiefen Temperaturen noch flüssig sind, also beispielsweise *alkoholische* oder *acetonische* Lösungen. Substanzen des Gewebes, die in den gewählten Fixierungsmitteln löslich sind, können allerdings mit diesem Ver- fahren nicht konserviert werden.

D. Kryostattechnik

Unter die physikalischen Maßnahmen zur Vorbereitung einer histochemischen Reaktion kann auch noch die Anfertigung nativer Schnitte mit Hilfe der Kryostattechnik gerechnet werden. *Native* Gewebeschnitte sind besonders für *enzymhistochemische* Versuche vorteilhaft und teilweise sogar unbedingt erforderlich.

Die Herstellung von etwa 10 μm dicken histologischen Schnitten mit einem der üblichen Gefriermikrotome setzt praktisch immer eine *Fixierung* voraus, da natives

Abb. 11. Kryostat zur Herstellung nativer Gefrierschnitte (Kryotom der Fa. WKF, Brandau/ Darmstadt)

Gewebe in dieser Dicke nach dem Auftauen nicht ohne die Gefahr des Zerreißens weiterbehandelt werden kann. In Kryostaten, die in mehreren Typen von der Industrie unter verschiedenen Bezeichnungen geliefert werden (Abb. 11), wird das Auftauen der Schnitte dadurch verhindert, daß der *gesamte Schneidevorgang* in einem *tiefgekühlten Raum* (etwa —20 °C) vorgenommen wird. Selbst die Herstellung großflächiger und dünner Schnitte und die Anfertigung von Serienschnitten, beispielsweise ganzer Embryonen oder sogar kleiner Laboratoriumstiere, ist in technisch hochwertigen Kryostaten bei einiger Übung möglich. Die Schnitte werden auf gekühlte Objektträger gebracht und mit unterlegtem Finger aufgetaut, so daß sie fest auf der Glasoberfläche haften. Sie können bis zu ihrer Verwendung im Kryostaten aufbewahrt werden. Es ist allerdings relativ rasch mit einer vollständigen Trocknung des Gewebes zu rechnen. Diese Austrocknung wird hervorgerufen durch das Temperaturgefälle zwischen Schnitt und dem Verdampfer des Kühlaggregats, also durch die damit gegebene Wasserdampfdruckdifferenz. Will man die Austrocknung vermeiden, so ist der Schnitt in einer geschlossenen Kammer mit angefeuchtetem Filterpapier aufzubewahren. Ist die Trocknung jedoch erwünscht, so kann Phosphorpentoxid als Trockenmittel in die Kammer eingebracht werden.

Die im Kryostaten angefertigten Schnitte zeigen eine ausgezeichnete Strukturerhaltung des Gewebes. Das ist bemerkenswert, weil das Gewebe im Vergleich zur Vorbehandlung für die Gefriertrocknung und den Gefrieraustausch sehr langsam eingefroren wird. Das Einfrieren ist einmal in herkömmlicher Weise mit Kohlensäureschnee möglich, zum andern auf einem kleinen Kühltisch, der nach dem Kühlschrankprinzip arbeitet (Frigomat) oder auch auf einem Peltier-Element. Bei keinem dieser Auffrierverfahren ist aber ein so steiler Temperaturgradient vorhanden, und auch die erreichbare Temperatur ist nicht so tief, wie das zur Vermeidung einer Eiskristallbildung notwendig wäre. Ein glasartiges Erstarren von Gewebewasser, wie es für das Gelingen der Gefriertrocknung erforderlich ist, kann daher keinesfalls eintreten. Es

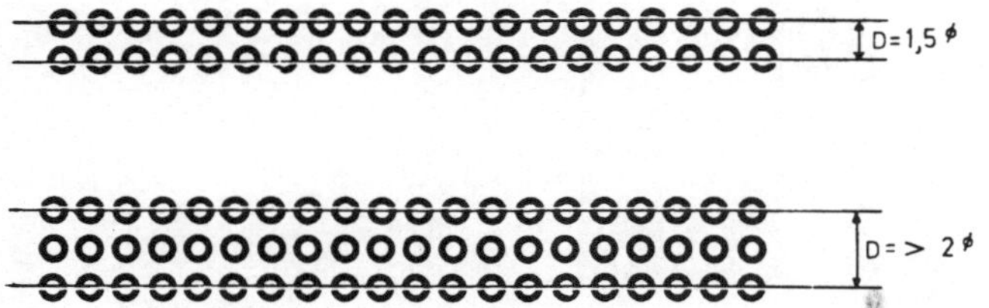

Abb. 12. Eine Lage intakter Zellen im Schnitt ist erst bei einer Schnittdicke von etwas mehr als dem doppelten Zelldurchmesser wahrscheinlich

werden demnach mit Sicherheit Eiskristalle gebildet, die jedoch im Unterschied zur Gefriertrocknung zu keiner lichtmikroskopisch relevanten Strukturzerstörung führen. Man kann dies nur so erklären, daß die Zellen elastisch sind und durch die Eiskristallbildung nur *deformiert*, aber nicht *zerrissen* werden. Die Zellen des auf etwa —20°C abgekühlten und bei dieser Temperatur eingefrorenen Schnittes kommen zwar sicherlich in einem deformierten Zustand auf den gekühlten Objektträger, sie nehmen aber im aufgetauten Zustand ihre ursprüngliche Gestalt aufgrund ihrer Elastizität wieder ein.

Die *notwendige Dicke* nativer Gewebeschnitte richtet sich nach dem Untersuchungszweck. Die klassische Histologie strebte wegen der geringen Tiefenschärfe lichtoptischer Objektive eine möglichst geringe Schnittdicke an. Dies gilt auch heute noch für die Mehrzahl mikroskopischer Untersuchungen, denn die Tiefenschärfe lichtoptischer Objektive kann sich trotz sonstiger optisch-technischer Fortschritte nicht ändern. Aber manche histochemische Untersuchungen, und zwar insbesondere solche löslicher Enzyme, setzen ganze, also nicht angeschnittene Zellen voraus, um Enzymverluste zu vermeiden. Wenn aber möglichst viele intakte Zellen im Schnitt vorhanden sein sollen, dann ist zu bedenken, daß erst eine Schnittdicke von etwas mehr als dem *doppelten Durchmesser der Zellen* bei dichter Kugelpackung *eine* Schicht intakter Zellen garantiert (Abb. 12). Beträgt also der mittlere Zelldurchmesser in einem Gewebe 15 µm, so enthält erst ein Schnitt von mindestens 31 µm Dicke bei dichter Kugelpackung garantiert eine Lage intakter Zellen.

E. Tissue sectioner

Die verschiedenen bei histochemischen Verfahren verwendeten Reaktions- und Inkubationsmedien, aber auch Fixationsflüssigkeiten, dringen meistens nur sehr schlecht in natives Gewebe ein. Es ergibt sich daher die Notwendigkeit sowohl für die Fixie-

Abb. 13. Tissue sectioner nach SMITH und FARQUHAR zum Schneiden von nativem, nicht eingefrorenem Gewebe (Fa. Sorvall/Vetter, Heidelberg)

rung als auch für die Reaktion möglichst *dünne* Gewebeproben zu verwenden. Ihre Herstellung war wegen der weichen Konsistenz des nativen Untersuchungsmaterials bis vor kurzem nur nach Einfrieren möglich. Unfixiertes Gewebe wird aber durch das Einfrieren so in Mitleidenschaft gezogen, daß es z. B. für elektronenmikroskopische Untersuchungen nicht mehr zu verwenden ist.

In jüngster Zeit wurde ein als „Tissue sectioner" bezeichnetes Gerät entwickelt (Abb. 13), welches die Herstellung dünner Gewebescheiben, wie sie für eine rasche Durchdringung mit Fixierungs- und Reaktionsflüssigkeiten günstig sind, *ohne* Einfrieren ermöglicht. Man kann mit diesem Gerät unfixiertes oder kurz anfixiertes, in

Agar-Agar oder Gelatine *eingehülltes*, aber nicht *eingebettetes* Gewebe in 20 bis 200 µm dicke Scheiben zerlegen. Die Scheiben können in fixiertem Zustand oder auch nativ inkubiert werden. Fixierungs- und Inkubationszeiten können, der geringen Dicke der Gewebeproben entsprechend, sehr kurz sein.

Die Verwendung von *unfixiertem* Gewebe zur Inkubation ist nur bei *lichtmikroskopischen* Untersuchungen angebracht. Für *elektronenmikroskopische* Untersuchungen ist praktisch immer, selbst bei enzymhistochemischen Nachweisreaktionen, eine chemische Fixierung erforderlich.

F. Chemische Fixierung

1. Fixierungsmedium

(Arbeitsvorschriften: 1 bis 9)

Die Vorbehandlung des Gewebes zur Durchführung einer histochemischen Reaktion hat neben einer *vollständigen* und *ortsgerechten* Festlegung der nachzuweisenden Substanz auch ein *Optimum an Strukturerhaltung* zu gewährleisten. Dies sind oft widersprüchliche Forderungen: Manche Chemikalien, die zu einer befriedigenden Festlegung der nachzuweisenden Substanzen führen würden, sind ungeeignet wegen ihrer strukturschädigenden oder jedenfalls nicht strukturerhaltenden Wirkung. Erprobte Fixationsmedien, die eine gute Strukturerhaltung garantieren, extrahieren möglicherweise die nachzuweisende Substanz oder zerstören sie gar. So werden z. B. praktisch alle Enzyme durch Fixierungsmittel inaktiviert.

Die Zahl der für histochemische Untersuchungen verwendbaren Fixierungsgemische ist so groß, daß sie nicht im einzelnen aufgezählt werden können. Es sollen nur einige prinzipielle Punkte aufgeführt werden.

Grundsätzlich müssen Fixationsmedien vermieden werden, die den nachzuweisenden Stoff *extrahieren* oder *hydrolysieren*, da nach einer Hydrolyse die gebildeten kleinmolekularen Bestandteile in Lösung gehen können. Man wird also beispielsweise Gewebe zum Nachweis von Lipiden in einem wäßrigen Fixationsmittel und nicht etwa in Aceton oder zum Chloridnachweis nur bei gleichzeitigem Angebot von Ag^+ zur Fällung von Cl^- als $AgCl$ fixieren.

Die Bedingungen für die Konservierung einer Substanz sind im Gewebe teilweise anders als in einer einfachen Lösung im Reagenzglas, da im Gewebe zahlreiche Komponenten vorliegen, die sich gegenseitig beeinflussen können. *Glykogen* kann beispielsweise entgegen einer in vielen histotechnischen Lehrbüchern verbreiteten Ansicht prinzipiell in einem mit wäßrigem Fixierungsmittel konservierten Gewebe nachgewiesen werden. Allerdings unterscheiden sich die Ergebnisse nach den verschiedenen Fixierungen bezüglich der im Gewebe vorliegenden Glykogen*mengen*. Das dürfte zumindest teilweise von der Eindringgeschwindigkeit und nicht nur von der chemischen Zusammensetzung des Fixationsmittels abhängen. Glykogen ist auch aus dem Schnitt eines fixierten Gewebes nicht ohne weiteres herauszulösen. Ein solches

Herauslösen aus dem Schnitt mit wäßrigen Lösungen ist schon aus dem Löslichkeitsverhalten von reinem Glykogen nicht zu erwarten, da es im Reagenzglas mit Wasser keine echte Lösung, sondern eine opalescierende Emulsion bildet. Wäre Glykogen tatsächlich so leicht mit Wasser aus dem Schnitt herauszulösen, wie dies immer behauptet wird, dann müßte das Kohlenhydrat auch durch die wäßrige Perjodsäurelösung bei der Vorbereitung des Gewebes zum Nachweis von Kohlenhydraten mit Leukofuchsin (S. 131f) aus dem Schnitt entfernt werden. Gegen die leichte Wasserlöslichkeit des Glykogens spricht weiterhin die Zusammensetzung der als Vorbereitung für eine Glykogendarstellung empfohlenen Fixierungsmittel. Die Fixierung eines Gewebes für die Glykogendarstellung wird nämlich üblicherweise *nicht* in einem *gänzlich wasserfreien Medium*, sondern in einer Mischung von Pikrinsäure-gesättigtem Äthanol, Formol und Eisessig durchgeführt. Andere Kohlenhydrate, wie Mucopolysaccharide, werden sogar unter Zusatz von Bleisalzen, oder nach neueren Erkenntnissen, von N-Cetidylpyridin, nur in Formol fixiert.

Für die Konservierung von *Nucleinsäuren* kann besonders die Fixierung im Äthanol-Chloroform-Eisessiggemisch nach CARNOY empfohlen werden. Eine Hydrolyse von Nucleinsäuren findet darin nicht statt und offenbar bleibt auch der intravital vorhandene Polymerisationsgrad derselben weitgehend erhalten, wie bei der färberischen Darstellung von DNS und RNS mit Methylgrün/Pyronin zu erkennen ist (S. 73).

Die *Lipidfixation* erfordert ein rein wäßriges Medium, da Fixationsgemische, welche organische Lösungsmittel enthalten, die Lipide aus dem Gewebe extrahieren. Formol wird häufig verwendet, aber auch andere Aldehyde in wäßriger Lösung, oder das Gemisch nach BOUIN führen zu guten Ergebnissen. Dies gilt zumindest für die Konservierung von Neutralfetten, während insbesondere kleinere Mengen von Phospholipiden unter Umständen bei diesen Fixationsmitteln verlorengehen können. Ihr Verlust kann durch Zugabe von $CaCl_2$ zum Fixierungsmittel verhindert werden. Durch 2-wertige Kationen wird der Tendenz dieser Substanzen entgegengewirkt, in Wasser kolloidale Lösungen zu bilden.

Proteine werden von praktisch allen in der konventionellen Histologie gebräuchlichen Fixierungsmitteln gefällt und damit auch für einen histochemischen Proteinnachweis festgelegt. Die durch die Fixierung bewirkten Veränderungen des Proteins sollten ausschließlich deren *Quartär-*, *Tertiär-* und *Sekundärstruktur* betreffen, während ihre *Primärstruktur* überhaupt nicht beeinflußt werden sollte. Aber auch die Veränderungen von Sekundär- und Tertiärstruktur sollten so gering wie möglich sein. Aus diesem Grund wird man für Protein-histochemische Zwecke solche Fixationsmittel vorziehen, welche die Denaturierung vorzugsweise durch Sprengung von Wasserstoffbrücken bewirken, indem sie Wasser entziehen. Das ist bei „organischen" Fixierungsmedien, wie beispielsweise Aceton und Äthanol, der Fall. Bei der Vorbehandlung des Gewebes zum Nachweis von Protein-gebundenen SH- oder SS-Gruppen ist zu beachten, daß als Fixierungsmittel auf keinen Fall Verbindungen zur Anwendung kommen dürfen, die SH-Gruppen verändern — etwa oxydativ wie beispielsweise OsO_4 — oder mit ihnen reagieren, wie dies bei dem $HgCl_2$ enthaltenden Susagemisch anzunehmen ist. Zur Vermeidung solcher Fehler ist die Fixierung mit Äthanol oder Trichloressigsäure-Äthanol durchzuführen.

Für die Fixierung von *Substanzen aller organischen Stoffgruppen* kann Formol oder ein formolhaltiges Fixierungsmittel empfohlen werden. Dieser in der histologischen Praxis so häufig verwendete Aldehyd eignet sich auch für die meisten histochemischen Routinemethoden. Aufgrund dünnschicht-chromatographischer Untersuchungen von Fixationsmitteln nach der Fixierung zeigt Formol unter den geprüften Fixationsmitteln die geringste Extraktionswirkung auf die Gewebe. Dies gilt auch für seine Wirkung auf Nucleinsäuren. Lediglich beim Nachweis funktioneller Gruppen in Proteinen wird man wegen einer möglichen Reaktion zwischen diesen und dem reaktionsfreudigen Formaldehyd ein anderes Fixationsmittel vorziehen.

Bezüglich der Fixierung von Geweben, an denen ein *Enzymnachweis* durchgeführt werden soll, gilt das zur Proteinfixierung Ausgeführte. Da die Fixierung praktisch

Tabelle 1. *An lichtmikroskopischen Präparaten bestimmter Einfluß verschiedener Fixationsmittel und Fixationszeiten auf die Aktivität der Δ5-3-β-Hydroxysteroid-dehydrogenase* 0 = negative, (+) = fraglich positive, + = schwach positive, ++ = deutlich positive, +++ = stark positive, ++++ = sehr stark positive Reaktion

Zeit	unbe-handelt	2'	5'	10'
Formol 4%	++++	0	0	0
Glutardialdehyd 4%	++++	0	(+)	(+)
Glutardialdehyd 3%	++++	+	0	0
Glutardialdehyd 1,5%	++++	(+)	(+)	0
Hydroxyadipindialdehyd 4%	++++	++++	++++	+++
Glutardialdehyd-Hydroxyadipindialdehyd 1%/3%	++++	++	+	(+)

immer, wenn auch in unterschiedlichem Maße, die Sekundär- und die Tertiärstruktur der Proteine beeinflußt, die Enzymfunktion aber an intakte Sekundär- und Tertiärstrukturen gebunden ist, wird durch jedwede Fixierung die Funktion der Enzyme beeinträchtigt. Man wird daher im allgemeinen Enzyme an *nativem* Gewebe nachweisen. Dies ist allerdings bei elektronenmikroskopischen Untersuchungen nicht tragbar, da es im Verlauf der Inkubation *trotz* Einhaltung physiologischer Bedingungen zu einer Beeinträchtigung der Ultrastruktur kommt. Hier ist im Interesse einer ausreichenden Strukturerhaltung eine Fixierung erforderlich, die unvermeidlich von einer zumindest *partiellen* Enzyminaktivierung begleitet ist. An diesem Punkt treten besonders deutlich die widersprüchlichen Anforderungen zu Tage, die an chemische Fixierungsmittel gestellt werden. Allgemein steht für die Elektronenmikroskopie nur eine kleine Zahl von ultrastrukturerhaltenden, weil die Lipidmembranen stabilisierenden, Fixationsmitteln zur Verfügung, die *alle*, wenn auch in unterschiedlichem Maße, Enzyme inaktivieren (Tabelle 1). Die verschiedenen Enzyme wiederum zeigen eine unterschiedliche Empfindlichkeit gegenüber den verschiedenen Fixationsmitteln, und daher ist das für einen speziellen elektronenmikroskopischen Enzymnachweis optimale Fixierungsmedium in lichtmikroskopischen Voruntersuchungen jeweils empirisch zu ermitteln.

Außer mit den in Tabelle 1 aufgeführten Aldehyden kann Gewebe für bestimmte Enzymnachweise auch mit Aceton fixiert werden. Dies ist aber nur für lichtmikroskopische Untersuchungen möglich, da bei dieser Vorbehandlung die Lipidmembranen zerstört werden.

Anorganische Zellbestandteile sind, sofern sie nicht an organische Makromoleküle gebunden vorliegen, meist sehr gut löslich und müssen daher für den Nachweis gefällt werden. So wird Cl^- mit Ag^+ als $AgCl$, Na^+ mit Antimonsäure [bzw. deren Kaliumsalz $KSb(OH)_6$] als $NaSb(OH)_6$, Fe^{++} und Fe^{+++} mit H_2S [bzw. mit Äthanol, das mit H_2S gesättigt ist] als FeS, SO_4^{--} mit $BaCl_2$ als $BaSO_4$, usw., gefällt.

Eine ortsgerechte Fällung der nachzuweisenden Ionen in Form einer Substanz mit möglichst geringer Löslichkeit ist für den Nachweis von größter Wichtigkeit. Es kann kaum nachdrücklich genug hervorgehoben werden, daß Histochemie *histologische Topochemie* ist. Dem Ort kommt also eine entscheidende Bedeutung zu. Damit ist die *ortserhaltende* Fixierung eine Grundvoraussetzung für das fehlerlose Ergebnis eines histochemischen Nachweises. Die chemische Spezifität der Reaktion entscheidet nicht allein über den Informationswert einer Methode, denn auch eine spezifische Nachweisreaktion führt zwangsläufig zu falschen Ergebnissen, wenn sie durch die Fixierung verlagerte Materialien erfaßt. Es ist daher zwingend erforderlich, neben der Fixierung der Struktur auch die Fixierung der jeweils nachzuweisenden Substanz an Ort und Stelle zu erreichen.

Nun erhebt sich aber die Frage, ob eine strikte „in situ"-Fixierung überhaupt realisierbar ist. Am leichtesten zu durchschauen sind die Verhältnisse beim Nachweis anorganischer Bestandteile, weil diese sehr leicht und sehr schnell zu fällen sind, wie etwa Fe^{++} mit H_2S als FeS. Die Löslichkeit von FeS ist mit $0{,}4 \times 10^{-3}$ g/100 ml so klein, daß praktisch alle gelöst vorliegenden Fe^{++}-Ionen gefällt werden. Das macht die Sulfidfällung von Eisen auch in der analytischen Chemie so nützlich. Über die Fällung als *schlechtlösliche* Verbindung hinaus verlangt die histochemische Problemstellung aber die *ortsgerechte* Fällung. Genaugenommen ist dies nicht möglich. Eine Substanz, die im Cytoplasma *moleculardispers* verteilt ist, kann durch keine noch so günstige Bedingung so gefällt werden, daß die Verteilung unverändert erhalten bleibt. Vielmehr setzt „Fällung" zunächst eine *Keimbildung* und dann ein *Wachstum* voraus, dem eine *Aggregation* der entstandenen Produkte zu gröberen, schwerlöslichen Partikeln folgen kann, die bei Suspension in Wasser immerhin der Schwerkraft folgen. Über ein einzelnes FeS-Molekül ist keine Löslichkeitsangabe zu machen. Erst nach Zusammenballung von FeS-Molekülen und dadurch bedingter Fällung als Partikel ist die Feststellung der Schwerlöslichkeit von FeS sinnvoll.

Die Notwendigkeit einer Zusammenballung zahlreicher FeS-Moleküle zu einem gröberen Partikel als Voraussetzung der Fällung, führt aber streng genommen zu einer Verfälschung der wirklichen Verhältnisse: Von sehr vielen FeS-Teilchen werden einige wenige zufällig zu Kristallisationskeimen. Die umliegenden FeS-Moleküle diffundieren dann zum Kristallisationspunkt hin und bilden dort ein Aggregat. Aber erst dieses Aggregat wird mikroskopisch nachgewiesen. Es ist also aus der *molekulardispersen* Verteilung durch die Fällung eine *partikuläre* geworden, die dann schließlich ein Verteilungsmuster des Fe^{++} vortäuscht.

Hier zeigt sich eine absolute, in physikalisch-chemischen Gesetzmäßigkeiten begründete *Grenze der Topochemie*. Diese Grenze wird bei routinemäßiger Anwendung histochemischer Methoden und lichtmikroskopischer Auswertung kaum zu einer Fehlerquelle. Bei quantitativ-mathematischer Betrachtung lichtmikroskopisch-histochemischer Probleme und in der elektronenmikroskopischen Histochemie muß sie aber unbedingt berücksichtigt werden. Wenn nämlich *trotz* der durch die physikalisch-chemischen Prozesse bedingten Verlagerung eine extreme rechnerische Genauigkeit zu erreichen versucht wird, so muß dies noch kein Beweis auch für die Genauigkeit des Experimentes sein, sondern verrät viel eher, wie es GAUSS formulierte, einen schlechten Experimentator, der die Fehlermöglichkeiten der angewendeten Methode nicht richtig einschätzt.

Auch bei den organischen, meist makromolekularen Substanzen ist die Frage der Fällung problematisch: Hier ist nicht nur die Möglichkeit eines Fehlers durch Substanzverlagerung gegeben; es kommt noch hinzu, daß oftmals gar keine *Fällung* möglich ist, daß vielmehr eine *Denaturierung* durchgeführt wird. So liegt Glykogen in der Zelle nicht gelöst vor und kann daher auch nicht gefällt werden. Die Fixierung läuft bei dieser Substanz darauf hinaus, das mit dem Glykogen vergesellschaftete Eiweiß zu denaturieren, und damit das Glykogen quasi in eine Hülle aus denaturiertem Protein einzuschließen. Bei den Proteinen wird man überhaupt nur ausnahmsweise von Fällung reden können, da unter Fällung doch letztlich ein *reversibler* Prozeß zu verstehen ist. Üblich ist vielmehr bei den Proteinen nicht eine Fällung, beispielsweise mit einer hochkonzentrierten Lösung von Neutralsalzen, sondern eine Denaturierung, also eine irreversible „Fällung". Durch die Denaturierung von Proteinen wird aber die intra vitam vorhandene Zellstruktur zerstört, und man kann deshalb nach der Fixierung kein getreues Bild der intravitalen Verhältnisse erwarten. Nach Proteindenaturierung liegt vielmehr bei allen Zellen bestenfalls ein „Äquivalent der intravitalen Zustände" vor. Es ist daher auch nicht überraschend, aber für die Histochemie sehr bedeutsam, daß nach einer Denaturierung keine Erfassung *spezifischer*, etwa *enzymatischer* Funktionen des betreffenden Proteins mehr möglich ist (S. 26). Nur dann, wenn ausnahmsweise anstelle der Denaturierung eine Fällung durchgeführt wird, kann auch die Funktionsfähigkeit eines Enzymproteins, z. B. eine Phosphataseaktivität, nachgewiesen werden.

Die Denaturierung ist nur eine der möglichen Veränderungen, die eine Substanz in der Zelle durch die Fixierung erfahren kann. Proteine, Polysaccharide oder Nucleinsäuren können unter Umständen durch unsachgemäße Fixierungsmittel hydrolysiert werden, so daß dann Einzelbausteine zumindest teilweise verlorengehen. Daher kann die Fixierung auch maßgeblich auf die Stärke des Reaktionsausfalls einwirken. So hängt die Intensität der Feulgen-Reaktion zum Nachweis von DNS unter anderem auch von der Art der Vorbehandlung ab (S. 57). Dieses Beispiel macht deutlich, daß in den meisten Fällen die *Reaktionsintensität* nur ein *relatives* Maß für eine Substanzmenge sein kann und nur unter *normierten* Bedingungen *Vergleichswerte* liefert. Zu den Bedingungen, die normiert werden müssen, gehört auch die Fixierungs*dauer*. Sie richtet sich vorzugsweise nach der *Diffusionsgeschwindigkeit* des jeweiligen Fixierungsmittels und nach der *Größe* der Gewebeprobe, aber auch nach der *Art* des Gewebes. Verbindliche Angaben lassen sich daher nicht machen; es sollte jedoch darauf geachtet werden, daß nur solche Gewebeproben miteinander verglichen werden, die gleich lange fixiert wurden.

2. Fixierungstemperatur

Die Ermittlung einer optimalen Fixierungstemperatur scheint bei oberflächlicher Betrachtung durch zwei widersprüchliche Erwägungen erschwert zu sein. Fixiert man bei Raumtemperatur, so laufen die unmittelbar nach Unterbrechung der Blutzirkulation einsetzenden Autolyseprozesse so rasch ab, daß durch die teilweise nur recht langsam in den Gewebeblock eindringenden Diffusionsfronten einiger Fixierungsflüssigkeiten besonders in den oberflächenfernen Anteilen bereits geschädigte Zellen erreicht werden. Chemische Reaktionen unterliegen der Regel von VAN'T HOFF, nach der eine Änderung der Temperatur um 10 °C die Reaktionsgeschwindigkeit um das Zwei- bis Vierfache je nach Vorzeichen der Temperaturänderung erniedrigt bzw. steigert. Bei der Autolyse handelt es sich aber um einen *enzymatischen* Prozeß, dessen Temperaturabhängigkeit noch ausgeprägter ist als die anderer chemischer Reaktionen — allerdings nur in „physiologischen" Temperaturbereichen. Um die Autolysevorgänge zu verlangsamen, ist daher eine möglichst *tiefe* Fixierungstemperatur zu wählen, die jedoch oberhalb des Gefrierpunktes von Wasser liegen muß, um eine Eiskristallbildung zu vermeiden.

Allerdings wäre diese Maßnahme ohne nennenswerten Erfolg, wenn auch die *Diffusionsgeschwindigkeiten* eine so ausgeprägte *Temperaturabhängigkeit* wie chemische Reaktionen zeigten. Dies ist aber glücklicherweise nicht der Fall. Eine Erniedrigung der Temperatur beeinflußt vielmehr ganz allgemein die Diffusionsgeschwindigkeit in erster Linie über eine Änderung der *Viskosität des Lösungsmittels.* Im speziellen Fall der Fixierung ist der Unterschied der Diffusionsgeschwindigkeiten des Fixierungsmittels bei der für die Fixation empfehlenswerten Temperatur von $\pm$ 0 °C und bei Raumtemperatur so klein, daß er zu vernachlässigen ist. Die zentralen Partien des zu untersuchenden Gewebeblockes werden demzufolge bei $\pm$ 0 °C nur wenig später erreicht als bei Raumtemperatur, und somit steht der Nutzen der *Autolyseverhinderung durch Erniedrigung der Fixierungstemperatur* außer Zweifel. Dies gilt besonders, wenn zentrale Partien eines Gewebeblockes untersucht werden sollen, wie dies beispielsweise bei ganzen Embryonen erforderlich ist.

Allerdings sollte nicht der Eindruck entstehen, daß in jedem Fall beliebig große Gewebestücke verwendet werden können. Trotz Einhaltung einer tiefen Fixierungstemperatur ist vielmehr anzustreben, möglichst kleine Gewebeproben zu verwenden oder sie so zu beschneiden, daß sie zumindest nicht dicker als etwa 5 mm sind. Die Fixierung muß nicht bei genau $\pm$ 0 °C durchgeführt werden, vielmehr genügt die übliche Kühlschranktemperatur von $\mp$ 4 °C vollständig. Die Regelgenauigkeit kommerzieller Kühlschränke ist für Routineuntersuchungen ausreichend, und nur in seltenen Fällen wird man auf Kältethermostaten mit hoher Regelgenauigkeit zurückgreifen müssen. Die Empfehlung einer Fixierungstemperatur etwa von + 3,5 °C ließe die Tatsache unbeachtet, daß ein aus dem Organismus herausgeschnittenes Stück Gewebe ein viel zu kompliziertes System ist, um auf Temperaturabweichungen von 0,5 °C bei der Fixierung mit signifikanten und reproduzierbaren Veränderungen zu reagieren.

3. pH und Tonizität

Beim histochemischen Nachweis einer physiologischen Leistung von Zellen müssen die mit dem Gewebe in Kontakt kommenden Medien möglichst „physiologische" Werte im Hinblick auf Wasserstoffionenkonzentration und Tonizität aufweisen. Das gilt auch dann, wenn die *feinere Struktur*, das sozusagen morphologische Äquivalent der physiologischen Gesamtleistung von Zellen, zu untersuchen ist. Bei *nicht-wäßrigen*, wohl aber mit Wasser mischbaren Fixierungsmitteln, wie Aceton, Äthanol usw., sind *Wasserverschiebungen* und durch sie bedingte *Gewebezerstörungen* unvermeidlich. Eine Strukturerhaltung, wie sie für elektronenmikroskopische Untersuchungen unbedingt erforderlich ist, kann daher in jedem Fall nur mit *wäßrigen* Fixierungsmitteln erreicht werden, weil nur mit wäßrigen Medien physiologische pH-Werte und physiologische osmotische Verhältnisse eingehalten werden können; nur unter diesen Voraussetzungen ist aber eine für die Strukturerhaltung ungünstige Wasserverschiebung vermeidbar. Die Wasserstoff-Ionenkonzentration des Fixierungsmittels sollte bei *elektronenmikroskopisch*-histochemischen Untersuchungen im pH-Bereich des Gewebes, also etwa bei pH 7,2 liegen; sie ist in den meisten Fällen mit einem Puffer einzustellen. Der Puffer darf sowohl im Fixations- wie auch im Inkubationsmedium keinerlei Ionen enthalten, die man im Gewebe selbst nachzuweisen wünscht; man kann also unmöglich einen Phosphationen enthaltenden Puffer beim Nachweis von Phosphatasen mit einer Metallsalzmethode verwenden. Die molare Konzentration des Puffers kann niedrig sein, denn der Puffer hat bei histochemischen Untersuchungen im allgemeinen nur die Aufgabe, mühelos einen bestimmten pH-Wert einzustellen, während seine Fähigkeit zu puffern, also bei Zugabe von H^+ oder OH^--Ionen die Wasserstoffionenkonzentration in gewissem Umfang konstant zu halten, von seiten des Gewebes wohl nie beansprucht wird. Ein wenige Milligramm schweres Gewebestückchen kann die Pufferkapazität auch nur weniger Milliliter eines etwa 0,1 M Puffers nicht ausschöpfen, da es selbst bei unwahrscheinlichen Annahmen nicht entsprechend viele H^+-Ionen abgeben kann. Das gilt für histologische Schnitte noch mehr als für Gewebestückchen, da ein Schnitt so wenig Gewebe enthält, daß er den pH-Wert eines Färbebades oder eines Inkubationsmediums nicht verändern kann. Dies ist experimentell nachzuweisen. Bringt man 20 Objektträger mit 20 μm dicken Schnitten von hyalinem Knorpel in 100 ml bidestilliertes Wasser, so ändert sich das pH des Wassers nicht. Ebensowenig wird das Ausmaß der pH-Änderungen beeinflußt, die bei Zugabe von Säure oder Lauge auftreten (Tabelle 2).

Aus diesen Befunden folgt, daß es im allgemeinen unnötig ist, der Pufferwahl im Hinblick auf seine *Kapazität* zuviel Beachtung zu schenken.

Man kann irgendeinen gängigen Puffer nehmen, wenn er nur nicht mit Gewebekomponenten oder Nachweisreagentien interferiert. Steht kein passender Puffer zur Verfügung, so ist unter Kontrolle eines pH-Meters die Einstellung des gewünschten pH mit NaOH, HCl oder CH_3COOH möglich (Anhang, S. 197).

Bei der Fixierung für *lichtmikroskopisch*-histochemische Untersuchungen wird man bei der Mehrzahl der Fixierungsmittel auf die Verwendung eines Puffers verzichten. Die meisten Fixationsmedien reagieren außerordentlich sauer (Anhang, S. 107 ff). Würden diese Medien aber auf ein physiologisches pH gebracht, so dürften sie ihre fixierende Wirkung verlieren. Bei ihrer Verwendung steht offenbar die Absicht einer

Tabelle 2. *pH-Werte von Wasser und von Wasser mit 20 Knorpelschnitten unmittelbar nach Einstellen der Schnitte (T_0), 1 h nach Einstellen der Schnitte (T_1) und nach Zugabe kleiner Mengen 0,1 N Säure oder Lauge*

	T_0	T_1	+ HCl 0,1 N	+ NaOH 0,1 N
aqua bidest.	6,5	6,5	4,5	8,9
aqua bidest. und Schnitte	6,5	6,5	4,6	9,0

möglichst optimalen Substanzkonservierung im Vordergrund, und die unvermeidlichen Strukturzerstörungen werden als für die lichtmikroskopische Untersuchung tragbar in Kauf genommen. Bei der Durchführung der eigentlichen Nachweisreaktion kann allerdings ein definiertes pH für den Reaktionsablauf unbedingt erforderlich sein.

Die *Tonizität* des Fixationsmediums hat einen besonders starken Einfluß auf den Wasserhaushalt des Untersuchungsmaterials. Es wäre aber bei den in ihrer Mehrzahl stark sauren Fixationsmedien ein vergebliches Bemühen, durch Einstellen einer physiologischen Tonizität Schäden am Gewebe vermeiden zu wollen, die dann zwangsläufig durch das saure pH der Fixationslösung verursacht werden. Isotonie des Fixierungsgemisches ist also nur erforderlich, wenn auch ein physiologischer pH-Wert vorliegt, mithin nur bei wäßrigen Fixationsmedien und daher in erster Linie bei elektronenmikroskopischen Untersuchungen. Objektgerechte Werte einer *alle* Wasserbewegungen ausschließenden Isotonie sind nur schwer zu erhalten. Eine 0,9%ige NaCl-Lösung ist zwar dem Gewebe isoton, sie befriedigt dennoch nicht, weder als Blutersatz noch als Grundlage von Fixations- und Inkubationsmedien. Hier erweisen sich der Organismus und seine Gewebe wesentlich verschieden von einem einfachen physiko-chemischen Membranmodell, aufgrund dessen man vielleicht annehmen könnte, eine 0,9%ige NaCl-Lösung sei voll geeignet.

Auch wenn an Stelle einer einfachen eine aus zahlreichen Komponenten zusammengestellte Salzlösung verwendet wird, können noch Wasserverschiebungen auftreten, weil dann noch die für den Wasserhaushalt entscheidende *kolloid-osmotische Komponente* der Isotonie unberücksichtigt bleibt. Wenn die Verhältnisse während der Fixierung oder der Inkubation den physiologischen Bedingungen möglichst weit angeglichen sein sollen, empfiehlt sich die Zugabe einer makromolekularen Substanz zum jeweiligen Medium, etwa Serumalbumin oder Polyvinylpyrrolidon usw. Kolloide zeigen allerdings eine nur sehr geringe Diffusionsgeschwindigkeit. Es kann hierdurch zu einem *Auseinanderweichen der Diffusionsfronten* des (schnell wandernden) Fixierungsmittels und des (langsam wandernden) Kolloids kommen (Abb. 14), was den Nutzen des Kolloidzusatzes zunichte macht.

Dieser Nachteil tritt nicht auf, wenn man den isotonen Salzlösungen an Stelle von Eiweiß *Rohrzucker* zusetzt. Rohrzucker verringert die bei reinen Salzlösungen auf-

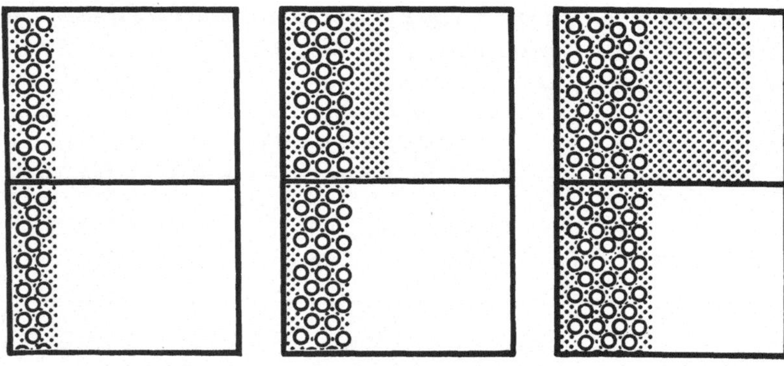

Abb. 14. Auseinanderweichen der Diffusionsfronten durch unterschiedliche Diffusionsgeschwindigkeit von Fixierungs- und Lösungsmittel (oben). Gleichzeitiges Eindringen von Lösungs- und Fixierungsmittel (unten). · = Lösungsmittel; o = Fixierungsmittel

tretenden Wasserverschiebungen. Er zeigt eine seinem kleineren Molekül entsprechende höhere Diffusionsgeschwindigkeit als Proteine oder makromolekulare Kunststoffe, weist allerdings auch nicht im eigentlichen Sinn kolloidosmotische Eigenschaften auf. Trotzdem stellt seine Verwendung bei der Fixierung einen empfehlenswerten Kompromiß dar, weil durch ihn die Ergebnisse merklich verbessert werden. Rohrzucker wird insbesondere in *elektronenmikroskopisch-histochemischen* Untersuchungen den verschiedenen Medien zugesetzt. *Wieviel* Rohrzucker der Fixationsflüssigkeit zugegeben wird, eine *wieviel* molare Lösung dem Gewebe isoton ist, kann nicht verbindlich angegeben werden, denn die in der Literatur mitgeteilten Werte schwanken sehr stark. Dem Serum isoton ist eine 0.33 M Rohrzuckerlösung; verwendet werden für histochemische Zwecke aber meist 7,5% Lösungen. Für die zahlreichen, durchweg nur geringfügigen positiven und negativen Abweichungen von diesem Wert bei Untersuchungen an Säugetiergewebe werden im großen und ganzen keine stichhaltigen Gründe angegeben, und man darf daher vermuten, daß solche „Modifikationen" nicht unbedingt aus *sachlicher Notwendigkeit* entstehen. Es sei hier angefügt, daß „eigene Modifikationen" ohnehin häufig nur zustande kommen, weil zufällig eine von der Originalvorschrift abweichende x molare Lösung im Laboratorium angesetzt und daher gerade verfügbar ist. Dies vereitelt dann aber möglicherweise einen Vergleich von Befunden verschiedener Autoren.

G. Allgemeine Schlußfolgerung

Faßt man die bisher aufgezeigten Punkte zusammen, so erweist sich — abgesehen von Enzymuntersuchungen, die teilweise an nativen Kryostatschnitten durchgeführt werden *müssen* — eine chemische Vorbehandlung des Gewebes für histochemische Untersuchungen in den meisten Fällen als vollauf genügend. Sie ist billig und zeitsparend und daher im allgemeinen einer physikalischen Vorbehandlung vorzuziehen. Die Wahl des jeweiligen Fixierungsmittels wird durch die Art der zu untersuchenden Substanz bestimmt. Die Vorbehandlung hat neben einer optimalen histologischen Strukturerhaltung eine möglichst ortsgerechte Fixierung der nachzuweisenden Substanz durch Fällung, Denaturierung oder „Einhüllung" (Glykogen) im Gewebe zu erzielen. Um eine allzu vergröbernde Denaturierung der Proteine durch extreme Wasserverschiebung zu vermeiden, sollte bei Feinstrukturuntersuchungen das wäßrige Fixierungsmittel einen physiologischen pH-Wert besitzen und dem Gewebe isoton sein. Die Wahl des für die Einstellung einer geeigneten Wasserstoffionenkonzentration erforderlichen Puffers richtet sich dabei nur nach seiner Inertheit gegenüber dem Gewebe und den Nachweisreagentien; die Frage der Kapazität des Puffers ist von untergeordneter Bedeutung. Eine optimale Isotonie ist durch Zugabe von höher-molekularen organischen Stoffen, wie Rohrzucker, zu physiologischen Salzlösungen einzustellen. In lichtmikroskopischen Untersuchungen kann auf solche Maßnahmen verzichtet werden. Allgemein ist aber zur Verlangsamung der Autolyseprozesse die Fixierung im Kühlschrank etwa bei $+$ 4 °C durchzuführen.

Der histochemische Stoffnachweis beginnt nicht erst mit der eigentlichen Nachweisreaktion, sondern bereits mit der Vorbehandlung des Gewebes. Mit der Nachweisreaktion wird eine durch die Vorbehandlung des Gewebes konservierte Substanz oder die Aktivität eines Enzyms in eine vom Beobachter mikroskopisch erkennbare Form übersetzt. *Bei dieser Übersetzung sind Fehler unvermeidlich.* Die Fehlerquote wird jedoch um so geringer sein, je einwandfreier das Übersetzungsgut vorliegt, denn auch eine sorgfältige Übersetzung kann nicht fehlerfrei sein, wenn bereits der „Originaltext" voller Fehler steckt. Während der Vorbehandlung des Gewebes aufgetretene Fehler können auch durch größte Sorgfalt bei der Durchführung der eigentlichen histochemischen Reaktionen nicht wieder rückgängig gemacht werden.

IV. Histochemische Reaktionen

A. Aussagemöglichkeiten

Die Interpretation des Ausfalls einer histochemischen Reaktion wird entscheidend davon abhängen, wie *spezifisch* das im Verlauf der Reaktion gebildete Zeichen als Hinweis auf eine bestimmte Substanz gewertet werden kann. Die Spezifität wird stets so hoch wie möglich gewünscht, da hiervon wiederum der *Informationswert* abhängt. Den nachfolgenden Darstellungen ist jedoch zu entnehmen, daß die histochemischen Reaktionen recht häufig außergewöhnlich unspezifisch sind, da sie meist nicht chemisch definierte *Substanzen*, sondern chemische *Gruppen* erfassen, die in vielen sehr *unterschiedlichen* Stoffklassen vorkommen. Auch diese unspezifischen Reaktionen können aber mit Nutzen angewendet werden, weil oft die Möglichkeit einer spezifischen *Zeichenlöschung* (etwa durch Entfernung einer Gewebekomponente aus dem Schnitt nach enzymatischer Hydrolyse; Anhang, S. 116f.) gegeben ist. Dann wird das *Fehlen* des Zeichens, also ein negativer Reaktionsausfall, zu einem Hinweis auf das Vorliegen einer Substanz.

Abgesehen davon, wie spezifisch eine Reaktion im Einzelfall auch sein mag, aus An- oder Abwesenheit des Zeichens nach Durchführung der Reaktion ist in jedem Fall die *qualitative* Aussage möglich, daß ein *negativer* oder *positiver* Reaktionsausfall vorliegt. Der Reaktionsausfall ist entweder mit der Aussage „positiv" = JA oder der Aussage „negativ" = NEIN zu beschreiben, und es liegt daher eine Aussagealternative vor, nämlich JA/NEIN.

Außerordentlich häufig, beispielsweise immer beim ubiquitären Vorkommen einer beliebigen Substanz, kann die qualitative Aussage nur JA sein. Der Reaktionsausfall ist dann aber zusätzlich noch sozusagen quantitativ zu beschreiben, nämlich entweder mit der Aussage „mehr als" oder der Aussage „weniger als". (Nach objektiver Messung des Untersuchungsgutes ist noch die Aussage „x mg/Einheit des Gewebes" möglich, doch ist dies eine Ausnahme.) Bei histochemischen Routineuntersuchungen liegt daher im Hinblick auf die *quantitative* Aussage praktisch ebenfalls eine Alternative vor, nämlich VIEL/WENIG.

Die Aussagealternative VIEL/WENIG ist bei der Mehrzahl histochemischer Nachweise gegeben. Durch die Möglichkeit einer quantitativen Aussage wie VIEL oder WENIG unterscheiden sich histochemische Methoden grundsätzlich von rein färberisch-histologischen. Bei den letzteren ist nämlich die Feststellung einer beispielsweise stärkeren oder schwächeren Blaufärbung wertlos, da ein solches Phänomen mangels Kenntnis der verursachenden Bedingungen keinen Informationswert besitzt.

Von wenigen Ausnahmen abgesehen sind die nachzuweisenden Substanzen im Gewebe nicht direkt als *unveränderte* Stoffe erkennbar, sondern erst nach *Umsetzung mit einem oder mehreren Reagentien*. Das bei der Umsetzung gebildete *Pigment* wird mikroskopisch erfaßt und aus der Pigmentmenge wird auf die zugrunde liegende Substanzmenge rückgeschlossen. Es erhebt sich nun aber die Frage nach der *Abhängigkeit* dieser beiden Größen voneinander. Nur wenn eine weitgehende Proportionalität von Substanzmenge und Reaktionsstärke vorliegt, ist ja eine quantitative Aussage gerechtfertigt. Bei histologischen Objekten hängt die Reaktionsstärke nicht unbedingt *nur* von der *Gewichtsmenge* an Substanz ab, sondern sie wird von zahlreichen Faktoren modifiziert (S. 39). Tatsächlich muß man sogar annehmen, daß eine *strenge* Proportionalität bei histochemischen Nachweisen nur ausnahmsweise vorliegt. Aber selbst *wenn* eine Proportionalität feststeht, bleibt noch das Problem, *wie* die Reaktionsstärke, also etwa die Pigmentmenge, richtig zu bestimmen ist. Dabei sind eine Reihe von Fehlermöglichkeiten vorhanden, die sowohl bei *subjektiver* wie auch bei *objektiver* Messung nicht vollständig eliminiert werden können.

Im Zusammenhang mit der chemischen Fixierung wurde bereits dargelegt, daß eine Topochemie stricto sensu nicht in allen Fällen möglich ist, weil beispielsweise molekulardispers verteilte Stoffe für ihren Nachweis zu mikroskopisch faßbaren Partikeln aggregieren müssen. Es erweckt aber eine Substanzmenge, die zu einem etwas größeren Partikel von etwa 1,0 μm Kantenlänge aggregiert, den Eindruck einer stärkeren Reaktion als die gleiche Substanzmenge in Form von neun Partikeln mit je 0,3 μm Kantenlänge. Der *Dispersionsgrad* einer Substanz hat also Einfluß auf die Abschätzung der Reaktionsstärke.

Diese Schwierigkeiten können theoretisch durch die *objektive* Messung der Reaktionsstärke mit Hilfe photometrischer Verfahren umgangen werden. So bewundernswert aber die technische und elektronische Perfektion der verschiedenen Cytophotometer auch ist, die Kleinheit der Meßfelder (Durchmesser bis zu minimal 0,3 μm) stellt Anforderungen an die Optik, die bereits an die Grenze von deren theoretischer Leistungsfähigkeit heranreichen. Nur allzuoft wird aus verkaufspsychologischen Gründen durch optische Maßnahmen eine Meßfeldgröße erreicht, die praktisch gar nicht auszunützen ist. Große Schwierigkeiten ergeben sich beispielsweise schon daraus, daß die meisten Cytophotometer die auch bei Mikroskopen gebräuchlichen Objekttische haben und mit diesen eine für die Ausnutzung kleiner Meßfelder notwendige genaue Einstellung des zu messenden Präparatedetails sehr mühselig ist. Bei umfangreichen Messungen bedeutet dies einen großen Zeitaufwand, der häufig in *keinem annehmbaren Verhältnis* zum Gewinn an Signifikanz des Ergebnisses steht. Hinzu kommen Fehler, die bei der Vorbehandlung des Gewebes unvermeidbar sind, die durch Dickenunterschiede der Objektträger und der Deckgläser, durch Unterschiede in der Schnittdicke und der Dicke des Einschlußmediums bedingt sind. Die cytophotometrischen Methoden sind bei kritischer Abwägung von Aufwand, Fehlern und Nutzen nur in der Hand des wirklich Geübten ein Instrument zur Ermittlung objektiver Werte.

An dieser Stelle sei auch ein Hinweis auf den *Kostenfaktor* der Cytophotometrie gestattet. Im allgemeinen ist die Rentabilität von Investitionen auf dem wissenschaftlichen Sektor nicht abzusehen. Abzusehen ist jedoch der theoretische, unter Annahme

günstiger Bedingungen zu erwartende Nutzen. Dieser ist bei den zahlreichen Fehlermöglichkeiten der quantitativen Histochemie nur in seltenen Fällen groß genug, um
die Anschaffung kostspieliger Apparate zu rechtfertigen. Jedenfalls ist die Anschaffung *nicht* anzuraten, wenn damit nur die „Genauigkeit hinter dem Komma" vergrößert werden soll. Die ganze Problematik tritt im Tagungsbericht über das
IX. Symposion der Gesellschaft für Histochemie 1963 deutlich zu Tage.

Normalerweise wird in histochemischen Untersuchungen nur die mit allerdings
noch mehr Imponderabilien belastete *Abschätzung* der Reaktionsstärke nach dem
subjektiven Eindruck durchgeführt. Für die subjektive Beurteilung sind zunächst einmal
die bereits aufgeführten Fehlermöglichkeiten relevant. Zusätzlich ist sie oft belastet
durch eine subjektive Beeinflussung des Ergebnisses durch eigene, im voraus ent-
wickelte Vorstellungen über den Ausgang des Experimentes. Es ist — offenbar weil
diese naheliegende Fehlermöglichkeit nicht ausreichend beachtet wird — oft wenig
überzeugend, was dem Zuhörer oder Leser als angeblich deutlich unterschiedlich
starke Reaktionsausfälle demonstriert wird. Wenn die Unterschiede VIEL/WENIG
nicht ganz zweifelsfrei sind, dann sollte eine zusätzliche Auswertung durch einen
unbeeinflußten Beobachter erfolgen, denn der „doppelte Blindversuch" ist auch in
der Histochemie möglich.

B. Reaktionstypen

Es ist üblich, die histochemischen Methoden in einer Ordnung zu beschreiben, die
sich aus ihrem *Reaktionsziel* ergibt, also nach den Substanzen, die sie nachweisen. Es
werden z. B. alle zum Nachweis von Nucleinsäuren geeigneten Methoden zu einer
Gruppe zusammengefaßt. Die Eigenarten und Prinzipien der verschiedenen Reak-
tionsabläufe kommen dabei aber nicht deutlich genug zum Ausdruck.

Eine Einteilung der Methoden in Gruppen mit gleichen Reaktionsabläufen *ohne*
Rücksicht auf die Art der damit erfaßten Substanzen kann im Rahmen einer *Einführung in die Methodologie* der Histochemie viel prägnanter sein und ist daher ebenso
gerechtfertigt, wenn auch ebenso *willkürlich* wie eine Zusammenfassung der Methoden nach den nachzuweisenden Stoffklassen. Hier wurden die Methoden in folgende
Gruppen eingeteilt:

1. Substanznachweise

    a) Mikrochemischer Reaktionstyp (Anwendung anorganisch-analytischer Verfah-
       ren auf den Schnitt),
    b) Pigmentbildung aus dem Substrat,
    c) Pigmentbildung aus dem Nachweisreagens,
    d) Pigmentbildung durch Bindung des Nachweisreagens an das *unveränderte* Sub-
       strat,
    e) Pigmentbildung durch Bindung des Nachweisreagens an das *veränderte* Substrat,
    f) Löslichkeitsfärbung,
    g) Elektrostatische Färbung.

2. Enzymnachweise

  a) Nachweis von Enzymen durch Produktbildung,
  b) Nachweis von Enzymen durch Metallsalzbildung,
  c) Nachweis von Enzymen durch Farbstoffbildung.

3. Autoradiographie

Als „Pigmentbildung" wird die Bildung eines gefärbten oder lichtundurchlässigen Reaktionsproduktes bezeichnet. Pigment wird also *nicht* als biologisches Produkt, sondern als farbige, chemische, nicht in den verwendeten Lösungsmitteln lösliche Verbindung verstanden. Die Reaktionsvorgänge 1a) bis g) werden bei *Substanznachweisen* wirksam. Da die Reaktionen zum *Enzymnachweis* sich von denen zum Substanznachweis in mancherlei Hinsicht unterscheiden, werden die enzymhistochemischen Methoden gesondert behandelt. Dies ist trotz bestehender Unterschiede eine willkürliche Maßnahme, denn beispielsweise könnte der Enzymnachweis mit einem Tetrazoliumsalz auch unter Punkt 1c) abgehandelt werden.

1. Substanznachweise

a) Mikrochemischer Reaktionstyp
   (Anwendung anorganisch-analytischer Verfahren auf den Schnitt)
   (Arbeitsvorschriften: 25 bis 30)

Nur in seltenen Fällen sind Stoffe ohne jede Maßnahme mikroskopisch nachweisbar. Hierzu zählen einige wenige im normalen Gewebe vorkommende Substanzen wie Blutfarbstoff, Melanin, Lipochrome usw. Bei allen anderen Substanzen ist die *Umwandlung* in eine mikroskopisch erkennbare Form erforderlich. Es ist insbesondere bei *anorganischen* Gewebebestandteilen naheliegend, die Umwandlung durch Anwendung einer in der *analytischen Chemie* gebräuchlichen Methode durchzuführen und so Substanzen auch im Gewebe sichtbar zu machen. Tatsächlich sind einige Methoden der anorganisch-analytischen Chemie zum histochemischen Substanznachweis sogar sehr geeignet, da die Nachweise meist über eine Präcipitation der betreffenden Substanz mit möglichst *großmolekularen* Nachweisreagentien durchgeführt werden. Die bei Umsetzung mit großmolekularen Reagentien auftretende Molekülvergrößerung ist nämlich für eine *gravimetrische* Bestimmung vorteilhaft. Entsprechend ist es auch beim *mikroskopischen* Nachweis, weil die optische Erfaßbarkeit des Reaktionsproduktes um so besser ist, je größer seine Ausdehnung ist.

Ein anschauliches Beispiel für diesen Reaktionstyp ist der *Nachweis von Eisen* als Berlinerblau. Stellt man einen histologischen Schnitt in eine frisch bereitete salzsaure Lösung von Kaliumhexacyanoferrat (II), so kommt es mit dem im Gewebe vorliegenden dreiwertigen Eisen zur Bildung des unlöslichen Berlinerblaukomplexes (Abb. 15a und 16). Mit Kaliumhexacyanoferrat (II) kann nur Fe^{+++}, nicht aber Fe^{++}

nachgewiesen werden. Will man das gesamte Eisen im histologischen Schnitt nach-
weisen, und bei einem histochemischen Eisennachweis wird dies in der Regel der
Fall sein, dann muß Fe^{+++} durch Behandlung des Schnittes mit einer wäßrigen
Lösung von Ammoniumsulfid in die 2-wertige Form überführt werden. Dabei wird

a) $3 \times [Fe^{II}(CN)_6]^{----} + 4\ Fe^{+++} \rightarrow Fe^{III}_4\ [Fe^{II}(CN)_6]_3$

b) $2 \times [Fe^{III}(CN)_6]^{---} + 3\ Fe^{++} \rightarrow Fe^{II}_3\ [Fe^{III}(CN)_6]_2$

Abb. 15. Ablauf der Berlinerblau- (a) und der Turnbullblaureaktion (b)

das 3-wertige Eisen zunächst in Fe_2S_3 umgewandelt, das dann in FeS und S dispro-
portioniert. Anschließend wird die Turnbullblaureaktion mit Kaliumhexacyanoferrat (III) durchgeführt (Abb. 15b), die dann das Fe^{++} spezifisch erfaßt. Durch
Luftsauerstoff kann das Fe^{++} zum Teil wieder aufoxydiert werden, so daß es auch

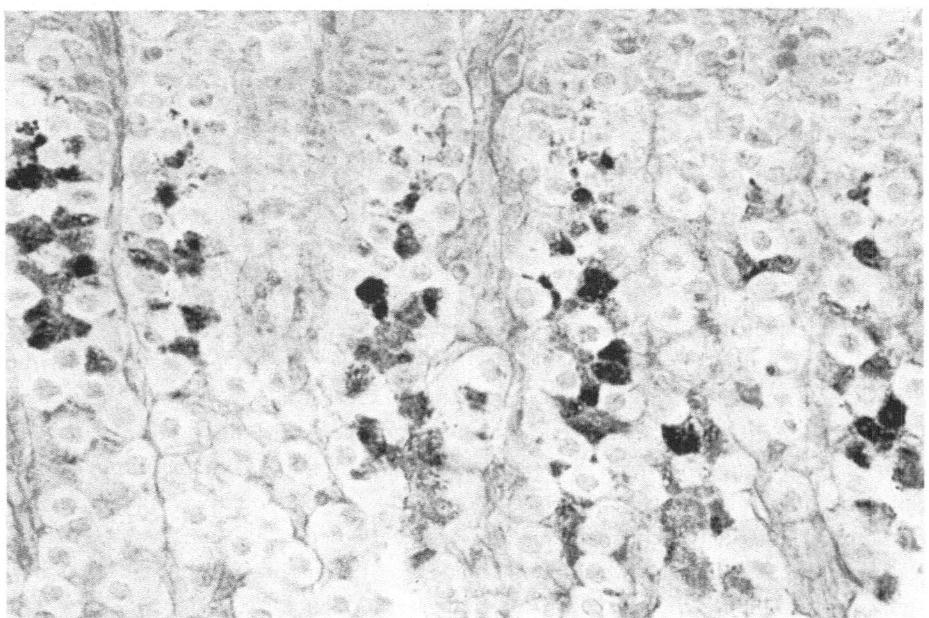

Abb. 16. Eisenbindung in den Nebenzellen von Magendrüsen. Darstellung des gebundenen
Eisens als Berlinerblau (Goldhamster, Fixierung: CARNOY) 440:1. (Präparat: Dr. H.
TAKAHASHI, Tübingen)

nach Behandlung der Schnitte mit $(NH_4)_2S$ mit Kaliumhexacyanoferrat (II) zur Bildung von geringen Mengen Berlinerblau kommen kann. Da Fe^{+++} nicht mit Kaliumhexacyanoferrat (III) erfaßt wird, entgeht der aufoxydierte Anteil dem Nachweis als
Turnbullblau. Man kann diesen Fehler aber durch rasches Arbeiten klein halten. Die

Schnitte dürfen *nicht* mit *eisenhaltigen* Geräten in Kontakt kommen. Der Nachweis von Eisen als Turnbullblau ist sehr empfindlich und erlaubt, ebenso wie die Berlinerblaureaktion, wegen der Unlöslichkeit der Reaktionsprodukte in organischen Lösungsmitteln eine Entwässerung der Schnitte und damit die Herstellung von Dauerpräparaten.

Für die lichtmikroskopisch eben noch erfaßbare Eisenmenge ist die Tatsache bedeutend, daß durch den Umsatz mit dem großmolekularen Nachweisreagens das Volumen des Reaktionsproduktes *größer* ist als das der ursprünglich in der Zelle vorhandenen Substanz. Das *Ausmaß* der Volumenvergrößerung hängt von dem durch

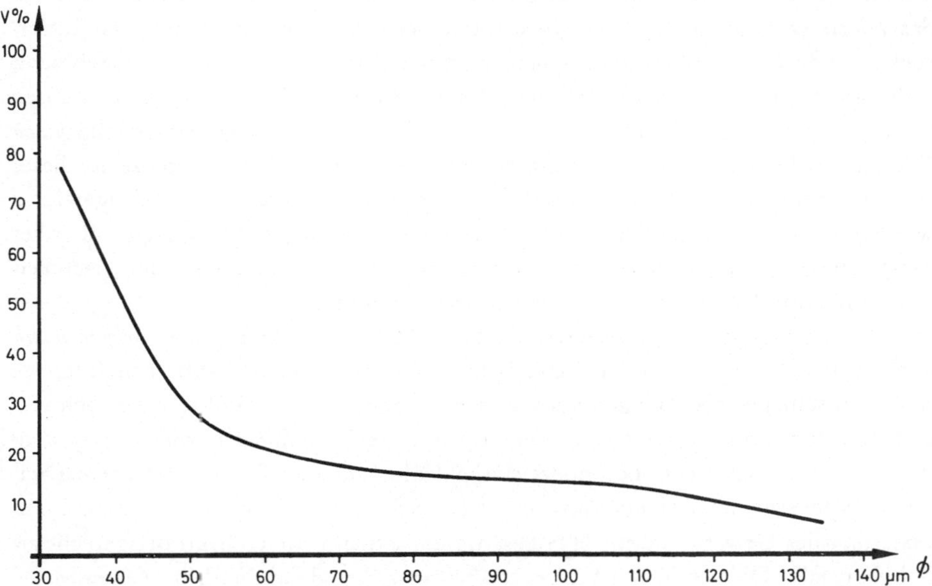

Abb. 17. Teilchenvergrößerung durch die Berlinerblaureaktion in Abhängigkeit von der Ausgangsteilchengröße. Abszisse = Ausgangsteilchengröße; Ordinate = Teilchenvergrößerung in % der Ausgangsteilchengröße

ursprüngliche Verteilung, pH, Fixierungstemperatur usw., bestimmten Dispersionsgrad ab. In Modellversuchen kann man zeigen, daß die durch die Berlinerblaureaktion bewirkte Volumenvergrößerung entscheidend von der Ausgangsgröße der noch nicht umgesetzten Eisenpartikel abhängt. Je nach deren Größe können Unterschiede im Ausmaß der Vergrößerung bis zu 100% beobachtet werden (Abb. 17). Bei einer quantitativen Auswertung ist dies unbedingt zu berücksichtigen.

Mit mikrochemischen Reaktionen, die der anorganisch-analytischen Chemie entnommen sind, können noch weitere Schwermetallionen nachgewiesen werden, z. B. Ag^+ und Cu^{++} mit Rubeanwasserstoff; Zn^{++} mit Dithizon; Pb^{++} mit Chromat; Au^{++} mit p-Dimethylaminobenzylidinrhodanin usw. Da jedoch die im Gewebe vorhandenen Mengen dieser Schwermetalle wesentlich geringer sind als die von Eisen, entziehen sich physiologische Vorkommen meist dem Nachweis; es sind daher in erster Linie pathologische Schwermetallablagerungen mit diesen Methoden zu erfassen.

Außer den Schwermetallen haben zahlreiche *Anionen* und insbesondere auch *Alkali-* und *Erdalkalimetalle* eine große Bedeutung für die Physiologie der Zellen und Gewebe. Ein topochemischer Nachweis scheitert aber häufig an den *geringen Mengen*, der *hohen Löslichkeit* und der *großen Beweglichkeit* dieser Zellkomponenten, weil durch sie größere Verlagerungen unvermeidlich sind. Hinzu kommt noch, daß ein Nachweis von kleinmolekularen Mineralstoffen in den Zellen *ohne* gleichzeitigen Nachweis ihrer Beziehung zu den feineren Zellstrukturen keinen nennenswerten Informationswert besitzt. Aus diesen Gründen ist für die Histochemie der Spurenelemente und Ionen das *Elektronenmikroskop* das geeignete Instrument. Bei der histochemischen Untersuchung von Ionen und Spurenelementen ist seine Anwendung sachlich angebracht, während es sonst vielfach als ein Gerät, das *alle* Probleme der Morphologie zu lösen vermag, gewertet und damit überschätzt wird. Die *hohe Auflösung* erlaubt eine *genaue Strukturzuordnung* anorganischer Verbindungen, und die Erfassungsgrenze ist dieser Auflösung entsprechend niedrig, so daß auch sehr *kleine Substanzmengen* nachgewiesen werden können. Bedauerlicherweise stehen z. Z. allerdings nur wenige, überdies recht launige, elektronenmikroskopisch-histochemische Methoden zum Nachweis von Mineralstoffen und Spurenelementen zur Verfügung.

Ein histochemischer Nachweis sehr kleiner Mengen *unphysiologischer Schwermetalle* kann in der Toxikologie oder Gewerbehygiene von großem praktischen Interesse sein. Um sehr geringe Mengen pathologischer, aber auch physiologischer, Schwermetalle lichtmikroskopisch nachzuweisen, kann das *Sulfid-Silber-Verfahren* angewendet werden, welches eine besonders starke Volumenvergrößerung der nachzuweisenden Schwermetallpartikeln zum Ziel hat. Die Schwermetalle werden zunächst durch Fixierung des Gewebes in mit H_2S gesättigtem Äthanol weitgehend ortsgerecht als Sulfide gefällt. Die gebildeten *Schwermetallsulfide* wirken dann als *Adsorptionskeime* bei einer anschließenden *Versilberung*. Dazu werden die Schnitte mit einer Lösung behandelt, die Ag^+ und ein Reduktionsmittel (Hydrochinon) enthält, welches Ag^+ zu metallischem Silber reduziert, das den Schwermetallkeimen angelagert wird (Abb. 18). Die Orte, an denen solche Keime vorhanden waren, sind nach durchgeführter Versilberung als lichtoptisch sehr gut erkennbare Silbergranula gekennzeichnet.

Der *Vorteil* des Verfahrens liegt in seiner extremen Empfindlichkeit, da die theoretisch denkbare Vergrößerung auch submikroskopisch kleiner Keime bis in die lichtmikroskopische Größenordnung reicht. Der *Nachteil* des Verfahrens liegt darin, daß es nur unvollständig gelingt, die einzelnen Schwermetalle aufgrund ihrer unterschiedlichen Löslichkeit in verschiedenen Chemikalien *gezielt* aus dem Schnitt herauszulösen. Außerdem ist es nicht möglich, die Bedingungen *so* zu standardisieren, daß an jedem Keim die gleiche Silbermenge angelagert wird, so daß das Ausmaß der Silberablagerung zufallsbedingt schwankt. Aus der *Größe* der Einzelgranula ist daher keinesfalls auf die im Gewebe vorliegenden Metallmengen zu schließen; dies ist bestenfalls noch über die *Anzahl* der Granula möglich.

Das Verfahren konnte inzwischen erfolgreich an die Bedingungen der elektronenmikroskopischen Histochemie angeglichen werden, wo es der günstigen Kontrast-
bedingungen wegen vielversprechend angewendet werden dürfte. Außerdem steht
eine Modifikation der Sulfid-Silber-Methode für die Hämatologie zur Verfügung.
Aus dem Reaktionsausfall der modifizierten Sulfid-Silber-Methode ist vielfach eine
genauere Diagncse bestimmter Hämatopathien möglich, was vor allem therapeu-
tische Konsequenzen haben kann (Abb. 19).

Eisen ist das im Gewebe mengenmäßig häufigste Schwermetall. Es ist ubiquitär
vorhanden, da *jede* Zelle über eisenhaltige Enzyme verfügt. Man könnte demnach
eigentlich in allen Zellen, beispielsweise auch in Erythrocyten, welche mit dem
eisenhaltigen Proteid Hämoglobin geradezu vollgestopft sind, einen positiven

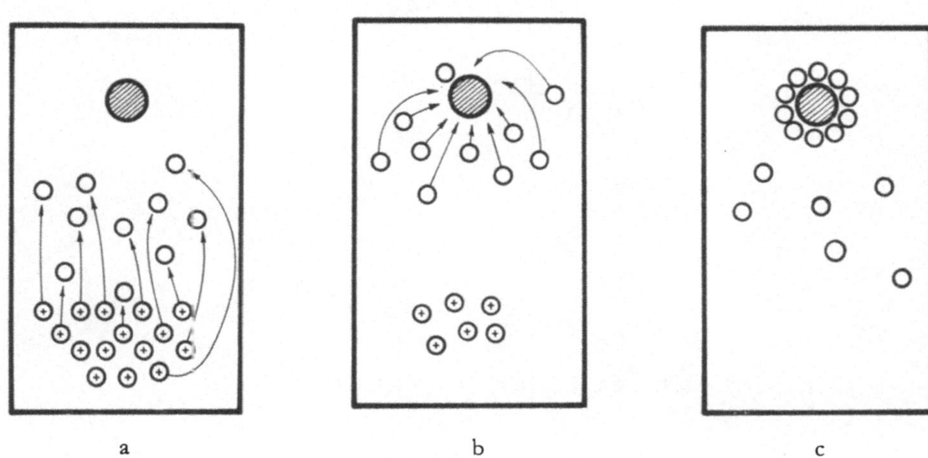

Abb. 18. Schema des Sulfid-Silber-Verfahrens. a. Reduktion von Ag$^+$ ($\oplus$) durch Hydrochinon
zu Ag (o). b. Adsorption von Ag (o) an einen Schwermetallsulfidkeim. c. Schwermetall
durch Ag-Adsorption vergrößert

Reaktionsausfall auf Eisen erwarten. Aber in Erythrocyten wie auch in den meisten anderen Zellen ist mit histochemischen Methoden *kein* Eisen nachzuweisen. Die Ursache
dafür ist in der äußerst festen *metallorganischen Bindung* des Eisens zu suchen. Diese
Bindung ist so beständig (die Stabilitätskonstante im Hämoglobin liegt z. B. bei
etwa 45), daß auch mit stärksten Eisenfällungsmethoden und mit aggressivsten Fixierungsmitteln keine Abspaltung des Eisens von organischen Makromolekülen erreicht
werden kann. Man hatte früher angenommen, daß in der Zelle das Eisen „maskiert"
sei und daher dem Nachweis entgehe. Durch Behandeln mit starken Mineralsäuren
sollte das Eisen „demaskiert" und dem Nachweis zugänglich gemacht werden. In
Wirklichkeit wird aber bei der „Demaskierung" lediglich ein Teil des Eisens *gelöst*
und von sauren Gruppen einiger Zellbestandteile (Nucleoproteide des Zellkerns)
gebunden. Auf diese Weise ist das Auftreten von „Kerneisen" zu erklären, das sich
somit als ein Artefakt erweist.

Die Unmöglichkeit, in metallorganischer Bindung vorliegendes Eisen histochemisch nachzuweisen, deckt eine weitere Grenze der Histochmie auf, die in physikalisch-chemischen Gesetzmäßigkeiten begründet ist. Aufgrund dieser Gesetzmäßigkeiten können keine Substanzen nachgewiesen werden, die sehr fest gebunden sind.
Im Falle des Eisens und einiger Mineralien kann nun aber dadurch eine mikroskopische
Erfassung ermöglicht werden, daß durch *Zerstörung* der jeweiligen organischen
Trägersubstanz das Schwermetall freigesetzt wird. Die Freisetzung kann sogar auf
sehr einfachem Wege erfolgen, nämlich durch Veraschung des Schnittes zu einem

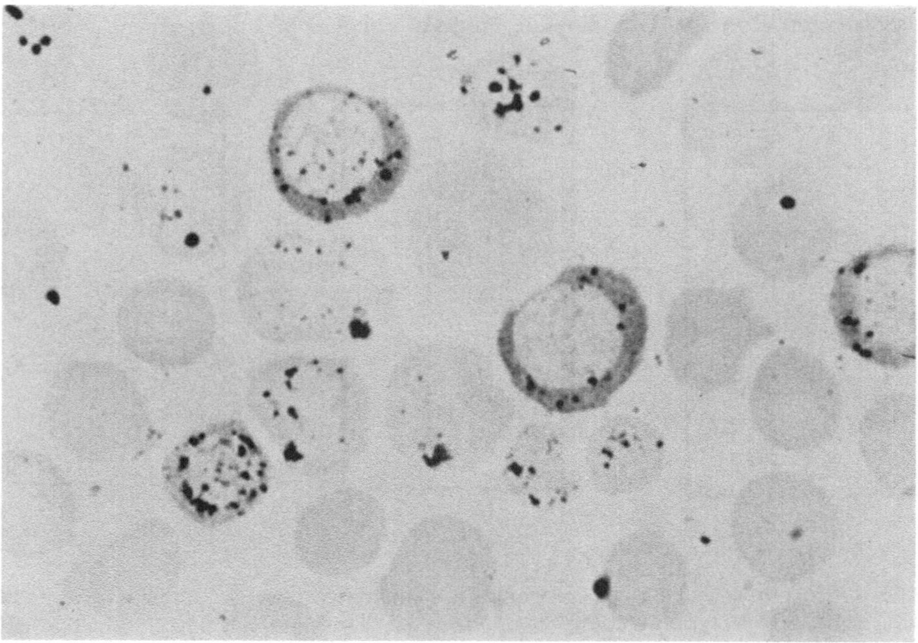

Abb. 19. Argyrogranuläre Erythrocyten und basophile Normoblasten mit fein verteiltem
Nichthämoglobineisen bei einer RH-Erythroblastose. 1750:1. (Aufnahme: Priv.-Doz.
Dr. R. Neth, Hamburg)

sog. *Spodogramm*. Bei der Herstellung eines Spodogramms wird der auf einem Glas-,
besser noch auf einem Quarzglasobjektträger aufgezogene Schnitt 2 h bei etwa 540 °C
erhitzt, und in dieser Zeit wird bei freier Luftzufuhr alles organische und anorganische
Material oxydiert. Auf dem Objektträger bleibt nur die aus anorganischem Material
bestehende *Asche*, das Spodogramm, zurück. Eisen wird dabei zu braunem Fe_2O_3
oxydiert und ist ohne weitere Maßnahmen sofort mikroskopisch erkennbar. Die
übrigen Aschenanteile können erst nach Anwendung unterschiedlicher Verfahren
differenziert und erkannt werden. Es ist nicht möglich, hier die einzelnen Schritte
dieser Trennungsverfahren weiter zu beschreiben. Der Interessierte sei auf die Mono-
graphie von Hintzsche und den Beitrag von Kruszynski im Handbuch der Histo-

chemie (I/2) verwiesen. Ausführlich ist die Histochemie der Mineralstoffe auch im Bericht vom VII. Symposion der Gesellschaft für Histochemie 1961 behandelt.

Die Veraschung erlaubt nur den Nachweis *anorganischer* Schnittbestandteile durch vollständige oxydative Zerstörung der organischen Materialien. Eine *milde* Oxydation ohne Zerstörung der Schnitte ist indes ebenfalls möglich und kann *dann* zum histochemischen Nachweis auch von *organischen* Substanzen führen, wenn diese in oxydierter Form ein gefärbtes oder lichtundurchlässiges Pigment darstellen, wie dies bei verschiedenen biogenen Aminen der Fall ist.

b) Pigmentbildung aus dem Substrat

(Arbeitsvorschriften: 34 bis 36)

In der Mitte des vorigen Jahrhunderts wurde bei Fixationsversuchen mit Chromsalzlösungen entdeckt, daß gewisse Gewebe sich durch diese Behandlung braun färben. Das Verhalten wurde rein phänomenologisch als „Chromaffinität" bezeichnet und

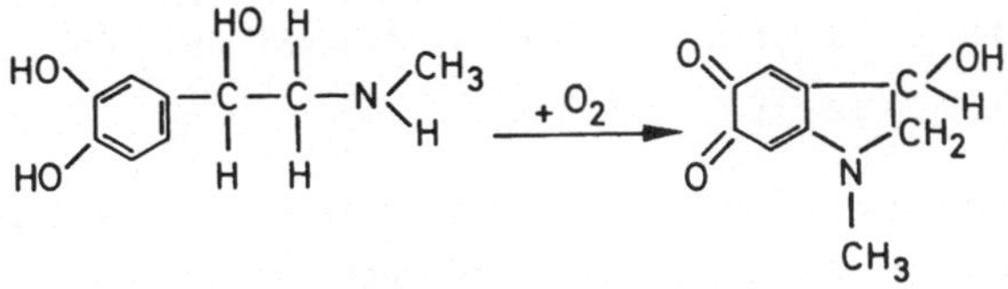

Abb. 20. Ablauf der Chromatreaktion. Hydroxytyramin (a), Noradrenalin (b) und Adrenalin (c) werden zu braunen Pigmenten (Hydroxytyramino-, Noradreno-, Adrenochrom) oxydiert, die zu melaninähnlichen Verbindungen polymerisieren

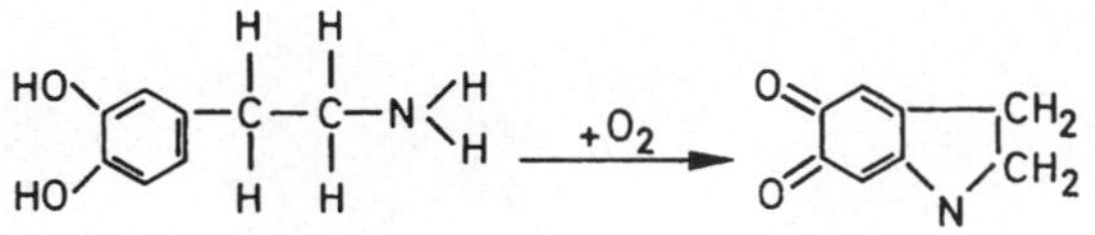

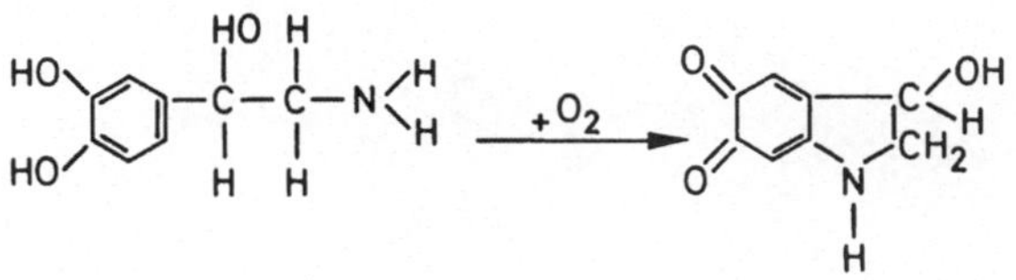

die entsprechenden Gewebe als „chromaffin". Aus den Bezeichnungen geht hervor, daß zunächst angenommen wurde, eine in ihren Ursachen unbekannte Affinität bestimmter Zellen zu Chrom bedinge die deutliche Braunfärbung nach Fixierung mit Chromsalzlösungen. In späteren Untersuchungen wurde dann allerdings geklärt, daß

nicht die *Anwesenheit* von Chrom die Braunfärbung hervorruft, sondern daß durch
die *oxydierende Wirkung* des Chromats aus einigen biogenen Aminen ein braunes
Pigment gebildet wird. Als ein solches zu einem Pigment oxydierbares Amin wurde
zunächst *Adrenalin* erkannt; später stellte sich heraus, daß *Noradrenalin* in ein analoges
Pigment überführt werden kann. Auch noch andere, ebenfalls den Brenzkatechinen
zugehörende Amine, wie etwa *Hydroxytyramin*, sind mit der Chromatreaktion erfaßbar
(Abb. 20).

Für den histochemischen Nachweis bedeutsam ist die Tatsache, daß es im Verlauf
der Chromatbehandlung nicht nur zu einer Oxydation kommt, die mit einer *Braun-*

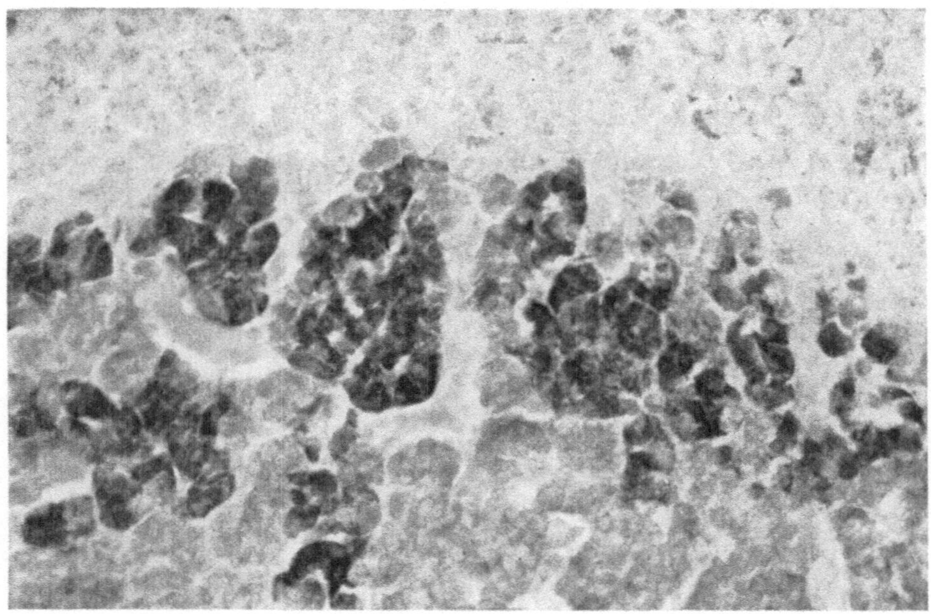

Abb. 21. Positive Chromatreaktion in noradrenalinbildenden Zellen im Nebennierenmark.
440:1. (Goldhamster, Fixierung: Glutardialdehyd)

färbung des Substrates verbunden ist, sondern auch zu einer *Polymerisation* der Oxyda-
tionsprodukte, die deren Unlöslichkeit bedingt.

Trotz der inzwischen gewonnenen Einsicht in den Reaktionsablauf wird dieser
histochemische Test auch weiterhin als Chromaffinitätsreaktion bezeichnet. Seine
Nützlichkeit wird noch durch den Umstand erhöht, daß eine Unterscheidung der
primären Amine Hydroxytyramin und Noradrenalin von dem sekundären Amin
Adrenalin möglich ist. Bei einer *Vorbehandlung* des Gewebes mit *Glutardialdehyd*
werden primäre Amine in eine unlösliche Form überführt und verbleiben als Substrat
einer nachfolgenden Oxydation mit Chromat im Gewebe, während Adrenalin, das
seiner sekundären Aminogruppe wegen mit Glutardialdehyd *nicht* reagieren kann,
im Verlauf von Fixierung und Nachbehandlung des Gewebes aus diesem herausge-

löst wird. Obwohl also die Chromatreaktion selbst relativ unspezifisch ist, kann über
den Umweg einer spezifischen „Zeichenlöschung" (Adrenalin) eine spezifische Aussage
erzielt werden (Abb. 21).

c) Pigmentbildung aus dem Nachweisreagens

Durch eine Molekülveränderung ist nicht nur eine im Gewebe vorliegende *Substanz*
in ein mikroskopisch erkennbares Pigment überführbar, sondern durch Umsetzung
mit einer im Gewebe vorliegenden Substanz auch ein dem histologischen Schnitt
angebotenes *Nachweisreagens*. Als Beispiel dafür kann der Proteinnachweis mit
Ninhydrin angeführt werden. Ninhydrin ist ein in der qualitativen und quantitativen
Proteinchemie viel verwendetes Reagens zum Nachweis *freier α-Aminogruppen*.
Es reagiert bei Anwendung der gleichen Technik wie zum dünnschichtchromato-
graphischen Aminosäurenachweis auch mit Aminogruppen im histologischen

Abb. 22. Ablauf der Ninhydrinreaktion. Das bei der Einwirkung von Ninhydrin auf einen
α-Aminosäurerest neben Aldehyd und CO_2 auftretende NH_3 reagiert mit Ninhydrin
zu einem Pigment. (Der gebildete Aldehyd kann mit Leukofuchsin nachgewiesen werden)

Schnitt. Da durch die Vorbehandlung des Gewebes bis zur Einbettung in Paraffin
kleinmolekulare Substanzen wie Aminosäuren usw. herausgelöst werden, ist die
Reaktion praktisch für Proteine spezifisch. Allerdings fällt sie in allen Zellen, wenn
auch unterschiedlich stark, positiv aus, denn freie Aminogruppen kommen in *jedem*
Protein vor, und Proteine sind ihrerseits in *jeder* Zelle als wichtige Bausteine vorhanden. Es ist daher nicht überraschend, daß der Informationswert der Ninhydrinreaktion gering ist und nur die in gewissem Umfang vorhandenen quantitativen
Unterschiede zwischen verschiedenen Zellarten verwertet werden können.

Bei der Reaktion oxydiert Ninhydrin, ein Indan-1,2,3-trion-2-hydrat, Aminosäuren bzw. entsprechende Proteinabschnitte zu einem Aldehyd, Kohlendioxid und
Ammoniak (Abb. 22). Das bei dieser Reaktion aus Ninhydrin gebildete Dihydrid
verbindet sich mit dem freigesetzten Ammoniak zu einem roten bis violetten Pig-
ment. Dieses Pigment ist der Zeichenträger, der zu dem eigentlich nachzuweisenden
Protein nach erfolgter Reaktion keine Beziehung mehr hat. Der Nachteil der Reaktion
liegt darin, daß das gebildete Pigment relativ kleinmolekular ist und daher von der
Bildungsstelle wegdiffundieren und an andere Strukturen adsorbiert werden kann.
Das Pigment würde in diesem Fall an unzutreffenden Stellen die Anwesenheit von
Proteinen vortäuschen. Dieser in kleinerem Umfang bei einer Reihe histochemischer

Reaktionen mögliche Fehler wird nur dann nicht auftreten, wenn das Pigment sehr schwer löslich ist oder mit den nach Fixierung, Einbettung und Wässerung allein noch vorliegenden makromolekularen Zellbestandteilen im Zusammenhang bleibt, also an Gewebekomponenten *gebunden* wird.

d) Pigmentbildung durch Bindung des Nachweisreagens an das unveränderte Substrat

(Arbeitsvorschriften: 32, 33, 40, 41)

Die für den histochemischen Nachweis erforderliche Pigmentbildung ist am einfachsten zu erreichen, wenn das Nachweisreagens an eine in der unveränderten Substanz *bereits vorliegende* funktionelle chemische Gruppe gebunden werden kann. Das Pigment tritt dabei entweder direkt als Folge der Bindung oder im Verlauf weiterer Reaktionsschritte auf. Anschauliche Beispiele für diesen Reaktionstyp können dem Gebiet der *Proteinhistochemie* entnommen werden.

In fast allen Proteinen kommen *Sulfhydryl-* und *Disulfidgruppen* vor, aber nur wenige Proteine zeichnen sich durch sehr hohe Konzentrationen an diesen Gruppen aus. Beide Gruppen sind relativ spezifisch mit verschiedenen Methoden nachzuweisen. Zwei dieser Reaktionen sollen als Beispiel einer Pigmentbildung durch Bindung des Nachweisreagens an das unveränderte Substrat beschrieben werden, und zwar

1. der Nachweis mit 1-(4-Chlormercuri-phenylazo)-2-naphthol und
2. der Nachweis mit Dihydroxy-dinaphthyl-disulfid.

Während bei der vorbereitenden Fixierung zum Nachweis von SH- und SS-Gruppen schwermetallhaltige Fixierungsmedien zu vermeiden sind (S. 25), können beim eigentlichen Nachweis schwermetallhaltige Verbindungen verwendet und so die große *Affinität* von SH-Gruppen zu Schwermetallen genutzt werden. Bietet man einem Schnitt eine gefärbte organische Quecksilberverbindung an, beispielsweise 1-(4-Chlormercuri-phenylazo)-2-naphthol, so wird diese an SH-Gruppen gebunden und die Zellstrukturen mit hoher SH-Gruppenkonzentration färben sich an. Die Methode arbeitet *einzeitig*, da bereits das angebotene Nachweisreagens farbig ist, an das Substrat gebunden wird und beim Auswaschen des Überschusses an Nachweisreagens als Pigment im Schnitt verbleibt.

Eine andere Methode zum Nachweis von SH-Gruppen arbeitet insofern *zweizeitig*, als das eigentliche Pigment erst in einem zweiten Reaktionsschritt gebildet wird. Zur Durchführung dieser zweizeitigen Reaktion wird der histologische Schnitt zunächst in eine Lösung von (farblosem) Dihydroxy-dinaphthyl-disulfid (DDD) eingestellt. DDD wird von den im Gewebe vorliegenden SH-Gruppen reduktiv gespalten. Die Spaltung ist von der Bildung einer Disulfidbrücke zwischen der Protein-gebundenen SH-Gruppe und dem einen Teil des DDD begleitet, während der zweite Teil des DDD als Mercaptonaphthol aus dem Schnitt herausgewaschen wird (Abb. 23). Im Schnitt befinden sich jetzt an allen Orten ehemaliger SH-Gruppen *kupplungsfähige*

Naphtholreste. In einem zweiten Schritt können diese mit einem bis-diazotierten Benzidin, o-Dianisidin o. ä., zu einem unterschiedlich intensiv gefärbten *Azo-farbstoff* gekuppelt werden. Außer von der Art des Diazoniumsalzes hängt der Farbton davon ab, ob die verwendete Diazoniumverbindung an *einem* oder an *zwei* Naphthol-resten gebunden ist, was einen Hinweis auf die *Mengen* an SH-Gruppen in einem Gewebe gibt.

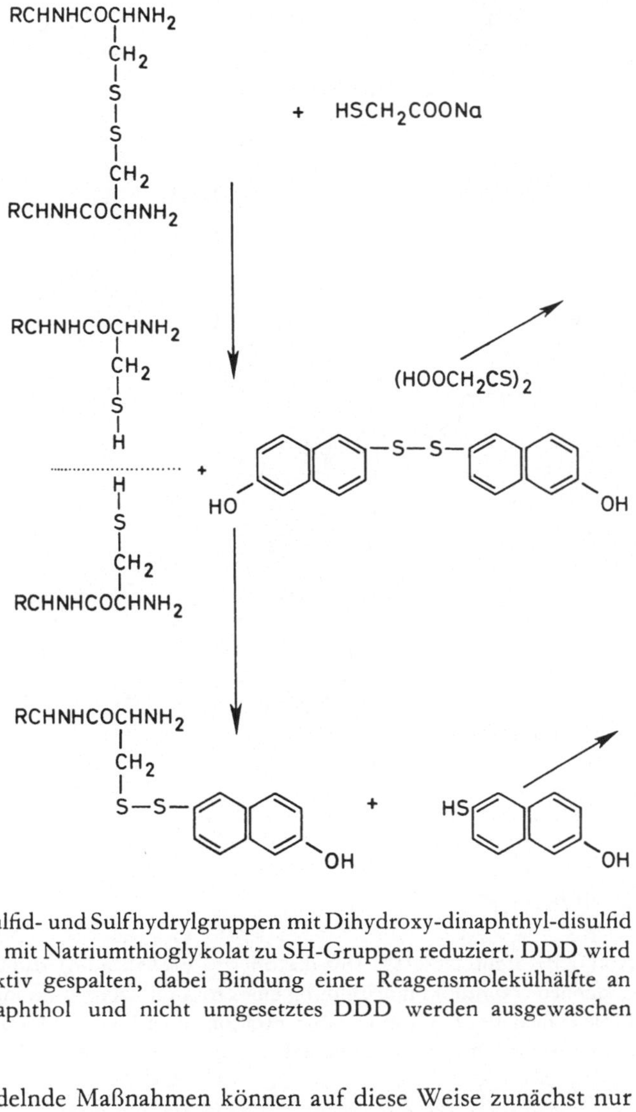

Abb. 23a. Nachweis von Disulfid- und Sulfhydrylgruppen mit Dihydroxy-dinaphthyl-disulfid (DDD). SS-Gruppen werden mit Natriumthioglykolat zu SH-Gruppen reduziert. DDD wird von den SH-Gruppen reduktiv gespalten, dabei Bindung einer Reagensmolekülhälfte an Protein. 6-Hydroxy-2-thionaphthol und nicht umgesetztes DDD werden ausgewaschen

Ohne weitere vorbehandelnde Maßnahmen können auf diese Weise zunächst nur primär im Gewebe vorliegende Sulfhydrylgruppen nachgewiesen werden. Disulfid-gruppen sind erst nach *vorheriger Reduktion* zu SH-Gruppen beispielsweise mit Thio-glykolsäure zu erfassen (Abb. 24). Die Spezifität der Reaktion kann an Schnitten kontrolliert werden, bei denen die SH-Gruppen mit N-Äthylmaleinimid blockiert wurden.

Eine leichte Tingierung praktisch aller Zellen nach Durchführung der Reaktion ist bei der weiten Verbreitung von SH- und SS-Gruppen in Proteinen nicht überraschend. Die Aussagealternative ist also im allgemeinen VIEL/WENIG und insofern könnte erwartet werden, daß der Informationswert von SH-Gruppennachweisen

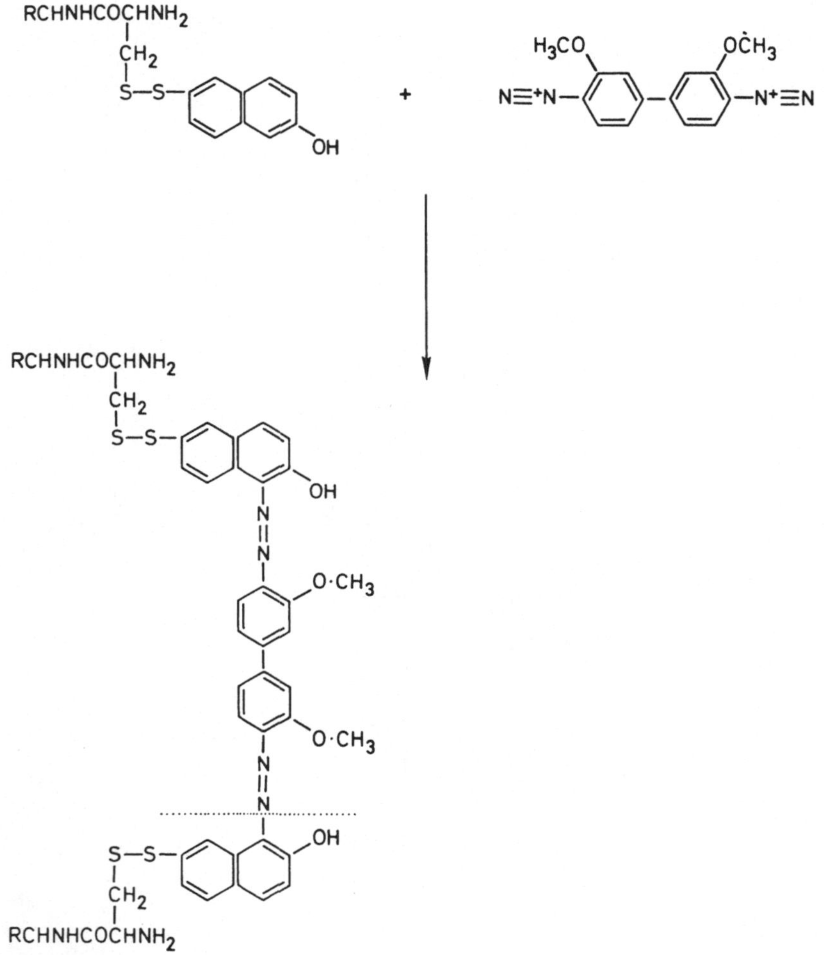

Abb. 23 b. Echtblausalz B (bis-diazotiertes o-Dianisidin) reagiert mit dem an Protein gebundenen Naphthol unter Bildung eines rosa (einfache Bindung; oberhalb der gestrichelten Linie = niedere SH-Gruppenkonzentration) oder blauen (doppelte Bindung; incl. unterhalb der gestrichelten Linie = hohe SH-Gruppenkonzentration) Farbstoffes

dem der Ninhydrinreaktion ähnelt. Das ist jedoch nicht der Fall, weil die *Konzentrationsunterschiede* verschiedener Proteine an SH-Gruppen größer sind als die an NH_2-Gruppen.

Der Proteinhistochemie steht ein ganz besonders *spezifisches* Verfahren mit entsprechend hohem Informationswert zum Nachweis *einzelner* Proteine zur Verfügung.

Es beruht auf der Eigenschaft aller höhermolekularen Proteine als *Antigene* zu wirken, also einen Fremdorganismus zur Bildung von *Antikörpern* anzuregen. Die Antikörper wiederum reagieren spezifisch nur mit dem passenden Antigen unter Bildung eines stabilen Antigen-Antikörper-Komplexes.

Diese äußerst spezifische Antigen-Antikörperreaktion kann für histochemische Zwecke ausgenutzt werden. Allerdings sind weder das Antigen noch der Antikörper, noch der Antigen-Antikörper-Komplex ohne weiteres mikroskopisch sichtbar. Man kann aber den Antikörper *vor* Ablauf der Antigen-Antikörperreaktion, ohne daß

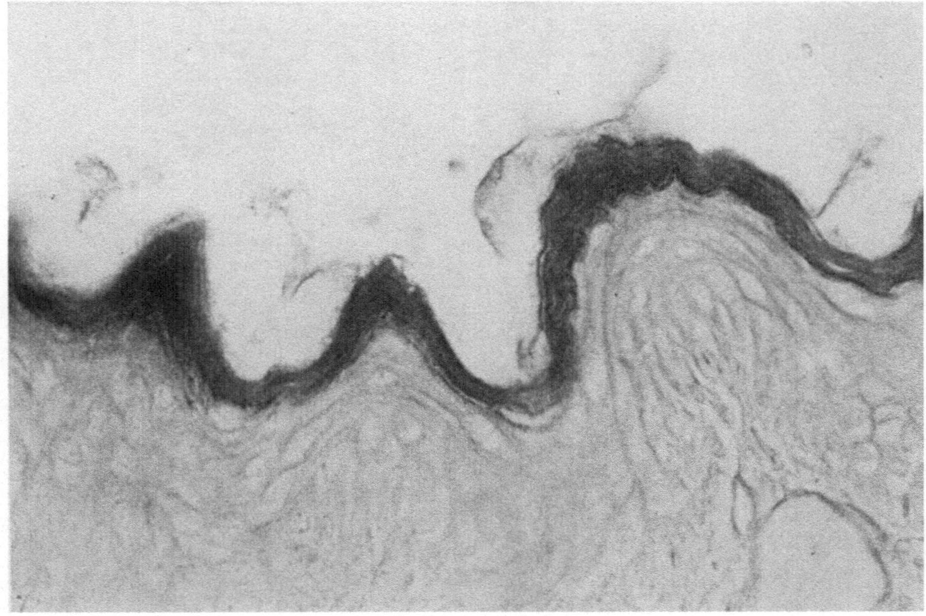

Abb. 24. Darstellung von Disulfidgruppen im stratum corneum des Vormagenepithels mit DDD. 500:1 (Goldhamster, Fixierung: 80% Äthanol)

hierdurch seine Antikörpereigenschaften merklich beeinflußt würden, mit einem Fluorescenzfarbstoff koppeln und bietet diesen Antikörper-Fluorescenzfarbstoffkomplex dem Schnitt an. Wenn im Gewebe Antigen vorliegt, kommt es zu einer Antigen-Antikörperreaktion, in deren Verlauf die Antikörper an die Antigene fixiert werden. Nach Ablauf der Reaktion werden die *nicht* an Antigene gebundenen Antikörper ausgewaschen. Die gebundenen Antikörper und damit auch der Fluorescenzfarbstoff verbleiben im Schnitt. Die fluorescierenden Stellen des Schnittes sind jetzt als Orte des Antigens, und damit des Proteinvorkommens, zu erkennen (Abb. 25).

Sowohl die Bildung des Antikörpers wie auch das Entstehen des Antigen-Antikörper-Komplexes sind *immunbiologische* Vorgänge. Alle nach dem geschilderten Prinzip ablaufenden Methoden des Proteinnachweises werden daher unter der Bezeichnung *Immunhistochemie* zusammengefaßt. Obwohl im Mikroskop der Nachweis eines

Proteins durch Erfassen des Fluorescenzfarbstoffes erfolgt, sind diese Methoden *nicht* bei den färberisch-histochemischen Methoden einzuordnen, weil der zur Markierung eines bestimmten Proteins des Schnittes führende Schritt in der Antigen-Antikörper-reaktion, nicht aber in der Farbstoffkopplung, liegt.

Die Methode setzt die Beherrschung der *immunologischen Arbeitsmethoden* voraus, weil die für das Gelingen entscheidenden Schritte in der Herstellung der Reagentien

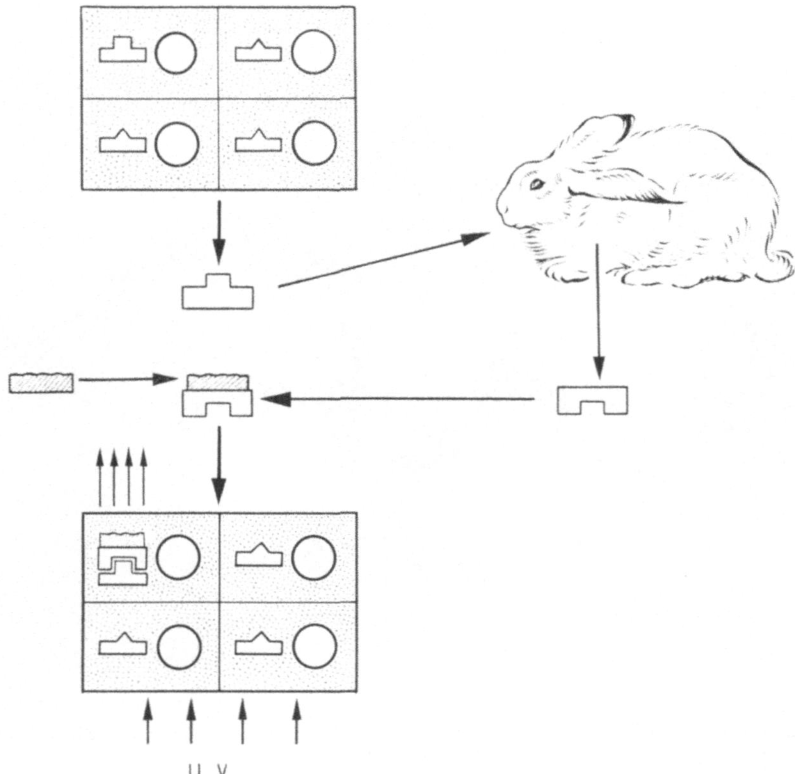

Abb. 25. Immunhistochemisches Verfahren: Nur eine Zellart eines Organs enthält das nach-zuweisende Protein, das als spezifisches Antigen die Bildung von Antikörpern beim Kanin-chen anregt. Der Antikörper wird mit einem Fluorochrom gekoppelt und dieses Aggregat durch eine Antigen-Antikörperreaktion im zu untersuchenden Organ festgelegt. Nach Aus-waschen ist nur in der einen Zellart der Antigen-Antikörper-Fluorochromkomplex vor-handen und durch Fluorescenz nachweisbar

und nicht in der Anfertigung histologischer Präparate bestehen. Die Ergebnisse können nur dann eindeutig sein, wenn es gelingt, das nachzuweisende Protein in hoher immunolgischer Reinheit zu erhalten. Nur dann liegt ein hochwertiges und spezi-fisches Antigen vor und nur dann kann auch der Antikörper in der für eine eindeutige Markierung notwendigen Spezifität gebildet werden. Wird das Proteingemisch eines nicht genügend aufgetrennten Organhomogenates als „Antigen" verwendet, so ist mit den erhaltenen Antikörpern bei Anwendung auf den Schnitt nur eine sozusagen fluorescenz-mikroskopische „Anfärbung" zu erzielen. Sie würde trotz des technischen Aufwandes wahrscheinlich weniger Information liefern können als eine histologische Übersichtsfärbung.

Die Kopplung des Antikörpers mit einem *Fluorochrom* und nicht mit einem *Diachrom* hat den Vorteil einer im Vergleich zu anderen Farbstoffen besseren mikroskopischen Erfaßbarkeit sehr kleiner Mengen fluorescierender Verbindungen. Mit dem Prinzip der Methode hat dies nichts zu tun. Bei der Wahl des Farbstoffes ist zu

Abb. 26. Eindringtiefe einer kolloidalen Eisenlösung in Glutardialdehyd-fixiertes Nebennierenmark. Im Inneren des Schnittes ist kein Eisen nachweisbar (Goldhamster). 440:1

berücksichtigen, daß nur solche Markierungssubstanzen Verwendung finden können, welche die Antikörpereigenschaften nicht merklich beeinflussen, also beispielsweise keine stark Protein-denaturierende Wirkung besitzen.

Immunhistochemische Methoden sind auch für Zwecke der *elektronenmikroskopischen* Histochemie zu verwenden, wenn es gelingt, die Antikörper in geeigneter Weise zu markieren. Da für alle elektronenmikroskopisch-histochemischen Verfahren ein unlösliches Reaktionsprodukt mit möglichst *hoher Massendichte* erforderlich ist, bedeutet dies, daß der Antikörper mit einer *metallhaltigen* Verbindung gekoppelt werden muß. Der Antikörper darf sich danach aber nicht nur durch einen *diffusen* Kontrast von der Umgebung abheben, sondern muß elektronenoptisch *eindeutig* als solcher identifizierbar sein. Als geeignete Markierungssubstanz wird Ferritin, ein eisenhal-

tiges Protein verwendet. Die Orte des Gewebes, an denen Antikörper gebunden vorliegen, lassen sich im Elektronenmikroskop deutlich durch die typische Struktur des
damit ebenfalls gebundenen Ferritins erkennen, so daß spezifische Proteinnachweise
auch im submikroskopischen Bereich möglich sind.

Bei den bisher besprochenen lichtmikroskopischen Methoden wurden *organische*
Verbindungen an funktionelle Gruppen von Gewebebestandteilen gebunden. Es ist
aber auch möglich, *anorganische* Verbindungen als Nachweisreagentien zu verwenden,

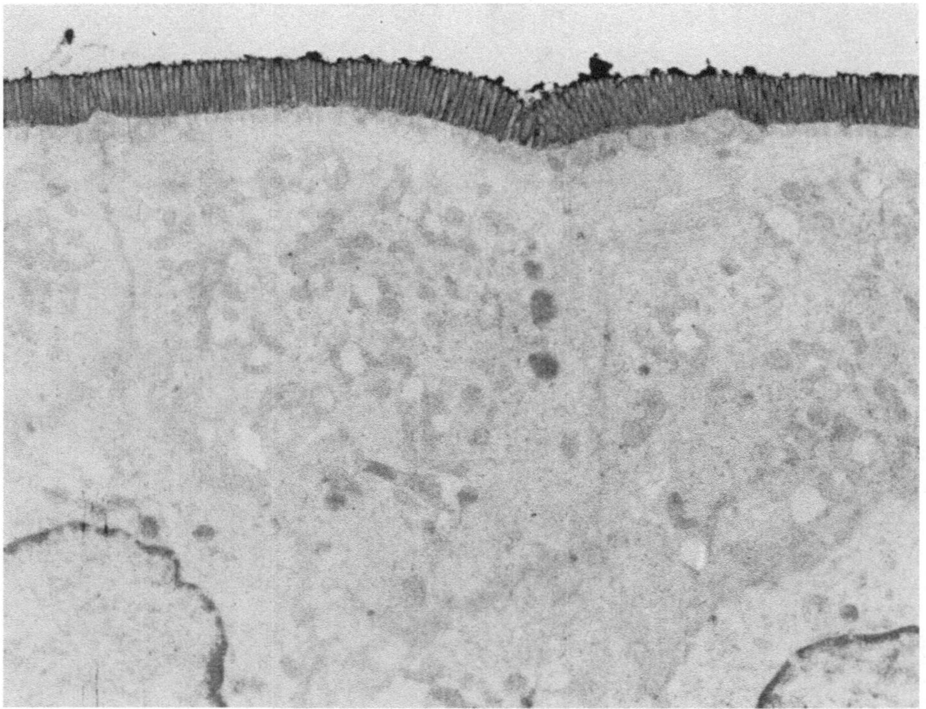

Abb. 27. Elektronenmikroskopische Darstellung saurer Substanzen am Plasmalemm der
Mikrovilli von Epithelzellen mit kolloidalem Thorium. Keine intracellulare Metallablage-
rung nachweisbar. 6500:1. (Rectumschleimhaut Goldhamster, Fixierung: Glutardialdehyd)

wenn sie im Gewebe gebunden und in ein lichtundurchlässiges oder gefärbtes Pigment umgewandelt werden können. Methoden, bei denen Schwermetalle zur Anwendung kommen, haben in der Regel auch Bedeutung für die elektronenmikroskopische Histochemie.

Saure Gruppen von Mucopolysacchariden binden beispielsweise Eisen, das dem
histologischen Schnitt in Form einer Lösung von kolloidalem Ferrihydroxid angeboten wird. Das gebundene Eisen ist nach Umwandlung in Berlinerblau sehr distinkt
nachweisbar (Abb. 16). Obwohl die Spezifität dieser sog. *Eisenbindungsreaktion* nicht
sehr groß ist, wird sie doch in der lichtmikroskopischen Histochemie sehr oft zur
Darstellung von sauren Mucopolysacchariden benutzt. Eine Kontrolle ist durch

Blockade der für die Bindung vorzugsweise verantwortlichen Carboxylgruppen mittels Methylierung möglich.

Die Eisenbindungsreaktion wird wegen der hohen Massendichte des Eisens auch für die Darstellung saurer Gewebekomponenten im Elektronenmikroskop empfohlen. Es kann dann die Überführung des Eisens in Berlinerblau unterbleiben. Noch günstiger sind die Bedingungen zum elektronenmikroskopischen Nachweis saurer Mucopolysaccharide bei Verwendung eines Elementes höherer Ordnungszahl, etwa von Thorium. Kolloidales Thorium wird von den fraglichen Gewebekomponenten ebenso wie kolloidales Eisen gebunden, weist aber im Elektronenmikroskop einen höheren Kontrast als Eisen auf. *Alle* Metallsolmethoden haben den praktischen Nachteil, daß kolloidale Schwermetallösungen nur schlecht in mit Glutardialdehyd fixiertes Gewebe eindringen (Abb. 26). Durch Glutardialdehyd werden die Proteine sehr fein denaturiert und daher ist bei seiner Verwendung als Fixationsmittel eine gute Strukturerhaltung der Zellen zu erreichen. Wie jedoch an diesem Beispiel deutlich wird, erweist sich dies bei histochemischen Untersuchungen unter Umständen als unvorteilhaft. Sobald die Membranen der Zellen durch die Fixierung zerstört sind, wie dies in Carnoy-fixiertem Gewebe der Fall ist, dringt die kolloidale Eisenlösung sehr leicht in das Gewebe ein (Abb. 16). Eine Zerstörung der cellulären Membranen durch Fixierung des Gewebes mit dem Gemisch nach CARNOY ist aber für elektronenmikroskopische Untersuchungen nicht tragbar. Ob unter diesen Umständen Schwermetallbindungsmethoden überhaupt für den elektronenmikroskopisch-histochemischen Nachweis intracellularer Substanzen geeignet sind, bleibt zweifelhaft (Abb. 27).

e) *Pigmentbildung durch Bindung des Nachweisreagens an das veränderte Substrat*

(Arbeitsvorschriften: 31, 32, 37, 38, 45, 50, 51)

Eine große Anzahl von Substanzen besitzt keine für die Bindung eines Nachweisreagens geeignete chemische Gruppe. Bevor es in diesen Fällen zur Pigmentbildung kommen kann, ist ein *vorbereitender Schritt* notwendig, mit dem die nachzuweisende Substanz in eine für die Reagensbindung geeignete Form überführt wird. Beispielsweise kann die bereits erwähnte Ninhydrinbehandlung (S. 45) nicht nur als ein *unmittelbar* zur Pigmentbildung führender Schritt aufgefaßt werden, sondern als eine den eigentlichen Nachweis *vorbereitende* Reaktion, durch die aus einem α-Aminosäurerest ein Aldehyd entsteht. Der Aldehyd, den man aus einem α-Aminosäurerest nicht nur mit Ninhydrin, sondern auch mit Alloxan erzeugen kann, wird in einer anschließenden Reaktion spezifisch mit Leukofuchsin umgesetzt und durch das dabei gebildete rote bis rot-violette Pigment nachgewiesen (Abb. 28).

Leukofuchsin (Schiffsches Reagens) ist ein für die Histochemie äußerst wertvoller Indikator zum Nachweis von Aldehyden. Es entsteht durch Behandlung von Fuchsin mit einem Überschuß an schwefliger Säure (Abb. 29) und bildet mit Aldehyden rote bis rot-violette Verbindungen. Anstelle von Fuchsin wird für histochemische Zwecke

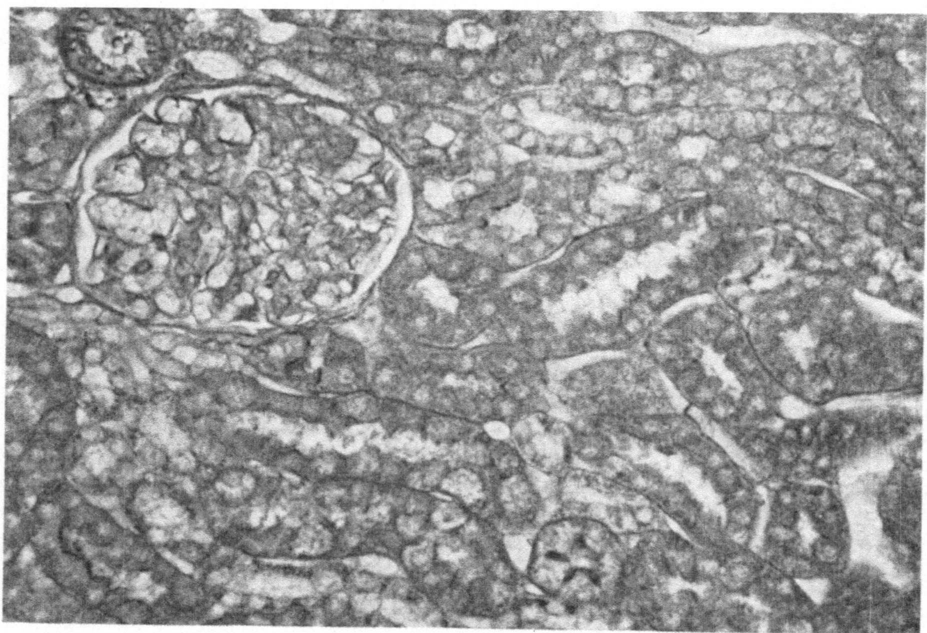

Abb. 28. Darstellung proteingebundener NH_2-Gruppen in der Niere mit Leukofuchsin nach
Ninhydrinbehandlung. 440:1. (Goldhamster, Fixierung: CARNOY)

meist Parafuchsin (Pararosanilin) verwendet, welches sich von Fuchsin durch Fehlen
einer ringständigen Methylgruppe unterscheidet. Das aus ihm hergestellte Schiffsche
Reagens müßte korrekterweise Leuko*para*fuchsin heißen, wird aber Leukofuchsin
genannt. Da Leukofuchsin mit *allen* Aldehyden gefärbte Verbindungen bildet, ist es

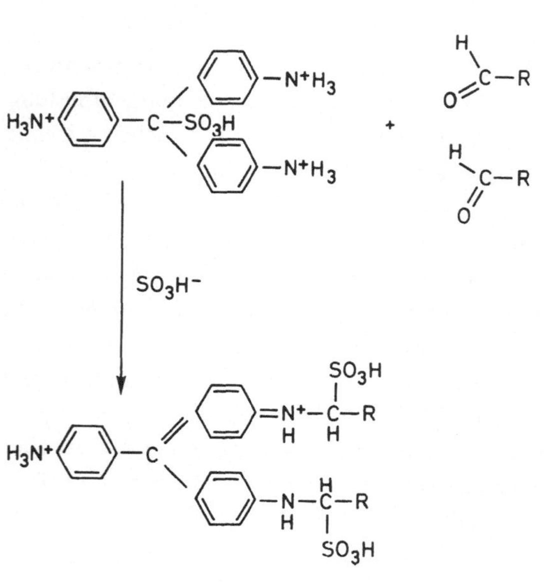

Abb. 29. Wahrscheinliche Strukturformel des Parafuchsins nach Einwirkung von schwefliger Säure
= Leuko(-para-)fuchsin. Ein Molekül des Reagens reagiert unter Eintritt von H_2SO_3 mit zwei Molekülen
Aldehyd zu einem rot-lila Farbstoff

ein Reagens auf eine *funktionelle chemische Gruppe*, die ihrerseits in sehr vielen verschiedenen Stoffklassen auftreten kann. Da mithin die Aldehydgruppe für sich genommen keinen Hinweis auf eine *bestimmte* Stoffklasse bietet, muß die entsprechende Nachweisreaktion unspezifisch sein. Trotzdem sind unter Verwendung von Leukofuchsin sehr spezifische Nachweisreaktionen möglich.

Kleinmolekulare Aldehyde werden im Verlauf der Fixierung und Einbettung aus dem Gewebe herausgelöst, und so weist die Leukofuchsinreaktion in einem nicht weiter behandelten Schnitt zunächst praktisch ausschließlich *makromolekulare primäre*

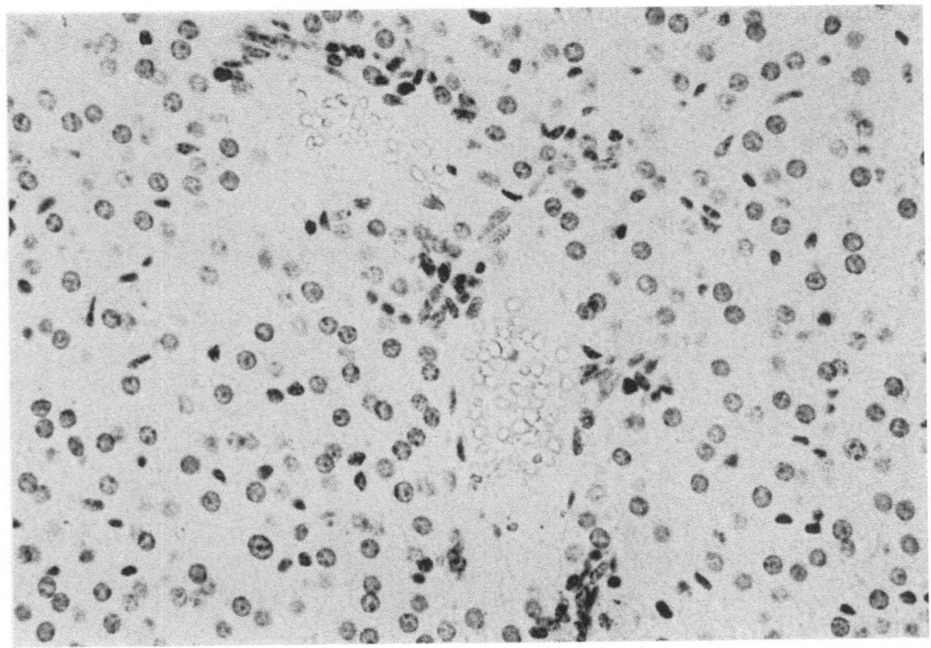

Abb. 30. Darstellung der DNS in Leberzellkernen und Endothelzellkernen mit Leukofuchsin nach salzsaurer Hydrolyse. Erythrocyten (Bildmitte) zeigen negative Reaktion. 430:1. (Goldhamster, Fixierung: CARNOY)

Aldehyde nach. Primäre Aldehyde kommen aber im Gewebe nur in Ausnahmefällen vor. Die große Nützlichkeit der alle Aldehyde erfassenden Leukofuchsinreaktion beruht daher entscheidend auf der Möglichkeit, mit *gezielten* Operationen nur *eine* bestimmte Stoffgruppe des Gewebes in Aldehyde zu überführen. Die Höhe des Informationswertes eines Aldehydnachweises mit Leukofuchsin hängt einzig und allein von der jeweiligen Spezifität der Reaktion ab, die zur Erzeugung eines Aldehyds führt. Durch zusätzliche Kontrollen (Anhang, Rezepte 14 bis 20) kann die Spezifität und damit auch der Informationswert der Leukofuchsinreaktion noch erhöht werden.

Leukofuchsin wurde durch FEULGEN und ROSSENBECK in die histochemische Praxis eingeführt. Sie wiesen damit nach vorangegangener salzsaurer Hydrolyse Desoxyribonucleinsäure (DNS) nach. Dieser inzwischen als *Feulgen-Reaktion* bekannte Test darf mit Recht als spezifisch für DNS und damit praktisch für Zellkerne gelten (Abb. 30). Gerade dieser letzte Punkt hat unter anderem Bedeutung für die forensische Medizin, beispielsweise beim Nachweis von Spermien. Der in jüngster Zeit autoradiographisch, elektronenmikroskopisch und auch mit biochemischen Methoden nachgewiesene geringe DNS-Gehalt von Mitochondrien spielt in der histochemischen Routineuntersuchung der DNS keine Rolle.

Entscheidend für die Spezifität des DNS-Nachweises ist die Vorbehandlung des Gewebes zur Bildung des für die Reaktion mit Leukofuchsin erforderlichen Aldehyds.

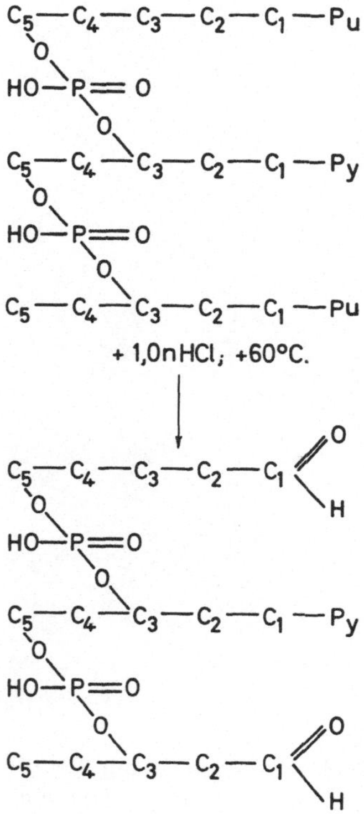

Abb. 31. Salzsaure Hydrolyse von DNS führt zur Abspaltung nur von Purinen. Der entstandene Polyaldehyd „Apurinsäure" reagiert mit Leukofuchsin

Zur Vorbehandlung werden die Schnitte bei $+ 60\,^{\circ}\mathrm{C}$ in eine 1,0 N HCl eingestellt. Hierbei werden die am C_1-Atom der Desoxyribose befindlichen Purinbasen abgespalten und an diesen Stellen Aldehydgruppen gebildet (Abb. 31). Aus *einem* DNS-Molekül werden *zahlreiche* Purinbasen abgespalten, und es entsteht daher ein Polyaldehyd, der wegen der Abwesenheit von Purinbasen als *Apurinsäure* bezeichnet wird. Die zwischen den Atomen C_3 und C_5 der Desoxyribose gelegenen Phosphatbrücken werden bei genauer Einhaltung der Hydrolysebedingungen *nicht* beeinflußt. Hierdurch bleiben der *saure Charakter* des gesamten Moleküls und auch seine *Unlöslichkeit* erhalten. Besonders dieser letzte Punkt ist von größter Bedeutung für den histochemischen Nachweis der DNS.

Theoretisch interessant und praktisch wichtig ist die Frage nach der *Spezifität* des DNS-Nachweises. Insbesondere ist zu untersuchen, warum nur mit DNS eine positive

Feulgen-Reaktion möglich ist und nicht auch mit Ribonucleinsäure (RNS), die ja sowohl Purinbasen als auch den zu einer Aldehydbildung nötigen Zuckerrest besitzt. Die Untersuchung von Kontrollschnitten mit basischen Farbstoffen zeigt nun aber, daß im Verlauf der salzsauren Hydrolyse die gesamte RNS aus dem Schnitt entfernt wird und nur die DNS in ihm verbleibt. Die hohe Spezifität der Feulgen-Reaktion wird also dadurch erreicht, daß die andere prospektiv reaktionsfähige Substanz im Verlauf der Vorbehandlung *herausgelöst* wird. Für die histochemische Praxis bedeutungslos bleibt die Tatsache, daß die Ribose in der RNS als reaktionsträges Pyranosid vorliegt, Desoxyribose aber als reaktionsfreudiges Furanosid. Ob diese Tatsache allerdings ausreichen würde, eine alleinige Reaktion von DNS zu bewirken, sei dahingestellt.

Die Reaktion von Leukofuchsin mit den durch Hydrolyse entstandenen Aldehydgruppen der Apurinsäure von DNS erfolgt nach *stöchiometrischen Verhältnissen*. Die Intensität der Farbreaktion ist also eine Funktion der Anzahl von Aldehydgruppen und unter normierten Bedingungen damit auch der Menge an DNS. Die DNS-Menge pro Zelle ist bei Euploidie konstant, dadurch jedoch in einem kleinen Kern konzentrierter als in einem großen. Bei subjektiver Abschätzung scheint ein kleiner Kern DNS-reicher als ein großer, da er intensiver gefärbt ist. Richtige Werte liefert die Integration der Absorption über die gesamte Kernfläche bei cytophotometrischer Bestimmung.

Sollen cytophotometrisch gewonnene Werte aus verschiedenen Gewebeproben miteinander verglichen werden, so ist darauf zu achten, daß *alle* vorbereitenden Maßnahmen ganz korrekt in gleicher Weise durchzuführen sind. Dies gilt insbesondere für die *Art der Fixierung* und die *Hydrolysedauer*. Bei zu langer Hydrolyse kommt es nämlich zwischen C_3 und C_5 zu einer Esterspaltung der Phosphatbrücken und damit zur Bildung diffusibler Nucleotide. Ein Auswaschen der DNS-Bruchstücke ist allerdings erst dann möglich, wenn die Bindung zwischen DNS und Histonen gelöst ist. Die Kraft dieser Bindung hängt maßgeblich von der Art der Fixierung ab, die damit die Reaktionsstärke beeinflussen kann.

Eine *Spezifitätskontrolle* des DNS-Nachweises ist durch eine der Leukofuchsinreaktion zeitlich vorangehende Behandlung der Schnitte mit Desoxyribonuclease (DNase) möglich, welche die DNS in kleinere, lösliche Bausteine hydrolisiert. Nach DNase-Behandlung muß die Reaktion daher *negativ* ausfallen.

In Gefrierschnitten geben unter den Bedingungen des DNS-Nachweises außer DNS auch *Acetalphosphatide* eine positive Reaktion mit Leukofuchsin. Es handelt sich hierbei um Aldehyde, die als Enoläther an Glycerinphosphorsäure gebunden sind, und die den Palmitin- und Stearinsäuren entsprechen. Durch salzsaure Hydrolyse werden die Aldehyde freigesetzt und reagieren mit Leukofuchsin. Die Acetalphosphatide gehen im Verlauf der Paraffineinbettung verloren. Die Reaktion auf diese Stoffe, die sog. *Plasmalreaktion* tritt daher nur an Gefrierschnitten auf.

Außer der DNS können Proteine, Kohlenhydrate und Lipide in Aldehyde überführt und anschließend mit Leukofuchsin nachgewiesen werden.

Vom Nachweis der *Proteine* mit Ninhydrin war ausgegangen worden: mit Ninhydrin oder Alloxan wird aus einem α-Aminosäurerest ein Aldehyd gebildet, der mit Leukofuchsin reagieren kann. Da nur endständige Aminosäuren in einen Aldehyd umgewandelt werden können, ist das mit Leukofuchsin nachzuweisende Proteinbruchstück klein und vermutlich ebenso diffusibel, wie das Produkt der Ninhydrinreaktion (S. 45).

Es gibt verschiedene Möglichkeiten einer Kontrolle der „Ninhydrin-Schiff-Reaktion". Eine sehr spezifische Kontrolle ist durch die enzymatische Hydrolyse eines Proteins möglich, die aber von der Verfügbarkeit eines entsprechenden Enzyms abhängt. Zur Kontrolle der Reaktion selbst kann eine *Desaminierung von Proteinen* durch eine vorhergehende Behandlung der Schnitte mit salpetriger Säure erfolgen (Anhang, S. 115). Es ist auch möglich, den Schnitt mit Benzoylchlorid zu behandeln, um damit

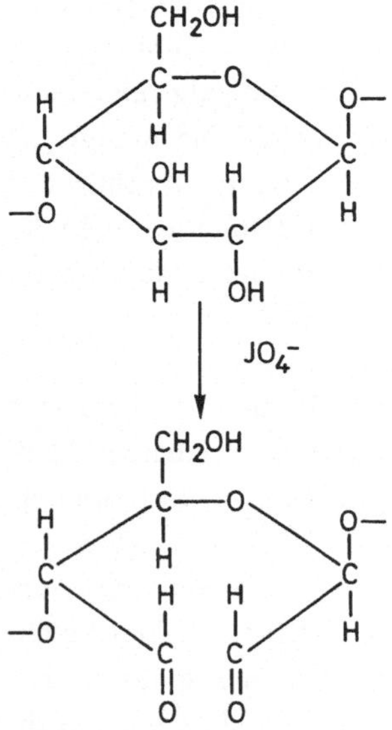

Abb. 32. Perjodsäureoxydation führt zur Bildung eines Dialdehyds aus einem Monosaccharid. Äther- und Glykosidbindungen bleiben intakt

die Aminogruppen nicht zu *entfernen*, sondern zu *blockieren* (diese Maßnahme ist insofern unspezifisch, als auch Sulfhydrylgruppen und Hydroxylgruppen der Kohlenhydrate blockiert werden).

Kohlenhydrate besitzen zahlreiche Hydroxylgruppen, die mit geeigneten Verfahren oxydiert und damit in Aldehydgruppen überführt werden können. Man kann dies durch Behandeln von histologischen Schnitten z. B. mit einer wäßrigen Lösung von Perjodsäure erreichen. Perjodsäure oxydiert α-Glykole, also Verbindungen, bei denen die Hydroxylgruppen an benachbarten C-Atomen sitzen zu Aldehyden (Abb. 32). Wenn die Hydroxylgruppen einen größeren Abstand voneinander haben, dann ist die Oxydation nicht möglich. Die -C-C-Kohlenstoffkette wird bei der Oxydation benachbarter Hydroxylgruppen zu Aldehydgruppen aufgebrochen, während die *Ätherbindung* des Pyranringes und die *1,4-glycosidischen* Bindungen der einzelnen Saccharidbausteine untereinander durch die Oxydation *nicht* beeinflußt werden. Daher entstehen *trotz* der Aufspaltung der Kohlenstoffkette zwischen C_2 und C_3 keine löslichen Produkte. Im Schnitt verbleiben vielmehr unlösliche Polyaldehyde, die mit Leukofuchsin reagieren und somit nachgewiesen werden können. Mit dieser Methode lassen sich die zahlreichen, praktisch in allen Geweben in irgendeiner Form vorliegenden Polysaccharide sehr deutlich und spezifisch nachweisen (Abb. 33). Allerdings werden durch Perjodsäure noch andere Substanzen, die Hydroxylgruppen besitzen, wie beispielsweise Aminoalkohole, zu Aldehyden oxydiert. Mengenmäßig spielen diese Stoffe aber keine große Rolle.

Die Überführung von Hydroxylgruppen in Aldehydgruppen ist nicht nur mit Perjodsäure möglich, sondern auch mit anderen Oxydationsmitteln, wie beispiels-

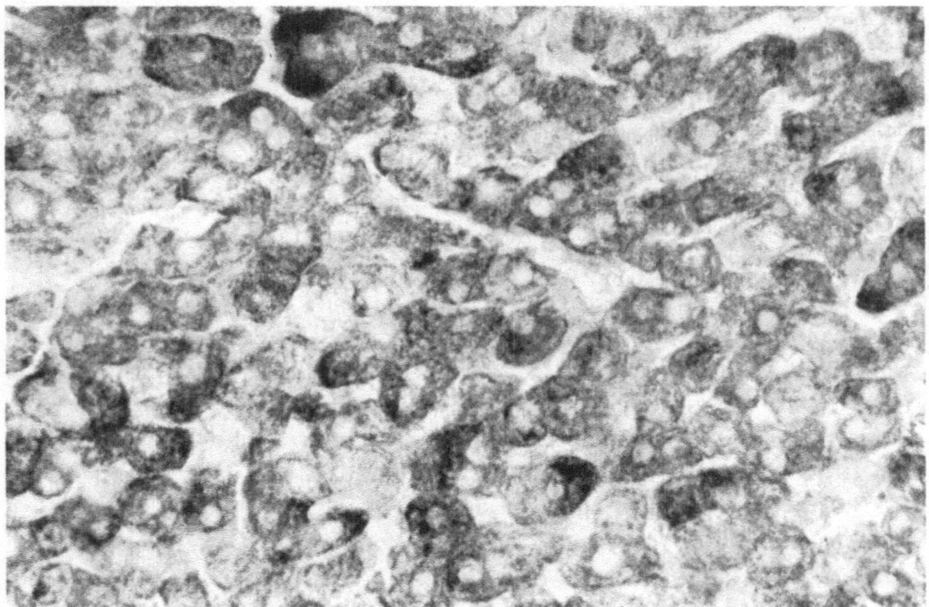

Abb. 33. Darstellung von Kohlenhydraten in der Leber mit Leukofuchsin nach Perjodsäureoxydation. 450:1. (Goldhamster, Gefriertrocknung)

weise mit Bleitetraacetat. Bleitetraacetat oxydiert nur in cis-Stellung zueinanderstehende Hydroxylgruppen, während Perjodsäure in cis-Stellung *und* in trans-Stellung angeordnete Hydroxylgruppen anzugreifen vermag. Möglicherweise ist dies die Erklärung dafür, daß nach Bleitetraacetat Mucopolysaccharide verstärkt reagieren, da diese Galactose als Kohlenhydratkomponente enthalten können.

Zu den Kohlenhydraten gehören außerordentlich viele, in tierischen und pflanzlichen Organismen vorkommende, chemisch sehr unterschiedliche Substanzen. Eine *histochemische Auftrennung* in die verschiedenen Verbindungen ist durch alleinige Anwendung der Perjodsäure-Leukofuchsin-(PSL)-Reaktion nicht möglich. Das Ziel einer histochemischen Untersuchung wird aber unter anderem gerade sein, eine im Gewebe vorliegende Substanz möglichst genau chemisch zu definieren. Je geringer nun die Spezifität der *Einzelreaktion* ist, die ja immer nur *ein* Kriterium liefert, desto

mehr *verschiedene* Einzelreaktionen müssen angewendet werden, um möglichst *viele*
Kriterien zu erhalten. Eine auf diese Weise am Schnitt durchgeführte chemische Bestimmung von Gewebekomponenten ist nicht nur von theoretischem Interesse, sondern kann unter Umständen auch von praktischer Bedeutung sein. Der Reifegrad
eines Tumors ist z. B. daran abzulesen, inwieweit das histochemische Verhalten eines in
ihm vorliegenden Produktes, etwa eines Schleimes, mit dem histochemischen Verhalten des entsprechenden Produktes im gesunden Stammgewebe übereinstimmt.
Das Ausmaß der Übereinstimmung kann die Prognosestellung erleichtern, aber auch
die Art der therapeutischen Maßnahmen beeinflussen. So könnte der aufgrund
histochemischer Kriterien ermittelte Differenzierungsgrad eines Tumors Hinweise auf
die wahrscheinliche Strahlenempfindlichkeit desselben geben.

Es ist daher jeweils anzustreben, mit einer ganzen Reihe — allerdings vernünftig
aufeinander abgestimmter — Methoden eine möglichst weitgehende stoffliche Charakterisierung einer Gewebekomponente zu erreichen. Das Phänomen „Perjodatreaktivität" ist nur *ein* Zeichen und noch *nicht* als spezifisches Zeichen für eine damit genau
definierte Substanz zu verstehen. Zu einem spezifischen Zeichen wird aber das Fehlen
der Perjodatreaktivität, wenn dieses Fehlen durch spezifische Maßnahmen wie eine
enzymatische Hydrolyse erreicht werden kann. Da die entsprechenden Enzyme
verfügbar sind, ist in der Kohlenhydrathistochemie eine „Zeichenlöschung" für die
Erfassung nur *einer* chemischen Verbindung häufig möglich. Am längsten bekannt und
sicherlich am häufigsten angewendet wird der enzymatische Abbau des besonders
in Leber und Muskulatur in großer Menge vorliegenden *Glykogens*. Der sog.
Amylase- oder *Diastasetest* kann im einfachsten Fall mit dem Speichel des Untersuchers
durchgeführt werden. Da jedoch der Amylasegehalt des Speichels zwischen 0 bis
300 mg/100 ml Speichel schwankt, empfiehlt es sich, käufliche Diastase zu verwenden.
Die Versuchsbedingungen sind dann besser reproduzierbar. Pflanzliche Diastase
(Amylase) hydrolysiert die α-1,4-glykosidische Bindung des Glykogens und der
Stärke ebenso spezifisch wie das entsprechende tierische Enzym. Auf ähnliche
Weise wie Glykogen können Hyaluronsäure und Neuraminsäure nach enzymatischer Hydrolyse mit Hyaluronidase bzw. Neuraminidase aus dem Schnitt ent-
fernt werden. Die PSL-Reaktion selbst kann durch eine vorangehende Blok-
kierung der Hydroxylgruppen mittels Acetylierung kontrolliert werden (Anhang,
S. 118).

Lipide können mit Leukofuchsin nachgewiesen werden, wenn die Bildung von
Aldehydgruppen möglich ist. Das ist nur bei ungesättigten Lipiden der Fall, deren
Äthylengruppen durch stärkere Oxydationsmittel aufgespalten und in Aldehyd-
gruppen überführt werden können (Abb. 34).

Als Oxydationsmittel kommt meistens Perameisensäure zur Anwendung (Abb. 35),
die allerdings insofern unspezifisch wirkt, als sie auch *Cystein* und *Cystin* in die mit Leukofuchsin reagible Alanin-β-sulfon- bzw. sulfinsäure umwandelt. Darauf beruht sogar
eine Möglichkeit, SS-Gruppen in Proteinen nachzuweisen (S. 77ff.). Man kann jedoch
den durch die SS-Gruppen der Proteine bedingten Anteil des Reaktionsausfalls von
dem auf Lipide zurückzuführenden Anteil mittels verschiedener Kontrollreaktionen
abtrennen. Die aus Lipiden gebildeten Aldehyde können u. a. — dies wird bei der

Besprechung der Basophilie evident — *keinen* basischen Farbstoff binden, während
die aus SH- und SS-Gruppen gebildeten Sulfonsäuren dazu in der Lage sind.

Ein weiterer Beweis dafür, daß es sich bei dem mit Leukofuchsin dargestellten
Material um ungesättigte Lipide handelt, ist dadurch möglich, daß man die Äthylen-

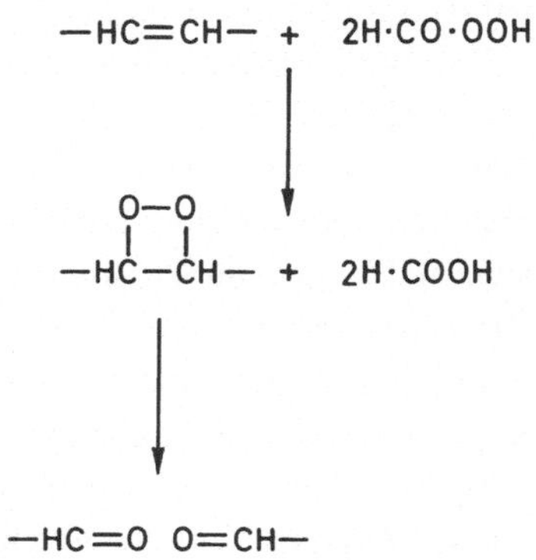

$$-HC=CH- \quad + \quad 2H \cdot CO \cdot OOH$$

$$\begin{array}{c} O-O \\ |\ \ | \\ -HC-CH- \end{array} \quad + \quad 2H \cdot COOH$$

$$-HC=O \quad O=CH-$$

Abb. 34. Perameisensäureoxydation führt zur Bildung
eines Dialdehydes aus einer Äthylengruppe

doppelbindungen *vor* Durchführung der Perameisensäureoxydation mit Brom ab-
sättigt (Anhang, S. 118) oder die entstandenen Aldehyde mit Hydroxylamin in ein
Oxim überführt (Anhang, S. 119). Die Leukofuchsinreaktion muß dann in beiden
Fällen negativ ausfallen.

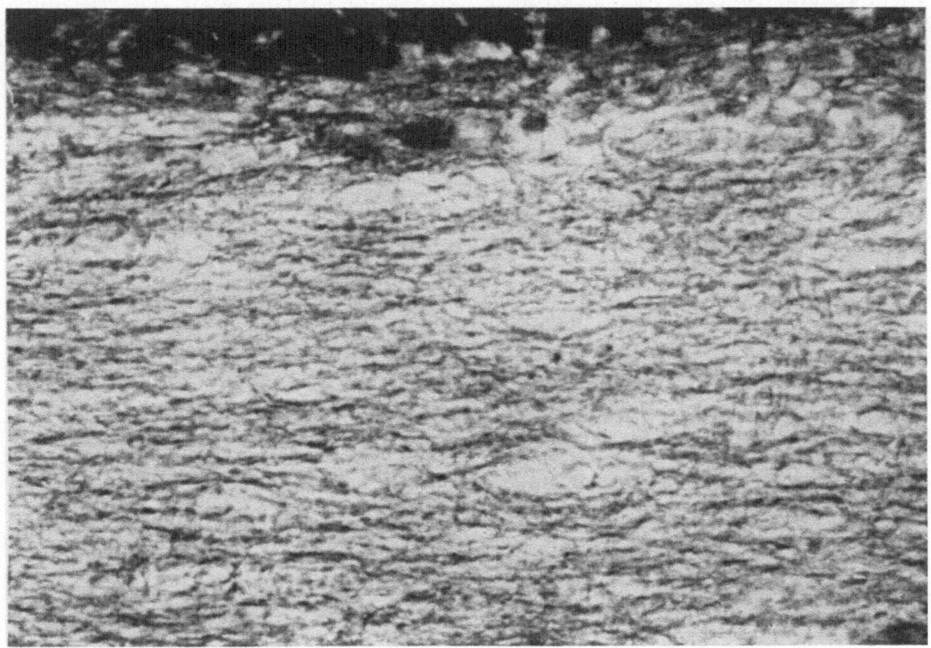

Abb. 35. Darstellung ungesättigter Lipide im Kleinhirnmark mit Leukofuchsin nach Perameisensäureoxydation. 500:1. (Goldhamster, Fixierung: gepuffertes Formol)

Eine oxydative Aufspaltung von Äthylengruppen zu Aldehyden kann auch im Verlauf der Fixierung stattfinden. So führt die Fixation des Gewebes mit OsO_4 über die Bildung von *Diolen* zur Aufspaltung der Äthylengruppen. Dabei kommt es zur Bildung niedriger Oxydationsstufen des Osmiums, die braun gefärbt sind, so daß im Gewebe vorliegende ungesättigte Lipide nach OsO_4-Behandlung ohne weitere Maßnahmen direkt mikroskopisch erkannt werden können.

Die Bindung und Ablagerung von niedrigen Oxydationsstufen des Osmiums ist aber nicht nur für den lichtmikroskopischen *Nachweis* ungesättigter Lipide von Bedeutung, sondern auch für die *Strukturerhaltung* von Zellen in der *elektronenmikroskopischen* Histologie: Nach Reaktion mit OsO_4 sind ungesättigte Lipide widerstandsfähig gegenüber organischen Lösungsmitteln, so daß sie beispielsweise eine Paraffineinbettung überstehen. Man kann dies für die Darstellung von Markscheiden in lichtmikroskopischen Dauerpräparaten für Kurszwecke ausnutzen. Wichtiger aber ist die Widerstandsfähigkeit der durch OsO_4- Behandlung stabilisierten Lipide für die Elektronenmikroskopie, denn danach werden die Lipide sogar durch die zumeist sehr aggressiven Monomere elektronenmikroskopischer Einbettungsmittel nicht mehr gelöst — für Ultrastrukturuntersuchungen eine unbedingte Voraussetzung. Die Zelle ist ein durch Lipid-Proteinmembranen in zahlreiche Kompartimente aufgeteiltes, mehrphasisches System. Wenn mit Fixierungsgemischen, die organische Lösungsmittel enthalten, die Lipidanteile der Membranen entfernt werden, dann brechen die verbleibenden Proteinbausteine unter gleichzeitiger Denaturierung zusammen, und die Ultrastruktur ist somit zerstört. Die Erhaltung der Membranen ist also eine wichtige Voraussetzung der elektronenmikroskopischen Histologie und *nur* durch Verwendung lipidstabilisierender Fixierungsmittel möglich. Als solche lipidstabilisierenden Fixierungsmedien werden außer einigen Aldehyden (Tabelle 1) insbesondere OsO_4- und $KMnO_4$-Lösungen verwendet, die aufgrund ihrer hohen Massendichte auch noch zu einer erwünschten Kontrastierung — „Färbung" — des Gewebes führen.

Wie die Bezeichnung „Kohlenhydrate" ist auch die Bezeichnung „Lipide" ein Sammelbegriff für eine große Anzahl unterschiedlicher Substanzen. Eine ganze Reihe der den Lipiden zuzurechnenden Substanzen kann Äthylengruppen enthalten, und daher ist deren Nachweis nicht spezifisch für ein *bestimmtes* Lipid. Einen höheren Informationswert hat der Nachweis chemisch genau gekennzeichneter Unterklassen der Lipide. So ist eine histochemische Darstellung von *Phosphoglyceriden* durch eine Hydroxamsäurereaktion für licht- und elektronenmikroskopische Untersuchungen möglich. Für den Nachweis wird zunächst eine alkalische Hydroxylaminolyse des Phosphoglycerids durchgeführt, wodurch es zur Bildung einer Hydroxamsäure kommt (Abb. 36). Die gebildete Hydroxamsäure kann mit Eisenionen ein Chelat bilden und das so gebundene Eisen als Berlinerblau nachgewiesen werden. Für elektronenmikroskopisch-histochemische Zwecke wird das Eisen nicht als Berlinerblau dargestellt, weil das an die Hydroxamsäure gebundene Eisen einen ausreichenden Kontrast gibt und die Überführung in Berlinerblau das Reaktionsprodukt nur vergröbern würde. Anstelle einer Chelatbildung mit Eisen kann auch die Fähigkeit der Hydroxamsäure genutzt werden, Silberionen zu reduzieren. Die damit erzielbaren

Versilberungen führen in lichtmikroskopischen Präparaten zu einer besonders scharfen Darstellung auch feiner Strukturen (Abb. 37) und haben für die Elektronenmikroskopie den Vorteil hoher Massendichte.

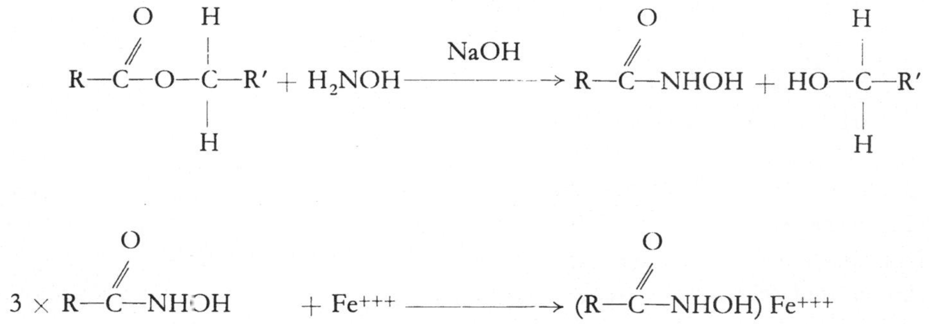

$$R{-}\overset{\overset{O}{\|}}{C}{-}O{-}\overset{\overset{H}{|}}{\underset{\underset{H}{|}}{C}}{-}R' + H_2NOH \xrightarrow{\quad NaOH \quad} R{-}\overset{\overset{O}{\|}}{C}{-}NHOH + HO{-}\overset{\overset{H}{|}}{\underset{\underset{H}{|}}{C}}{-}R'$$

$$3 \times R{-}\overset{\overset{O}{\|}}{C}{-}NHOH + Fe^{+++} \xrightarrow{\qquad\qquad} (R{-}\overset{\overset{O}{\|}}{C}{-}NHOH)\, Fe^{+++}$$

Abb. 36. Die durch Einwirken von Hydroxylamin auf einen Fettsäureester entstandene Hydroxamsäure bildet mit Fe^{+++} einen Ferri-Hydroxamatkomplex

Interessant ist die Erklärung der Spezifität der Reaktion: Sie beruht keineswegs darauf, daß eine Hydroxylaminolyse nur bei Phosphoglyceriden möglich ist, sondern auf der Tatsache, daß die Reaktion in *wäßriger* Lösung durchgeführt wird.

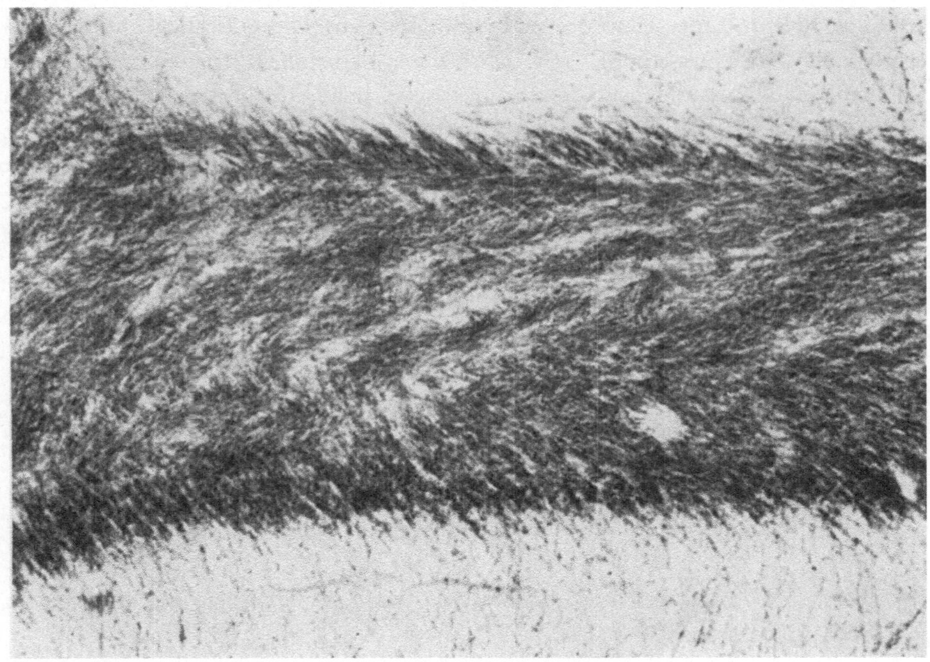

Abb. 37. Darstellung von Phospholipiden im Kleinhirnmark durch Versilberung nach Hydroxylaminolyse. 180:1. (Goldhamster, Fixierung: gepuffertes Formol)

Dadurch sind nur die *hydrophilen* Phosphoglyceride angreifbar, allenfalls auch noch kurzkettige Triglyceride. Längerkettige und daher *hydrophobe* Triglyceride und Cholesterolester können mit diesem Verfahren nicht dargestellt werden, da sie in wäßriger Lösung nicht mit Hydroxylamin zur Reaktion kommen.

f) Löslichkeitsfärbung

(Arbeitsvorschriften: 48, 59)

Die Spezifität histochemischer Nachweise kann bei zahlreichen Substanzen durch zusätzliche Anwendung von *Färbemethoden* kontrolliert werden. Aber nicht nur als Kontrollen anderer Methoden sind Färbungen von Interesse, sondern auch als spezifische und selbständige Nachweismethoden für eine Reihe von Gewebekomponenten. Sobald nämlich die physikalisch-chemischen Prozesse einer Färbung in allen Einzelheiten bekannt sind, hat sie den vollen Informationswert einer histochemischen Nachweisreaktion. Dies gilt beispielsweise für die Darstellung von Lipiden mit fettlöslichen Farbstoffen. Die färberische Lipiddarstellung ist im Hinblick auf die dabei ablaufenden physikalisch-chemischen Prozesse die einfachste Färbemöglichkeit überhaupt. Sie steht daher am Anfang der Beschreibung der großen Klasse färberisch-histochemischer Reaktionen.

Zu den Lipiden gehören zwar chemisch recht verschiedene Substanzen, doch zeichnen sie sich alle durch eine gute Löslichkeit in organischen Lösungsmitteln wie Alkohol, Aceton, Äther, Chloroform, Pyridin usw., aus. Dieses Löslichkeitsverhalten ermöglicht ihre Darstellung mit *fettlöslichen* Farbstoffen: Bietet man einem lipidhaltigen Schnitt einen in Wasser nur schwer, in Lipiden jedoch leicht löslichen Farbstoff an, wie Scharlachrot, Sudanschwarz, Sudan-III oder Fluorescenzfarbstoffe wie 3,4-Benzpyren oder Thioflavin S, so stellt sich ein heterogenes Gleichgewicht zwischen den nicht mischbaren Phasen von wäßriger Farbstofflösung und Lipid ein. Dies bedeutet, daß Farbstoffmoleküle aus der wäßrigen Phase P_W in die Lipidphase P_L gehen und umgekehrt, gemäß:

$$P_W \rightleftharpoons P_L$$

bis sich ein Gleichgewicht eingestellt hat. Das Verhältnis der Konzentrationen des Farbstoffes beider Phasen zueinander ist konstant und folgt dem Nerntschen Verteilungsgesetz:

$$\frac{C_{P_W}}{C_{P_L}} = K \, .$$

Die Konstante K ist der *Verteilungskoeffizient*, der bei gegebenen Phasen einen für jede Substanz typischen Wert hat.

Der Verteilungskoeffizient der für Fettdarstellungen gebräuchlichen Farbstoffe zwischen wäßriger oder schwach alkoholischer Farbstofflösung und Lipiden ist sehr klein; es kommt also zu einer hohen Farbstoffkonzentration in den Lipiden und

damit zu ihrer Anfärbung (Abb. 38). Da nun in tierischen Geweben außer Lipiden
keine anderen Substanzen mit so niedrigem Verteilungskoeffizienten zu der wäßrigen
Farbstofflösung vorkommen, ist die Lipiddarstellung mit fettlöslichen Farbstoffen
sehr spezifisch (Abb. 39).

Voraussetzung für die Darstellbarkeit mit Fettfarbstoffen ist, wie auch bei allen
anderen Stoffnachweisen, eine *adäquate* Fixierung (S. 25). Man verwendet vor-

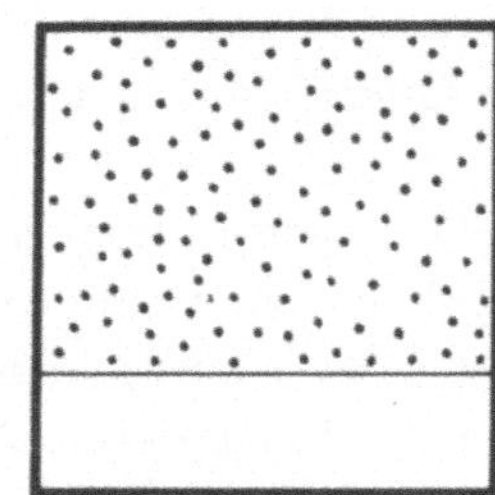
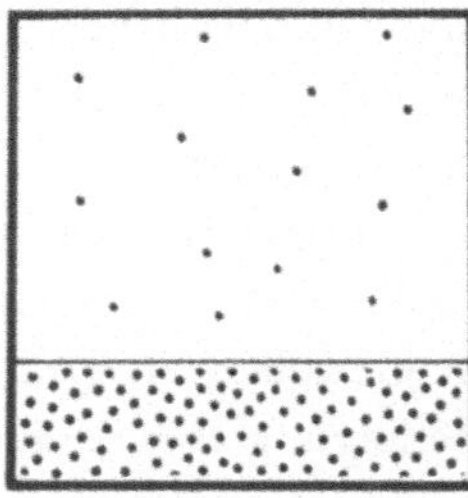

Abb. 38. Schema der Löslichkeitsfär-
bung. Oben wäßrige Phase, unten
Lipidphase. a. zu Beginn, b. nach
Abschluß der Färbung

a   b

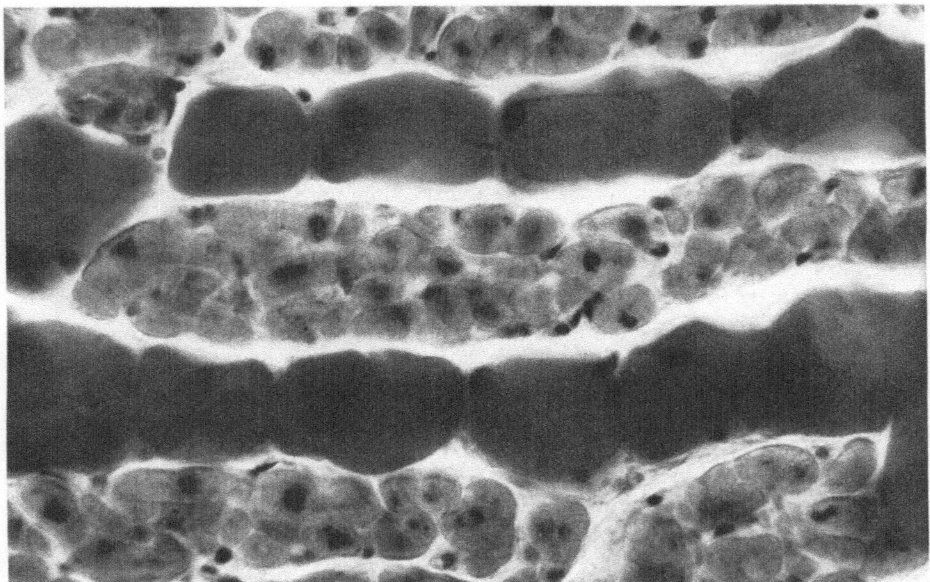

Abb. 39. Darstellung von Lipiden im Interstitium des Herzmuskels mit Scharlachrot.
440:1. (Mensch, Fixierung: gepuffertes Formol)

zugsweise Gefrierschnitte von in Formol oder im Gemisch nach Bouin-fixiertem Gewebe. Die Schnitte werden im allgemeinen nicht auf Objektträger aufgezogen, sondern *flottierend* gefärbt. Ist eine Einbettung erwünscht oder erforderlich, dann muß
diese in Gelatine, Polyäthylenglykol o. ä. erfolgen.

Die schlechte Wasserlöslichkeit der für die Fettdarstellung geeigneten Farbstoffe
erfordert, daß sie zunächst in kleinen Volumina organischer Lösungsmittel gelöst

werden. Durch Zugabe von Wasser wird dann die gebrauchsfertige Lösung hergestellt, die nach längerer Aufbewahrung und teilweiser Verdunstung des organischen
Lösungsmittels im allgemeinen mit Farbstoff übersättigt ist. Dann kommt es häufig
zum Ausfallen von Farbstoff in der Lösung und entsprechend zu Niederschlägen auf
den Präparaten: die Farbstofflösung ist daher vor Gebrauch zu filtrieren. Ein kleiner
Teil der Lipide kann nun beim färberischen Nachweis durch die geringen Mengen
organischer Lösungsmittel des Färbemediums extrahiert werden. Wenn dieser Fehler
und somit jeglicher Lipidverlust vermieden werden soll, dann empfiehlt sich die Verwendung einer *Fluorescenzfarbstoffmethode*, denn dabei wird der Farbstoff nur in
Wasser gelöst.

Ein negatives Färbeergebnis kann in seltenen Fällen trotz der Anwesenheit von
Lipiden im Schnitt zustande kommen, wenn sie nach langdauernder Formolfixierung
im Gewebe *kristallisiert* sind. Mit der Löslichkeitsfärbung sind die Lipide unter dieser
Bedingung *nicht* darzustellen. Da Lipidkristalle aber Doppelbrechung zeigen, sind sie
sehr leicht im Polarisationsmikroskop zu erkennen. Durch Erwärmung der Schnitte
auf dem Wasserbad können die Kristalle beseitigt und die gebildeten „Lipidtropfen"
dann durch eine Löslichkeitsfärbung nachgewiesen werden.

Zur Kontrolle der Lipiddarstellung sind *Extraktionsverfahren* anzuwenden. Da sich
die verschiedenen, zu den Lipiden zählenden Substanzen in ihrem Verhalten gegenüber organischen Lösungsmitteln in gewissem Umfang quantitativ unterscheiden,
ist durch spezifische Extraktionsverfahren sogar eine genauere Klassifizierung der jeweils vorliegenden Lipide möglich. Durch Pyridin werden *alle* Lipide aus mit dem Gemisch nach BOUIN fixiertem Gewebe extrahiert (Anhang, S. 117). Mit Hilfe verschiedener Lösungsmittel, die man nacheinander einwirken läßt, können die einzelnen
Lipidfraktionen auch sukzessiv extrahiert werden, bis schließlich kein Lipid mehr im
Gewebe vorliegt. In einem ersten Schritt werden mit kaltem Aceton *Neutralfette*,
Cholesterin und *Ketosteroide* entfernt, im folgenden Schritt mit siedendem Aceton
Cerebroside, dann mit siedendem Äther *Phospholipide* und mit einem kochenden Chloro-
form-Methanolgemisch alle restlichen noch im Gewebe vorliegenden Lipide. Da
Lipide im Gewebe meist mit Proteinen vergesellschaftet vorkommen, kann ihre Lös-
lichkeit übrigens von der chemisch reiner Lipide abweichen.

Eine *differente Darstellung* von neutralen Lipiden (Triglyceriden, Wachsen usw.) und
sauren Lipiden (Fettsäuren, Phospholipiden) ist mit *Nilblausulfat* möglich. Nach Behandlung von Schnitten mit einer wäßrigen Lösung von Nilblausulfat sind neutrale
Lipide rot und saure Lipide blau angefärbt. Bei dieser unterschiedlichen Anfärbung
wird ein „Indikatoreffekt" wirksam: Nilblausulfat ist in *dissoziiertem* Zustand blau
(Nilblau) und *undissoziiert* rot (Nilrot). Die Annahme, Nilrot sei in Nilblau nur als
Verunreinigung enthalten, scheint nicht zuzutreffen: Durch *Alkalisieren* einer wäßrigen Nilblausulfatlösung wird die Dissoziation des Farbstoffes zurückgedrängt, und
der gesamte Farbstoff fällt als „Nilrot" aus. Dieses „Nilrot" löst sich vollständig und
leicht in Chloroform. Durch *Ansäuern* ist „Nilblau" aus der wäßrigen Phase zurück-
zugewinnen. Bei der Anwendung einer wäßrigen Farbstofflösung auf den Schnitt
wird offenbar der undissoziierte Farbstoff (Nilrot) in Lipiden gelöst, während der
dissoziierte Farbstoff (Nilblau) nicht in Lipiden *gelöst*, sondern an saure Gruppen von

Lipiden und verschiedenen anderen Gewebekomponenten durch *elektrostatische* Kräfte *gebunden* wird.

Der auf Lipide zurückzuführende Anteil der Blaufärbung fehlt in Schnitten, aus denen die Lipide *vor* Einstellen in die Farblösung extrahiert wurden. Die auf das Vorliegen anderer saurer Komponenten beruhende Blaufärbung wird durch eine vorangehende Behandlung mit organischen Lösungsmitteln *nicht* abgeschwächt.

g) Elektrostatische Färbungen

(Arbeitsvorschriften: 39, 42 bis 44, 46, 47)

Bestimmte Gewebestrukturen nehmen aus wäßrigen Farblösungen nur *basische*, andere nur *saure* Farbstoffe auf. Als basische Farbstoffe werden solche bezeichnet, die in wäßriger Lösung als (positiv geladene) Farbstoff*kationen*, als saure Farbstoffe solche, die als (negativ geladene) Farbstoff*anionen* vorliegen.

Die Voraussetzungen für die Anfärbbarkeit des Gewebes mit sauren und basischen Farbstoffen wurden erst erkannt, als in den 30er Jahren dieses Jahrhunderts der Nachweis erbracht werden konnte, daß das Auftreten und das Ausmaß der jeweiligen Anfärbbarkeit von der Art der Vorbehandlung des Gewebes und insbesondere vom pH des Färbebades abhängen.

Die physikalisch-chemische Ursache der Anfärbbarkeit mit Farbstoff*kationen* ist im Vorliegen anionischer Gruppen im Gewebe zu erblicken, an welche die positiv geladenen Farbstoffmoleküle *elektrostatisch* gebunden werden. Entsprechend gilt für die Farbstoff*anionen*, daß sie an kationische Gruppen des Gewebes fixiert werden. Im folgenden wird nur die Anfärbung mit Farbstoff*kationen* behandelt, da die Anfärbbarkeit mit Farbstoff*anionen* bisher nicht für histochemische Nachweise verwendet wurde.

Für die elektrostatische Bindung von basischen Farbstoffen kommen im Gewebe SO_3O^-, PO_3HO^- und COO^--Gruppen in Frage. Diese drei anionischen Gruppen unterscheiden sich in der *Stärke* ihrer sauren Eigenschaften, die durch die *Dissoziationskonstante* objektiv gekennzeichnet wird. Der negative Logarithmus der Dissoziationskonstante ist der p_K-Wert, der ein Maß für die Acidität einer Säure (bzw. für die Basizität einer Base) ist. Die p_K-Werte der in Frage kommenden anionischen Gruppen sind: $SO_3OH \simeq 1{,}5$, $PO_3HOH \simeq 2{,}8$ und $COOH \simeq 3{,}6$. Die Dissoziation der Säuregruppen wird durch die Wasserstoffionenkonzentration des umgebenden Mediums beeinflußt: Bei stufenweiser Erhöhung der H^+-Konzentration wird als erstes die Dissoziation der Carboxyl-, dann der Phosphat- und zuletzt erst der Sulfatgruppen zurückgedrängt (Abb. 40). Eine elektrostatische Bindung ist aber nur an eine *dissoziierte* Gruppe möglich, weil nur dann eine Ladung vorliegt. Die Anfärbbarkeit mit einem basischen Farbstoff hängt also nicht einfach vom Vorliegen dieser anionischen Gruppen im Gewebe ab, sondern davon, welche Gruppen *dissoziiert* sind und in welchem Umfang. Um nun aus der Anfärbbarkeit mit einem basischen Farbstoff eine färberische Charakterisierung der im speziellen Fall vorliegenden sauren Gruppen ableiten zu können, ist es erforderlich, bestimmte *Färbebedingungen* einzuhalten. In *jeder* Zelle kommen proteingebundene COOH-Gruppen vor, die, sofern

5*

sie dissoziiert sind, basische Farbstoffe binden. Unter der Bedingung, daß COOH-Gruppen dissoziiert sind, hat eine Anfärbbarkeit mit basischen Farbstoffen keinen Informationswert, weil dann *alle* Zellen Farbstoffkationen binden. Die Anfärbbarkeit mit basischen Farbstoffen hat nur dann, einen *histochemischen Aussagewert*, wenn die Färbung bei einem pH-Wert durchgeführt wird, bei dem die anionischen Gruppen der Proteine entladen sind. *Nur die Farbstoffbindung eines Gewebes bei solchen pH-Werten, bei denen die Dissoziation der Carboxylgruppen zurückgedrängt ist, wird als Basophilie be-*

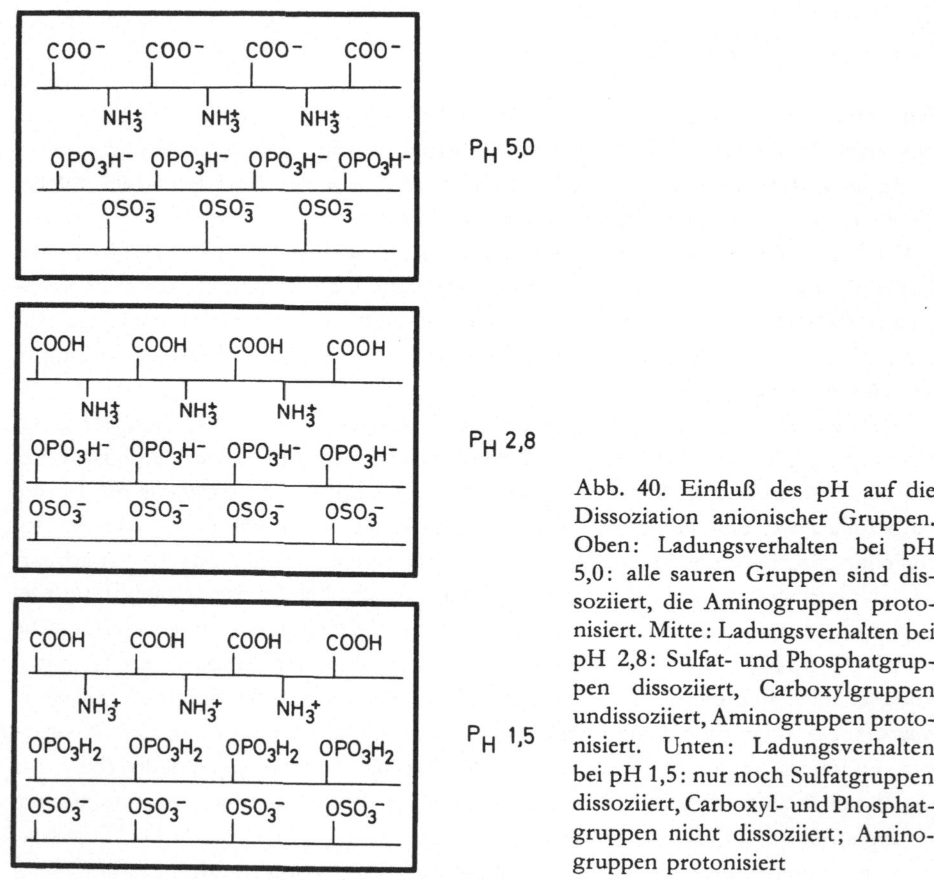

Abb. 40. Einfluß des pH auf die Dissoziation anionischer Gruppen. Oben: Ladungsverhalten bei pH 5,0: alle sauren Gruppen sind dissoziiert, die Aminogruppen protonisiert. Mitte: Ladungsverhalten bei pH 2,8: Sulfat- und Phosphatgruppen dissoziiert, Carboxylgruppen undissoziiert, Aminogruppen protonisiert. Unten: Ladungsverhalten bei pH 1,5: nur noch Sulfatgruppen dissoziiert, Carboxyl- und Phosphatgruppen nicht dissoziiert; Aminogruppen protonisiert

zeichnet. Die Basophilie ist demnach eine Materialeigenschaft nur einiger weniger Gewebekomponenten; ihre Feststellung hat damit den Aussagewert eines histochemischen Tests. Praktisch wird man eine Gewebekomponente dann als basophil bezeichnen, wenn sie die Fähigkeit aufweist, aus einem angesäuerten Färbebad (pH $\simeq$ 2,8 bis 3,0) positiv geladene Farbstoffmoleküle aufzunehmen. Für die Bindung der Farbstoffkationen kommen dabei Sulfat- und Phosphatgruppen in Betracht (Abb. 41).

Phosphatgruppen sind im wesentlichen Bestandteile der beiden Nucleinsäuren RNS und DNS, die in allen Zellen mit Ausnahme der Erythrocyten vorkommen. Wie immer bei Nachweisreaktionen über chemische Gruppen, die ihrerseits in verschiedenen Substanzen vorliegen, sind zusätzliche Maßnahmen zu einer weiteren Charakterisierung der im speziellen Fall vorliegenden Gewebekomponente erforderlich. Zu solchen Maßnahmen zählen spezifische „Auslöschungsoperationen", durch welche beispielsweise DNS und RNS getrennt werden können. Die Spezifität dieser Trennung ist dann sehr groß, wenn *Enzyme* zur Anwendung kommen. Wird der histo-

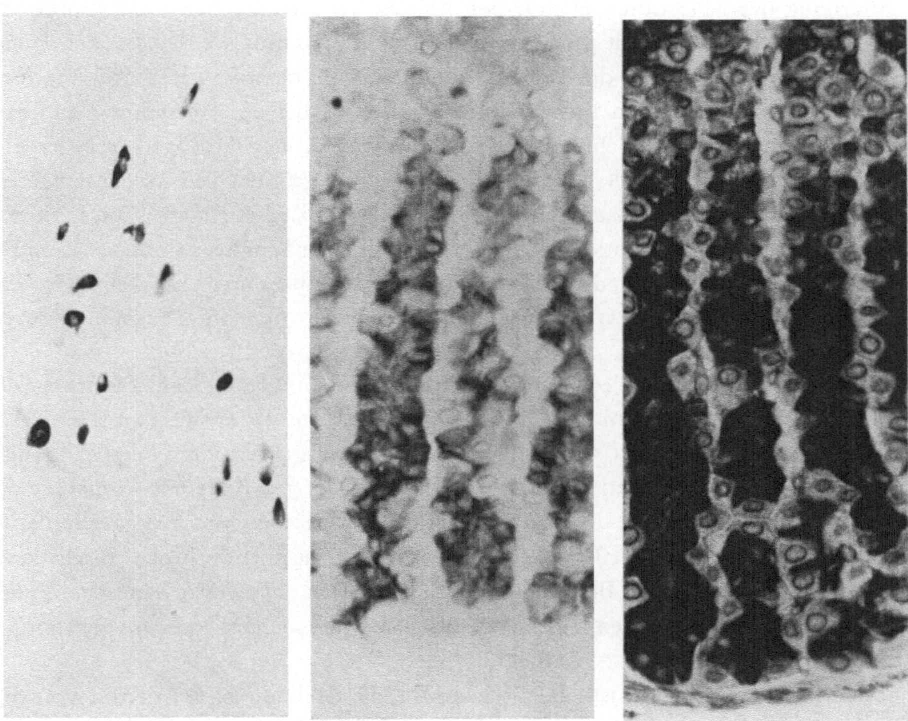

Abb. 41. Darstellung von Komponenten der Magenschleimhaut mit einem basischen Farbstoff in Abhängigkeit vom pH der Färbelösung (Methylenblau). Linkes Bild pH 1,5: Basophilie des Cytoplasmas von Mastzellen, sonst keine Farbstoffbindung. Mittleres Bild pH 3,0: Basophilie des Cytoplasmas von Hauptzellen. Rechtes Bild pH 5,0: Uncharakteristische Farbstoffbindung durch *alle* Elemente der Magendrüsen. 440:1. (Drüsenmagen Goldhamster, Fixierung: CARNOY)

logische Schnitt vor dem Einstellen in das Färbebad mit Ribonuclease behandelt, so kommt es zu einer Hydrolyse von RNS zu wasserlöslichen Nucleotiden, die ausgewaschen werden. Die nach RNase-Behandlung noch im Schnitt vorhandene Basophilie kann dann nicht mehr auf der Anwesenheit von RNS beruhen. Eine Aussage darüber, *worauf* die Basophilie nach Entfernung der RNS zurückgeführt werden kann, ist zunächst nicht möglich. Soweit die restliche Basophilie auf den *Kern* beschränkt ist, weist sie allerdings mit hoher Wahrscheinlichkeit auf die Anwesenheit von DNS hin. Der Vergleich zweier Schnitte, von denen der eine erst nach Einwirkung von RNase mit einem basischen Farbstoff behandelt wurde, läßt auf jeden Fall den auf RNS rückführbaren Anteil der Basophilie erkennen.

Der Abbau der RNS mit RNase ist im Unterschied zu anderen für histochemische Zwecke empfohlene Verfahren der RNS-Entfernung sehr spezifisch. Häufig wird eine Hydrolyse der RNS mit $HClO_4$ empfohlen. Dabei richtet sich die Hydrolysedauer nach der jeweiligen Fixierung. Bei dieser Methode kann sicher nicht mit einer so hohen Spezifität wie beim enzymatischen Abbau der RNS gerechnet werden. Die Entfernung der RNS durch $HClO_4$-Behandlung hatte früher große Bedeutung, als RNase nur schwer und mit großem Geldaufwand beschafft werden konnte. Heute stehen hochgereinigte und doch relativ billige Enzympräparate zur Verfügung, und man sollte daher nur noch in Ausnahmefällen, etwa bei der Herstellung außergewöhnlich umfangreicher Schnittserien für Kurszwecke, mit $HClO_4$ hydrolysieren.

Die im Zellkern vorhandene Basophilie beruht zum größten Teil auf der Anwesenheit von *Desoxyribonucleinsäure*. Analog dem RNS-Abbau mit RNase kann DNS mit DNase zu löslichen Nucleotiden abgebaut und aus dem Schnitt entfernt werden. Bei einem Vergleich DNase- und RNase-behandelter Schnitte sind somit die im Gewebe vorliegenden Nucleinsäuretypen spezifisch und einzeln über ihre Basophilie zu erfassen.

Bei der Untersuchung der Basophilie von Geweben kommt dem Nachweis der *RNS* im Vergleich mit dem der *DNS* der größere Informationswert zu: Der *RNS-Gehalt* des Kerns und des Cytoplasmas kann in Abhängigkeit von Differenzierungsgrad, Gewebeart und Funktionszustand schwanken. Da *jede* Zelle mit Ausnahme der Erythrocyten eine gewisse Menge an RNS enthält, kommt als Aussagealternative praktisch ausschließlich VIEL/WENIG in Betracht. Eine über die grobe Abschätzung der *Menge* hinausgehende Beurteilung der RNS, etwa eine histochemische Unterscheidung der verschiedenen, aus biochemischen Untersuchungen heute bekannt gewordenen RNS-Typen, ist z. Z. nicht möglich.

Beim Auswerten einer histochemischen DNS-Darstellung ist, wiederum von den Erythrocyten abgesehen, die Aussagealternative JA/NEIN nicht möglich, weil *alle* Zellen DNS enthalten. Zum Unterschied von der RNS ist aber bei der DNS auch die Aussagealternative VIEL/WENIG in gesundem Gewebe nur ausnahmsweise zu erwarten. Die normale Körperzelle enthält eine konstante Chromosomenzahl (Euploidie) und damit eine konstante DNS-Menge. Zwischen den einzelnen Zellen eines Gewebes ist daher mit keinen nennenswerten bei *subjektiver Abschätzung* des histochemischen Reaktionsergebnisses faßbaren Mengenabweichungen der DNS zu rechnen. Der Informationswert von histochemischen DNS-Nachweisen ist daher eingeengt. Trotzdem werden DNS-Darstellungen, der biologischen Bedeutung dieser Nucleinsäure entsprechend, häufig durchgeführt.

Auf dem Gebiet der *Nucleinsäurechemie* sind Biochemie, Mikrobiologie und Genetik mit ihren Methoden und Interpretationsmöglichkeiten der Histochemie weit vorausgeeilt. Es ist eine Frage, ob dieser Vorsprung überhaupt einzuholen ist. Auch wenn es gelingt, das theoretisch mögliche Auflösungsvermögen mit dem Elektronenmikroskop praktisch zu erreichen, so ist doch kaum die Möglichkeit einer optischen Erfassung von Nucleinsäurebausteinen vorstellbar. Dies gilt insbesondere für die histochemische Darstellung der Basensequenz in einem DNS-Strang. Vielleicht kann mit vollständig neuen methodischen Vorstellungen dieses Gebiet angegangen werden, etwa durch *Holographie mit kohärenten Röntgenstrahlen*, aber viel wahrscheinlicher dürfte der Histochemie hier eine endgültige Grenze gesetzt sein.

Die Abweichungen im DNS-Gehalt von „euploiden" Zellkernen sind bei subjektiver mikroskopischer Beurteilung histologischer Präparate praktisch nicht faßbar. Man versucht daher, mit *objektiven* Meßmethoden quantitative Unterschiede des DNS-Gehalts der Zellen festzustellen, und die Nucleinsäurehistochemie ist geradezu eine Domäne der *Cytophotometrie*. Die photometrische Untersuchung wird besonders durch die Eigenschaft der Nucleinsäuren erleichtert, UV-Licht von 260 nm Wellenlänge spezifisch zu absorbieren. Bei Messungen mit Licht von so kurzer Wellenlänge werden *ungefärbte* Schnitte verwendet. Andererseits können aber auch Absorptionsuntersuchungen an *gefärbten* Schnitten im sichtbaren Bereich des Spektrums durchgeführt werden. Die Anfärbung der Objekte wird dann in der Regel mit einem der zahlreichen basischen Farbstoffe vorgenommen.

Die Photometrie gefärbter histologischer Objekte kann außer zur quantitativen Bestimmung von Gewebekomponenten auch zur Verfolgung des *zeitlichen Ablaufs* des Färbevorganges selbst verwendet werden. Damit sind unter Umständen feinere Einblicke in chemische Besonderheiten des Gewebes möglich, die in einem charakteristischen zeitlichen Verlauf der Farbstoffaufnahme zum Ausdruck kommen. Bei einer elektrostatischen Bindung der Farbstoffkationen an die anionischen Gruppen im Gewebe kann man erwarten, daß nur so lange Farbstoffmoleküle aufgenommen werden, bis alle verfügbaren anionischen Gruppen besetzt sind. Es muß also eine annähernd *quantitative* Beziehung zwischen dem im Gewebe gebundenen Farbstoff und den anionischen Gruppen des Gewebes bestehen. Eine Besetzung *aller* anionischen Gruppen kann allerdings nur bei einem ausreichenden *Farbstoffüberschuß* erfolgen. Unter dieser Voraussetzung sollte nach einer endlichen Färbedauer die Farbstoffaufnahme abgeschlossen sein, wenn nämlich die anionischen Gruppen restlos besetzt sind. Verfolgt man jedoch den zeitlichen Verlauf der Farbstoffaufnahme quantitativ durch photometrische Messung von Schnitten homogener Organe (wie z. B. der Leber), indem man die *Absorptionszunahme als Funktion der Färbedauer* bestimmt, so läßt sich *kein* definitives Ende der Farbstoffaufnahme in den üblichen Färbezeiten ermitteln. Vielmehr zeigt die durch Absorptionsmessung histologischer Schnitte bestimmte Farbstoffbindung beispielsweise bei Gallocyanin und Toluidinblau einen nicht-linearen Anstieg auch über die übliche Färbezeit hinaus (Abb. 42). Bei *ausschließlich* elektrostatischer Bindung an die in Frage kommenden anionischen Gruppen des Gewebes kann ein solches Verhalten nicht auftreten.

Aus diesen Versuchen darf nun allerdings kein Zweifel an der Richtigkeit der Theorie der elektrostatischen Farbstoffbindung entstehen. Es kann daraus aber geschlossen werden, daß auch noch eine Bindung von Farbstoff an *andere* als negative Gruppen des Gewebes stattfinden kann. Als wirksame Bindungskräfte sind „short range forces" (van der Waalssche Kräfte) anzunehmen, welche eine *Adsorption* von Farbstoffmolekülen durch zufälligen Kontakt vermutlich an die im Gewebe bereits elektrostatisch gebundenen Farbstoffmoleküle bewirken.

Ein Wirksamwerden van der Waalsscher Kräfte bei histologischen Färbungen wäre keineswegs überraschend. Einige in der Histologie und Histochemie gebräuchliche Farbstoffe zeigen schon in wäßriger Lösung, insbesondere in höherer

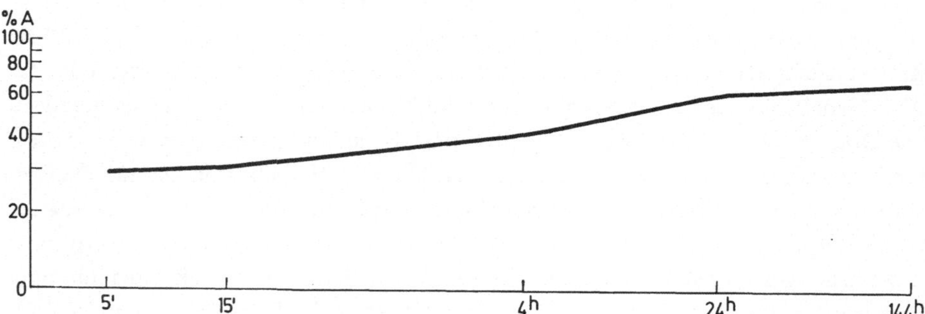

Abb. 42. Absorptionserhöhung von Pankreasschnitten durch Zunahme der Farbstoffbindung als Funktion der Zeit bei Gallocyanin-Chromalaunfärbung. Nicht-lineare Absorptionszunahme über 48 h hinaus. Darstellung doppelt-logarithmisch, Abszisse = Zeit; Ordinate = Absorption bei $\lambda = 600$ nm in % des Leerwertes

Konzentration, eine Neigung zur Aggregation, die durch van der Waalssche Kräfte bewirkt wird (S. 76).

Nicht nur das Ladungsverhalten von Farbstoff einerseits und Gewebe andererseits bestimmt das Ergebnis einer färberischen Nucleinsäuredarstellung; es müssen in Einzelfällen noch weitere Faktoren wirksam sein, wie das Beispiel der Methylgrün/

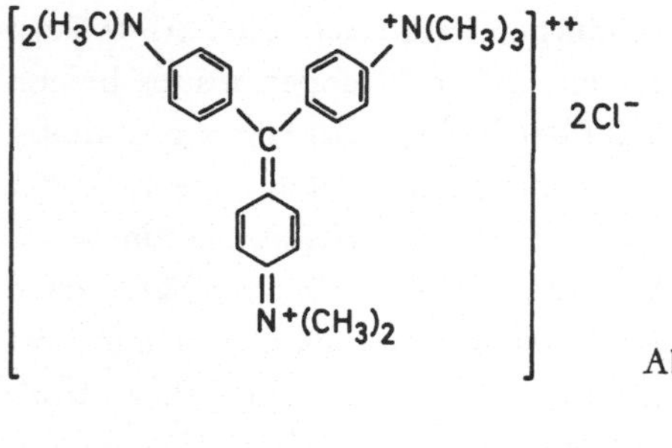

Abb. 43. Strukturformel von Methylgrün

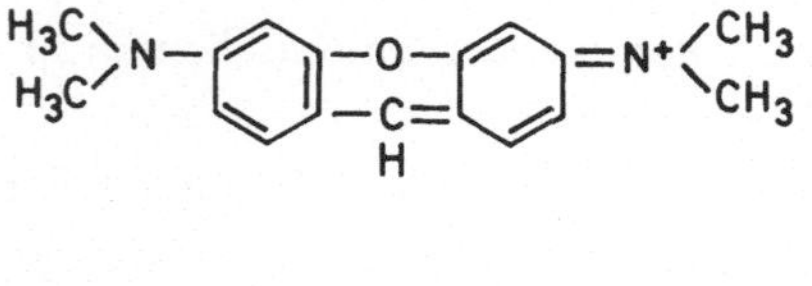

Abb. 44. Strukturformel von Pyronin G (Y)

Pyroninfärbung zeigt. Mit diesem Farbstoffpaar gelingt eine *differente* Darstellung der beiden Nucleinsäuretypen RNS und DNS. *Beide* Nucleinsäuren sind *Polyanionen*, *beide* Farbstoffe sind *Kationen* (Abb. 43 und 44). Trotzdem wird nur die DNS durch Methylgrün bläulich-grün und nur die RNS durch Pyronin rot angefärbt (Abb. 45). Für dieses unterschiedliche Verhalten müssen also andere Faktoren als die

Ladung der Nucleinsäuren oder die Ladung der Farbstoffe verantwortlich sein. Die Ursache könnte in den unterschiedlichen Molekülgrößen, also im jeweiligen *Polymerisationsgrad* der beiden Nucleinsäuren liegen. Die Molekülgröße von DNS liegt wesentlich über der von RNS, wodurch DNS mit Methylgrün dargestellt würde.

Abb. 45. Darstellung von Nucleinsäuren in Fundusdrüsen des Magens mit Methylgrün/ Pyronin. Die Hauptzellen weisen ein aufgrund des hohen RNS-Gehaltes rot gefärbtes Cytoplasma auf, während die Belegzellen keine Cytoplasmaanfärbung zeigen. 400:1. (Goldhamster, Fixierung: CARNOY)

Für diese Interpretation spricht, daß DNS nach *Depolymerisation* Pyronin aufnimmt, wie dies bei RNS auch nach schonender Vorbehandlung zur Erhaltung ihres Polymerisationsgrades der Fall ist.

Bei der Interpretation der mit Methylgrün/Pyronin gefärbten Präparate ist zu berücksichtigen, daß beim Spülen und Entwässern der Schnitte Pyronin z. T. extrahiert

werden kann, wodurch die Abschätzung der in einer Zelle vorliegenden RNS-Menge
mit einem Fehler belastet wird.

Die Eigenschaft der Basophilie weisen außer Polyanionen, welche Phosphatgruppen besitzen, auch alle Gewebekomponenten auf, die *Sulfatgruppen* tragen. Diese
Basophilie kann daran erkannt werden, daß sie zum einen durch eine Vorbehandlung
des Gewebes mit DNase oder RNase nicht aufgehoben wird, und daß sie zum anderen
auch bei einer sehr starken Ansäuerung des Färbebades etwa auf pH 1,5 zu erzielen ist.
Insbesondere durch den Nachweis dieser gegen Erhöhung der H$^+$-Konzentration

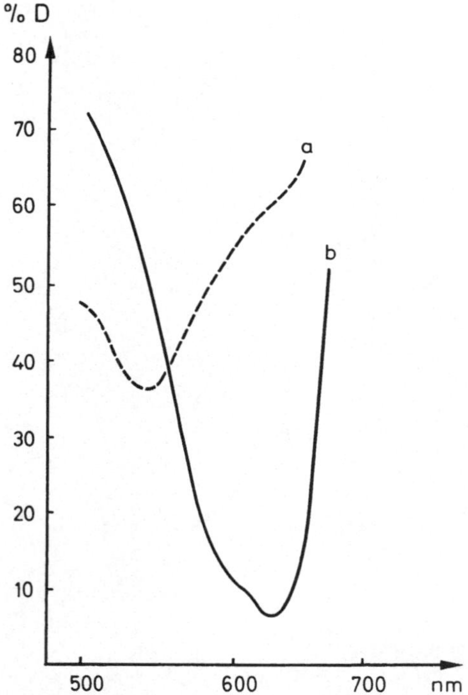

Abb. 46. Orthochromatische Absorp-
tionskurve (———) von Toluidinblau
mit Durchlässigkeitsminimum bei R = 630
nm und metachromatische Absorptions-
kurve (— — —) des Toluidinblau-Hepa-
rinkomplexes mit Durchlässigkeitsminimum bei R = 540 nm (Modellversuch.
Ordinate: Durchlässigkeit in % des Leerwertes, Abszisse: Wellenlänge in nm)

äußerst widerstandsfähigen Basophilie kann man Gewebekomponenten mit Sulfatgruppen von solchen mit Phosphatgruppen abgrenzen.

Einige sulfatgruppentragende Gewebekomponenten zeigen bei Anfärbung mit bestimmten basischen Farbstoffen nicht nur eine ausgeprägte Basophilie, sondern eine
als *Metachromasie* bezeichnete Erscheinung. Dieses Phänomen wurde erstmals an den
Granula von Mastzellen entdeckt, in denen das Polysulfat Heparin gebildet wird.

*Man versteht unter Metachromasie das Auftreten einer vom Farbton der Farblösung ab-
weichenden Farbe im Schnitt.* So färbt Toluidinblau Zellen und Zellkerne *blau*,
Knorpelgrundsubstanz, Mastzellgranula u. ä. aber *rot*. Diese Erscheinung tritt
nicht nur im *histologischen Schnitt*, sondern auch *in vitro* auf, wenn man einer Toluidinblaulösung ein geeignetes Polyanion, wie z. B. Heparin, zusetzt (Abb. 46). Es kommt
dann zu einer deutlichen, photometrisch meßbaren Verschiebung des Absorptions-

maximums. Das unverschobene Maximum wird als *orthochromatisch*, das verschobene als *metachromatisch* bezeichnet. Damit ein Farbstoff für metachromatische Anfärbungen verwendet werden kann, müssen beide Absorptionsmaxima, das orthochromatische wie das metachromatische, im *sichtbaren* Teil des Spektrums und möglichst weit auseinander liegen. Die Fähigkeit einer Gewebekomponente, eine metachromatische Verschiebung hervorzurufen, wird als *Metachromotropie* bezeichnet und tritt praktisch *nur* bei Poly*anionen* auf. Es kommen die gleichen anionischen Gruppen in Betracht wie bei der Anfärbbarkeit mit basischen Farbstoffen, also $-SO_3OH$, $-PO_3HOH$ und $-COOH$. Auch die *Stärke* der Metachromotropie nimmt in der gleichen Reihenfolge

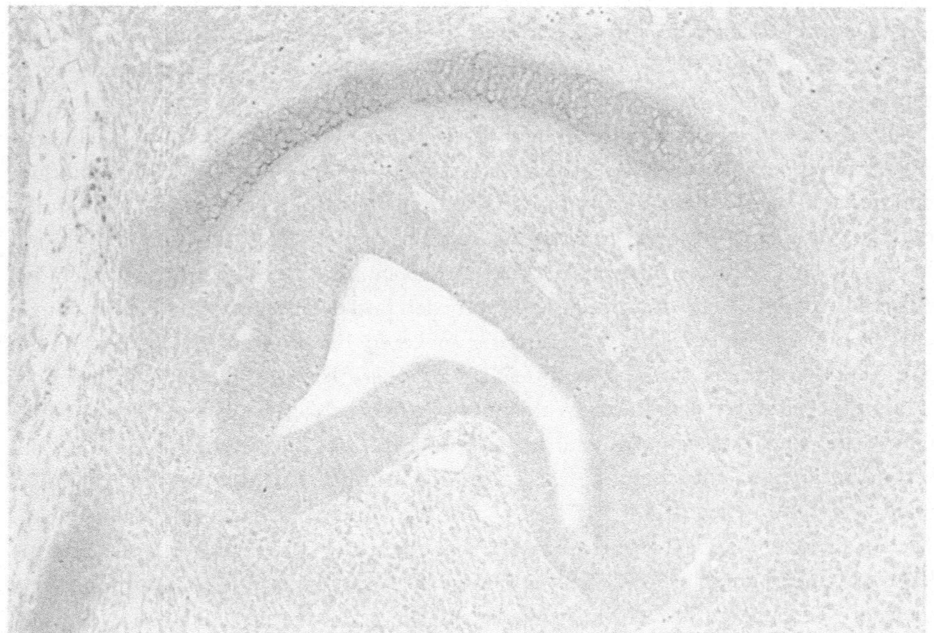

Abb. 47. Metachromasie des spangenförmigen Knorpels der Ohranlage, Orthochromasie der übrigen Strukturen mit Toluidinblau. 260:1. (Goldhamsterfetus, Fixierung: GENDRE)

wie die Anfärbbarkeit mit Farbstoffkationen ab, also $-SO_3OH$ — PO_3HOH — COOH. Trotz dieser Übereinstimmung darf allerdings nicht der Eindruck entstehen, als ob *alle* Substanzen mit anionischen Gruppen metachromotrop wären und es nur vom Farbstoff abhänge, ob Orthochromasie oder Metachromasie auftritt. Davon kann tatsächlich keine Rede sein: Zum einen ist eine metachromatische Verschiebung des Absorptionsmaximums auch bei sauren Farbstoffen möglich, also bei elektrostatischer Bindung eines Farbstoff*anions* an ein Poly*kation*. Dies konnte allerdings bislang in gesundem, experimentell unbeeinflußtem Gewebe nicht beobachtet werden. Zum andern zeigen aber nur wenige mit Farbstoffkationen anfärbbare Strukturen ein metachromotropes Verhalten. Die Erklärung ist, daß nicht allein die *Stärke* der vorhandenen anionischen Gruppen darüber entscheidet, ob eine Substanz metachromotrop ist oder nicht, sondern auch deren *Anzahl* und deren *Dichte*. Eine ausgeprägte Metachromotropie zeigen sulfathaltige Substanzen (Abb. 47); eine sehr schwache dagegen Phosphatgruppen tragende, meist den Phosphatiden zuzuordnende Substanzen. Solche mit Carboxylgruppen sind nur bei sehr hoher Ladungsdichte metachromotrop.

Wie kommt nun dieser auffallende färberische Effekt zustande? Eine stark verdünnte Toluidinblaulösung zeigt ein *orthochromatisches* Absorptionsmaximum bei 630 nm. Erhöht man die Farbstoffkonzentration, so kommt es zu einer zunächst geringfügigen Verschiebung des Absorptionsmaximums zum kurzwelligen Teil des Spektrums hin. Als Ursache für diese Verschiebung kann man eine Zusammenlagerung einzelner Farbstoffmoleküle zu größeren Molekülaggregaten annehmen, also eine *Di-* oder *Trimerisation* usw. In diesen größeren Molekülverbänden beeinflussen sich die für die Farbigkeit einer Verbindung entscheidenden π-Elektronen gegenseitig so, daß es zu einer Art Resonanzschwingung kommt.

Die *Farbigkeit* einer organischen Verbindung hängt u. a. davon ab, wieviele konjugierte Doppelbindungen im Molekül vorhanden sind. — $C = C$—Doppelbindungen besitzen eine auf der Wechselwirkung von σ-Elektronen beruhende σ-Bindung, die alle von den gesättigten Verbindungen her bekannten Eigenschaften übernimmt. Neben den σ-Elektronen kommen π-Elektronen vor, die nicht so sehr zwischen den Atomkernen lokalisiert sind wie die σ-Elektronen und daher eine geringere Bindungsenergie als diese aufweisen. Wegen dieser lockeren Bindung an die Kerne können π-Elektronen durch *optische Anregung* leicht auf höhere Energieniveaus gebracht oder völlig abgetrennt werden. Durch Anhebung von π-Elektronen auf ein höheres Energieniveau, sog. π-π^+-Elektronenübergängen, wird das betreffende Molekül vom Grundzustand in einen angeregten Zustand überführt. Der angeregte Zustand ist nicht stabil und dauert nur etwa 10^{-9} bis 10^{-8} sec an. Danach geht das Molekül wieder in den energieärmeren *Grundzustand* über. Die dabei freiwerdende Energie kann auf unterschiedliche Weise abgegeben werden: Sie kann als Strahlung von gleicher Wellenlänge wie der anregenden emittiert werden; es liegt dann *Resonanzfluorescenz* vor. Wenn die Rückkehr in den Grundzustand stufenweise erfolgt und nur ein Teil der Energie als Strahlung, ein anderer aber strahlungslos abgegeben wird, tritt *Fluorescenz* auf. Wird das Molekül durch strahlungslose Desaktivierung in den Grundzustand zurückgeführt (die Energie wird dabei in kinetische Energie des Moleküls überführt wie Schwingung, Rotation usw.), so liegt *Absorption* vor (Abb. 48).

Die Bildung größerer Molekülaggregate aus metachromatischen Farbstoffen kann nun nicht nur durch *Polymerisation* von Farbstoffmolekülen in *Lösung*, sondern auch durch *dichtstehende Bindung* an der *Oberfläche eines Polyanions* erfolgen. Auch hierdurch können die Farbstoffmoleküle unter Umständen einander so weit genähert werden, daß die Elektronensysteme der einzelnen Moleküle miteinander gekoppelt werden. Je *enger* die anionischen Gruppen zueinander geordnet sind, desto *größer* wird bei Bindung der Farbstoffmoleküle an diese das Molekülaggregat sein, und desto *größer* dadurch die gegenseitige Beeinflussung der π-Elektronen. Die spektrale Bandenverschiebung und damit der metachromatische Effekt sind aber um so ausgeprägter, je *stärker* die Kopplung der π-Elektronensysteme ist. Allerdings wird ein Maximum der Verschiebung erreicht, welches für Toluidinblau bei 540 nm liegt. Je weiter der Abstand der anionischen Gruppen voneinander ist, desto weniger Molekülaggregate können entstehen, und eine Bandenverschiebung bleibt aus.

Die Feststellung der Metachromotropie einer Substanz hat unter Umständen einen höheren Informationswert als der Nachweis einer Basophilie. Die Feststellung der Metachromotropie bedeutet ja nicht einfach nur ein Vorliegen saurer Gruppen, sondern ein Vorliegen saurer Gruppen in sehr engen Abständen. Ändern sich diese, so verschwindet auch die Metachromotropie. Auftreten oder Verlust der metachromatischen Anfärbbarkeit eines Gewebes, etwa im Verlauf von Differenzierungsvorgängen, weisen daher auf *molekulare „Reifungsprozesse"* hin. So werden zahlreiche Gewebekomponenten wie Bindegewebsgrundsubstanz, Mastzellgranula, aber auch

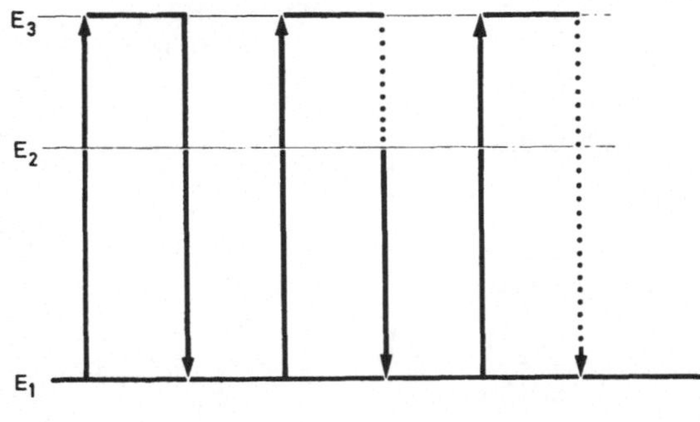

Abb. 48. Schematische Darstellung der Anregung eines (Farbstoff-) Moleküls durch Bestrahlung und Möglichkeiten der Rückkehr in den energetischen Grundzustand. 1. Einstufige Rückkehr unter Abgabe einer Strahlung von gleicher Wellenlänge wie der anregenden Strahlung (linkes Bild: Resonanzstrahlung). 2. Teilweise strahlungslose Desaktivierung des Moleküls; nur der Energierestbetrag wird durch Strahlung abgegeben. Die abgegebene Strahlung ist langwelliger als die anregende (mittleres Bild: Fluorescenzstrahlung). 3. Strahlungslose Desaktivierung des Moleküls (rechtes Bild: Absorption). E_1 = energetischer Grundzustand; E_2 und E_3 = Anregungszustände

bestimmte Schleime, im Verlauf ihrer Bildung zunehmend metachromotrop. Offensichtlich wird zunächst eine noch nicht oder mit nur wenigen sauren Gruppen ausgestattete Substanz gebildet, die dann durch Einbau saurer Gruppen „ausreift". Auch die Knorpelgrundsubstanz wird im Verlauf der Ontogenese zunehmend metachromotrop, was auf den steigenden Einbau von Sulfat in ein zunächst neutrales Material zurückzuführen ist.

Durch Basophilie oder Metachromotropie sind nicht nur natürlich vorkommende, sozusagen „primär" basophile oder metachromotrope Substanzen im Gewebe zu erfassen, sondern auch neutrale Komponenten, nachdem in ihnen durch gezielte Operationen $-SO_3OH$-Gruppen erzeugt oder eingebaut worden sind. So lassen sich SH- oder SS-Gruppen in Proteinen mit Perameisensäure zu SO_3OH-Gruppen oxydieren, die dann aufgrund ihrer Anfärbbarkeit mit einem basischen Farbstoff in stark angesäuerter Lösung nachgewiesen werden. Als basischen Farbstoff verwendet man häufig das Phthalocyaninderivat *Alcianblau* und bezeichnet diese Methode als „Perameisensäure-Alcianblau-Technik". Mit ihr sind z. B. die SS-gruppenreichen Materialien im Hypophysen-Zwischenhirnsystem sehr gut nachzuweisen. Metachromatische Anfärbungen lassen sich mit Alcianblau *nicht* erzielen, jedoch ist es wegen

seines Kupfergehaltes auch für entsprechende elektronenmikroskopische Untersuchungen empfohlen worden.

Nicht alle Substanzen mit SS- oder SH-Gruppen weisen nach einer Perameisensäureoxydation neben basophilen auch metachromotrope Eigenschaften auf. Nur
wenn im Proteinverband die SS-Brücken genügend eng benachbart liegen, dann
können die durch Oxydation erzeugten SO_3OH-Gruppen dem Protein metachromotrope Eigenschaften verleihen. Es müssen außerdem allerdings so viele SS-Gruppen
bzw. SO_3OH-Gruppen vorliegen, daß ein für die Bandenverschiebung hinlänglich
großes Molekülaggregat auftreten kann. Wenn wenige SS-Gruppen vorhanden sind

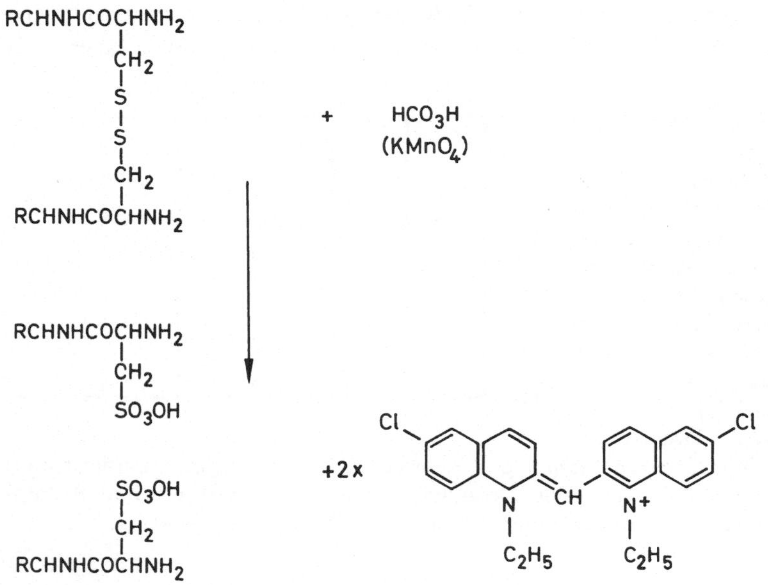

Abb. 49. Nachweis von Disulfidgruppen mit basischen Farbstoffen: Disulfidgruppen werden
durch Perameisensäure zu Sulfonsäuregruppen oxydiert. Bei engem Abstand der Sulfonsäuregruppen ist mit geeigneten Farbstoffen (6,6'-Dichlorpseudoisocyanin, Strukturformel
Bild) Metachromasie möglich

und damit nur eine schwache Metachromotropie, dann ist eine metachromatische Färbung ausschließlich mit besonders geeigneten Farbstoffen zu erzielen. Als ein
solcher Farbstoff gilt Pseudoisocyanin (Abb. 49). Seine hohe Empfindlichkeit zum
Nachweis einer Metachromotropie kommt auch darin zum Ausdruck, daß in vitro
schon bei Zusammenlagerung von zwei Molekülen eine deutliche Bandenverschiebung auftritt. Pseudoisocyanin ermöglicht u. a. die histochemische Erfassung von
Insulin und Chymotrypsinogen (Abb. 50) sowie die Erkennung von Trägersubstan-
zen im Hypophysen-Zwischenhirnsystem. Die erforderliche Oxydation der SH- bzw.
SS-Gruppen wird mit $KMnO_4$ oder Perameisensäure durchgeführt.

Das Auftreten der Metachromasie kann durch Zugabe von Salzen oder Säuren
zum Färbebad verhindert werden. Die dann im Färbebad vorhandenen kleinen

Kationen bzw. *Hydroniumionen* konkurrieren mit den großen Farbstoffkationen um die anionischen Substratgruppen. Für die metachromatische Anfärbung ist außerdem eine bestimmte *Farbstoffkonzentration* erforderlich, da sich, wie bei jedem Färbevorgang, ein *Gleichgewicht* zwischen gebundenem und in Lösung befindlichem Farbstoff einstellt. Gegen eine zu geringe Farbstoffkonzentration ist die metachromatische Färbung aber besonders empfindlich: Wenn die Farbstoffkonzentration in der Lösung unter einen kritischen Wert sinkt, dann werden nicht genügend anionische Gruppen besetzt, und es liegt dann nicht der für die π-Elektronenkopplung notwendige ge-

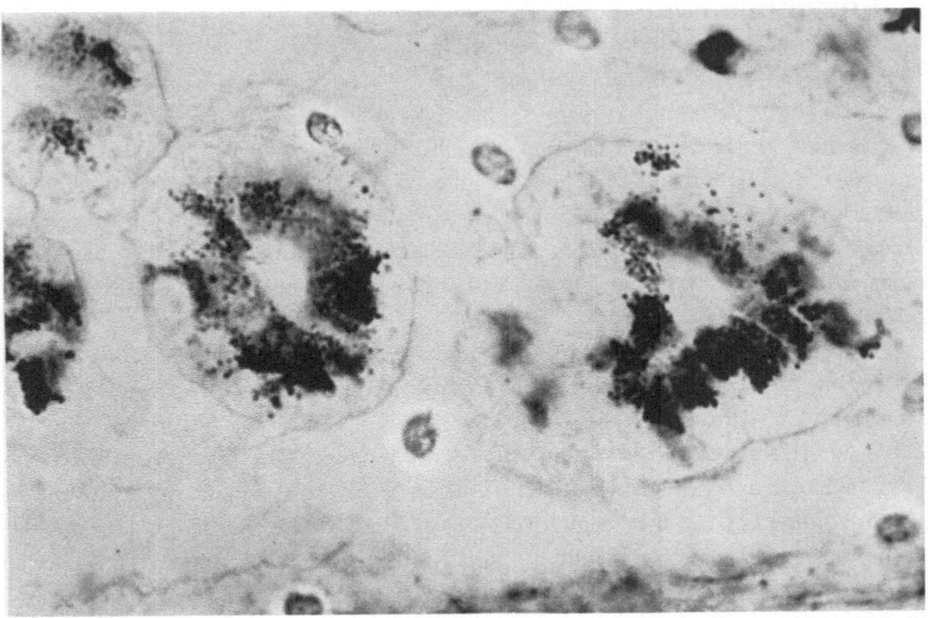

Abb. 50. Darstellung von Chymotrypsinogen-Granula mit Pseudoisocyanin nach $KMnO_4$-Oxydation. 1100:1. (fetales Rinderpankreas, Fixierung: Bouin)

ringe Molekülabstand vor. Man kann diese Abhängigkeit des Auftretens der metachromatischen Bande von der Farbstoffkonzentration zu einer *Abschätzung* der im speziellen Fall vorliegenden *Stärke der Metachromotropie* ausnützen. Durch systematische Untersuchung von Gewebeschnitten in einer *Farbstoffverdünnungsreihe* ist ein relatives Maß für die Stärke der Metachromotropie zu gewinnen, da die zur Erzeugung einer Bandenverschiebung notwendige Farbstoffkonzentration eine Funktion der Ladungsdichte des Substrates ist.

Bei *allen* elektrostatischen Vorgängen ist die *Dissoziation* der beteiligten Gruppen eine Grundvoraussetzung. Diese Dissoziation ist — der hohen Dielektrizitätskonstante des Wassers wegen — besonders in wäßrigen Färbemedien möglich. Wird der Farbstoff in einem nicht-wäßrigen Lösungsmittel dem Schnitt angeboten, so tritt unter Umständen keine Metachromasie auf. Die Zugabe etwa von Äthanol zum Färbebad

löscht mit steigender Konzentration eine bereits bestehende schwache Metachromasie
wieder aus. Dies hat Bedeutung für die Wahl des Einschlußmediums: Man muß zunächst prüfen, ob die Metachromasie überhaupt einer *Entwässerung* widersteht. Wenn
dies nicht der Fall ist, dann sind die Schnitte nur mit einem wasserlöslichen Medium
einzuschließen und möglichst sofort auszuwerten. Eine „echte" Metachromasie von
einer „falschen" Metachromasie nach Maßgabe der Widerstandsfähigkeit gegenüber
der Entwässerung unterscheiden zu wollen, ist aber sachlich nicht gerechtfertigt.

2. Enzymnachweise

a) Allgemeine Gesichtspunkte

Die meisten Substanzen werden zum histochemischen Nachweis mit einem Reagens
umgesetzt und als Substanz-Reagenskomplex mikroskopisch erfaßbar. Im Gegensatz
hierzu können Enzyme nicht *substantiell* als spezifische Proteine in ein mikroskopisch
erkennbares Pigment überführt werden, weil die dazu erforderlichen Protein*mengen*
nicht ausreichen. Enzyme lassen sich nur indirekt über den Nachweis ihrer *kataly-
tischen Aktivität* erfassen.

Die Aktivität eines Enzyms wird quantitativ gekennzeichnet durch die *Umsatzzahl*,
die angibt, wieviel Substratmoleküle von einem Enzymmolekül pro Minute umgesetzt werden. Ihre Größe schwankt zwischen 55 (Glucosedehydrogenase) und
$2,5 \times 10^6$ (Katalase) und bestimmt den *Substratverbrauch* eines Enzyms pro Zeitein-
heit. In biochemischen Enzymuntersuchungen wird die Aktivität mit colorimetri-
schen, volumetrischen, densitometrischen usw. Methoden an der Höhe des Substrat-
verbrauches oder der Produktbildung von Homogenaten oder Enzympräparationen
gemessen. Die *Reaktionshäufigkeit* zwischen Enzym und Substrat wird in gewissen
Bereichen durch die Konzentration von Enzym und Substrat in der Lösung bestimmt. Bei gegebener Enzymmenge führt eine Steigerung der Substratkonzentration
im allgemeinen zu einem erhöhten Substratumsatz, bis ein Optimum erreicht ist. Bei
diesem Optimum ist das Enzym mit Substrat „gesättigt", und es läuft unter dieser
Bedingung bei den meisten Enzymen eine *Reaktion 0-ter Ordnung* ab. Bei einer Reaktion 0-ter Ordnung besteht eine direkte Proportionalität zwischen Enzymmenge und
Substratumsatz sowie zwischen Versuchsdauer und Substratumsatz. Nur unter dieser
Bedingung ist aber auch eine direkte Proportionalität von Enzymmenge und Reaktionsstärke bei histochemischen Untersuchungen denkbar, die an der Bildung eines
Pigmentes abgelesen werden kann.

Bei *biochemischen* Enzymuntersuchungen findet der Substratumsatz von Homogenaten oder Enzympräparationen in einem Reaktionsgefäß statt, in dem alle Orte
größenordnungsmäßig denselben Umsatz aufweisen. Beim *histochemischen* Enzymnachweis liegt aber ein Reaktionspartner, nämlich das Enzym, im histologischen Schnitt
fest. Die Reaktionshäufigkeit hängt unter dieser Bedingung bei einem gegebenen
Enzym von der *Diffusion* des Substrates an den Reaktions-(Enzym-)ort im Schnitt ab.
Dort wird als Folge des Substratumsatzes ein unlösliches Reaktionsprodukt ge-

bildet, dessen Menge von der Höhe des Substratumsatzes und damit indirekt auch von der Substratdiffusion abhängt. Wenn nun die Umsatzzahl des Enzyms gegenüber dem Diffuionsstrom des Substrats groß ist, dann wird so schnell so viel Substrat verbraucht, daß in der Schnittumgebung eine Substratverarmung eintritt, die schließlich bis unter die Substratsättigungskonzentration geht. Mit Fortschreiten der Inkubation wird die Substratverarmung immer größer, da sie zunehmend schlechter durch Diffusion vonSubstrat aus dem schnittfernen Inkubationsmedium ausgeglichen werden kann (Abb. 51). Die *Steilheit des Konzentrationsabfalls* hängt bei einem gegebenen Enzym von seiner Menge ab: Eine große Enzymmenge hat einen höheren Substratverbrauch als eine kleine. Bei einem histologischen Objekt mit *großer* Enzymmenge kann also unter Umständen nach längerer Inkubationszeit *keine* Substratsättigung des Enzyms

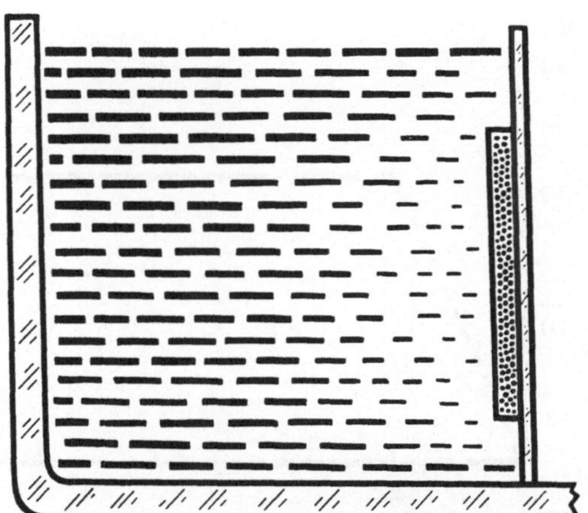

Abb. 51. Verarmung des Inkubationsmediums an Nachweisreagens; Ausgleich durch Diffusion aus dem objektfernen Inkubationsmedium

mehr vorliegen, während in einem vergleichbaren Objekt mit *kleiner* Enzymmenge bis zum Ende der Inkubationszeit Substratsättigung besteht. Die Reaktionsstärken beider Objekte können aber unter diesen Voraussetzungen nicht ohne Einschränkung verglichen werden. Wenn der Diffusionsstrom gegenüber der Umsatzzahl *groß* ist, also beim Nachweis eines Enzyms mit *kleiner* Umsatzzahl, wird die Reaktionsstärke *nicht* durch die Diffusion beeinflußt.

Die vergleichende quantitative Auswertung histologischer Objekte bei einer enzymhistochemischen Untersuchung stützt sich auf eine Abschätzung der Reaktionsstärken. „Quantitative" Aussagen setzen aber ganz allgemein eine Proportionalität zwischen Substanz- oder Enzymmenge und Reaktionsstärke voraus. Bei Enzymuntersuchungen hängt diese ganz entscheidend von der *Versuchszeit* ab. Eine solche Abhängigkeit der Reaktions*stärke* von der Reaktions*zeit* trotz konstanter Substanzmenge kann zwar in gewissem Umfang auch bei färberischen Substanznachweisen beobachtet werden (Abb. 42), während sie bei Substanznachweisen mit mikrochemischen Reaktionen fehlt (Abb. 52), aber bei Enzymnachweisen ist die Zeitabhängigkeit ganz außerordentlich stark und als in günstigen Fällen *lineare* Zunahme der Reaktionsstärke durch photometrische Absorptionsmessung von Schnitten quantitativ zu ermitteln (Abb. 53). Eine lineare Beziehung von Reaktionszeit und Reaktionsstärke ist beweisend für den Ablauf einer Reaktion 0-ter Ordnung und für den Vergleich zweier Objekte optimal, weil unter dieser Bedingung überzeugende Rückschlüsse aus der Reaktionsstärke auf die vorliegenden Enzymmengen möglich sind. Der Nachweis einer linearen Abhängigkeit der Reaktionsstärke von der Reaktionszeit kann außerdem als Beweis für den Ablauf einer tatsächlich enzymatischen Reaktion gelten. Auf diese Weise ist unter Umständen eine *enzymatische* Reaktionsproduktbildung von einer *nicht-enzymatischen* zu unterscheiden.

Ein linearer Anstieg der Reaktionsstärke mit der Zeit ist allerdings nur bei Substratsättigung des Enzyms zu erwarten. Sie wird um so wahrscheinlicher gewähr-

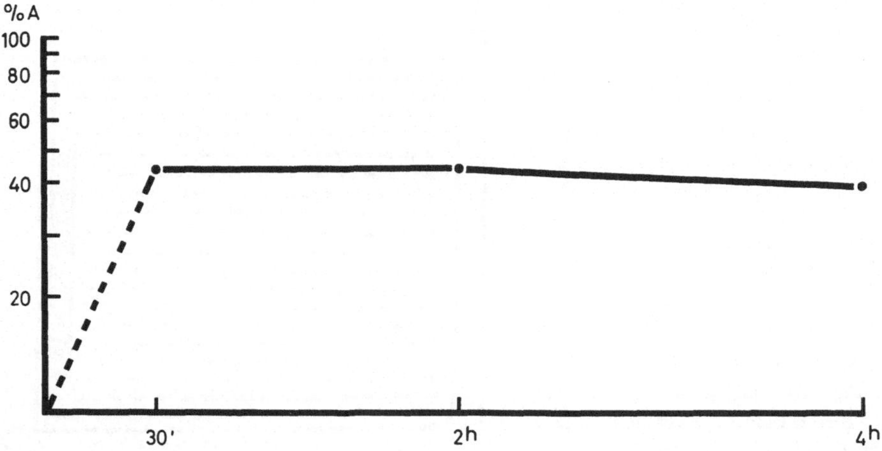

Abb. 52. Zeitunabhängigkeit der Reaktionsstärke bei mikrochemischen Reaktionen: Die Meßpunkte entsprechen Mittelwerten von jeweils 20 Proben (eisensalzhaltige Kunststoffschichten nach Durchführung der Berlinerblaureaktion). Abszisse = Zeit; Ordinate = Absorption bei $\lambda = 620$nm in % des Leerwertes

leistet sein, je kürzer die Inkubationszeit ist, denn um so geringer ist der Substratverbrauch im Schnitt und damit der Einfluß der Substratdiffusion. *Als Inkubationszeit sollten daher 20 min nicht nennenswert überschritten werden.* Dieser Wert ergibt sich aus quantitativen Untersuchungen der Aufnahme basischer Farbstoffe durch histologische Schnitte. Dabei zeigt sich, daß die beim Einstellen des Schnittes vorhandene Farbstoffkonzentration in unmittelbarer Schnittumgebung etwa 20 min lang erhalten bleibt. Analog dazu kann bei enzymhistochemischen Reaktionen damit gerechnet werden, daß eine ausreichende Substratsättigung eines Enzyms mit mittlerer Umsatzzahl bis zu maximal 20 min zumindest wahrscheinlich ist. Dies ist auch eine Zeitdauer, welche bei *enzymkinetischen biochemischen Untersuchungen* eingehalten wird und die noch aus folgenden Gründen im allgemeinen nicht überschritten werden sollte:

1. Trotz der Einhaltung physiologischer Bedingungen tritt eine zunehmende Denaturierung von Enzymproteinen auf.

2. Wegen der Einhaltung physiologischer Bedingungen kommt es durch Diffusion
   von (nicht denaturierten) Proteinen zu Enzymverlusten im Schnitt.

Eine rechnerische Überlegung zeigt, daß eine Inkubationszeit von 20 min auch vollauf
genügt, um eine mikroskopisch deutlich erkennbare Reaktion zu erhalten. Als Beispiel soll der theoretische Substratumsatz einer kubischen Zelle von 15 μm Kantenlänge ermittelt werden. Das Gewicht dieser Zelle beträgt etwa 10^{-9} g. 20% des Zell-
gewichts sollen auf Proteine entfallen, davon sollen 50% Struktur- und 50% Enzym-

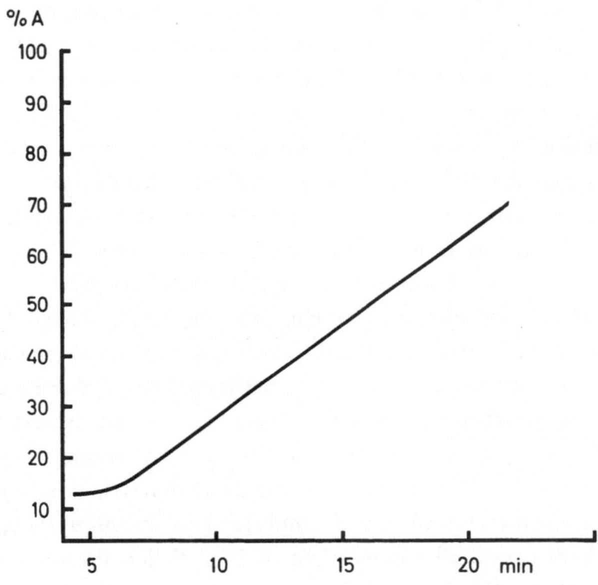

Abb. 53. Lineare Absorptionszunahme als Funktion der Inkubationszeit beim histochemischen Nachweis von Bernsteinsäuredehydrogenase (Leber, Goldhamster). Ablauf
einer Reaktion 0-ter Ordnung.
Abszisse = Zeit; Ordinate =
Absorption bei $\lambda = 600$ nm in
% des Leerwertes

proteine sein. Die Zelle sei mit 1000 verschiedenen Enzymsorten ausgestattet, dann
entfallen bei einem mittleren Molekulargewicht der Enzyme von 50.000 auf jede
Enzymsorte 300.000 Moleküle. Die durchschnittliche Umsatzzahl betrage 15.000.
Bereits 30.000 Moleküle einer Dehydrogenase mit diesen Merkmalen können in
20 min soviel Substrat dehydrieren, daß mit dem dabei freigesetzten Wasserstoff eine
Tetrazoliummenge reduziert werden kann, die zur Bildung von 90 Formazanteilchen
von 0,9 μm Durchmesser ausreicht. Diese Überlegung ist nicht wirklichkeitsfremd,
denn sie stimmt mit der Erfahrung überein, daß beim Vorliegen einer Enzymaktivität
von einiger Höhe, diese sofort nach Inkubationsbeginn am massiven Auftreten
des Reaktionsproduktes sichtbar wird.

Allerdings gilt dies nicht für alle Enzyme und auch nicht für alle Enzymmengen.
Selbst wenn eine passende Methode verfügbar ist, kann ein Enzym histochemisch
überhaupt nur dann nachgewiesen werden, wenn die Enzymmenge in der einzelnen
Zelle dazu ausreicht, während der Inkubationszeit eine für die mikroskopische Erfassung erforderliche und in ihrer Größe von der Auflösung des jeweiligen optischen Systems bestimmte Mindestmenge an Reaktionsprodukt zu bilden. Bei licht-
mikroskopisch-histochemischen Methoden sind das 10^{-13} g pro Zelle (S. 12). Wird

diese Menge nicht in den wünschenswerten 20 min gebildet, dann müssen die Schnitte länger inkubiert werden, damit eine positive Reaktion erzielt wird. Die dann gewonnenen Präparate sollten aber nur mit größter Vorsicht gedeutet werden, denn eine Verlängerung der Inkubationszeit um Stunden, entweder weil nur eine geringe Menge eines Enzyms mit hoher Umsatzzahl oder weil eine größere Menge eines Enzyms mit niedriger Umsatzzahl vorliegt, kann zu falschen Lokalisationen des Reaktionsproduktes führen. Wird beispielsweise, wie beim Nachweis der alkalischen Phosphatase, als indirekte Folge der Enzymaktivität $CaHPO_4$ gebildet, und soll dieses $CaHPO_4$ an den Stellen des Enzymvorkommens gefällt werden, so muß, damit ein Präcipitat entsteht, zuerst die Löslichkeit des $CaHPO_4$ von 0,02 g/100 ml Wasser überschritten werden. Tatsächlich muß sogar eine erheblich größere Menge gelöst vorliegen, bis eine ausreichende *Übersättigung* der Lösung mit Reaktionsprodukt erreicht ist, damit eine *Keimbildung* wahrscheinlich wird (S. 8f.). Unmittelbar nach Einstellen des Schnittes in die Inkubationslösung wird zunächst an den Enzymorten jeweils ein einziges Calciumphosphatmolekül gebildet. Ein einziges Molekül ist löslich und diffundiert also vom Enzymort weg. Wenn nun der zeitliche Abstand bis zur Bildung des nächsten $CaHPO_4$-Moleküls groß ist, was bei sehr kleinen Umsatzzahlen oder sehr geringen Enzymmengen möglich ist, dann bildet sich kein Präcipitat, sondern das frisch gebildete $CaHPO_4$ wird durch einen stetigen Diffusionsstrom weggeführt. Es tritt dann entweder überhaupt keine Präcipitatbildung ein, oder das $CaHPO_4$ wird an irgendwelchen enzymleeren Orten adsorbiert und bei der mikroskopischen Auswertung als Zeichen für ein Enzymvorkommen gewertet. An den Stellen, an denen das Enzym tatsächlich vorhanden ist, wird ein negativer Reaktionsausfall beobachtet. Die für eine Keimbildung notwendige Übersättigung an Reaktionsprodukt (S. 8f.) muß allerdings nicht in allen Fällen im gesamten Volumen einer normalen Cuvette (100,0 ml) vorliegen. Unter Umständen kann z. B. die Menge von enzymatisch gebildetem Reaktionsprodukt rein rechnerisch für eine Übersättigung des gesamten Lösungsmittelvolumens gar nicht ausreichen und trotzdem kommt es zu einer Präcipitation von Reaktionsprodukten. Wenn eine Präcipitation erfolgt ist, dann müssen auch die für eine Keimbildung erforderlichen Übersättigungen vorgelegen haben, aber offenbar nur *lokal* in unmittelbarer Enzymumgebung (Abb. 54).

Der Beweis für das Auftreten lokaler Übersättigung als Voraussetzung der Keimbildung und damit eines positiven Reaktionsausfalls kann experimentell erbracht werden. Wenn die Verhältnisse während des Enzymnachweises so eingerichtet werden, daß das gesamte Volumen des Lösungsmittels in der Cuvette für die Lösung des Reaktionsprodukts ausgenutzt wird, dann treten keine lokalen Übersättigungen auf. Dies ist der Fall, wenn der Enzymnachweis in einer *Durchströmungskammer* durchgeführt wird. In ihr werden die zunächst gelösten Reaktionsprodukte durch *Konvektion* vom Bildungsort weggeführt, und es kann keine Übersättigung und damit auch keine Präcipitation auftreten: Die Reaktion ist negativ (Abb. 55).

Fehlerhafte Reaktionsausfälle durch *Substratverarmung des Enzyms* oder *Löslichkeit des Reaktionsproduktes* sind bei Routineuntersuchungen sicher nur in Ausnahmefällen von Bedeutung, etwa beim Nachweis von Enzymen mit sehr hohen bzw. sehr niedrigen Umsatzzahlen. Sie sind aber zu berücksichtigen, wenn aus Unterschieden in der

Reaktionsstärke auf unterschiedliche Enzymmengen geschlossen wird und hierdurch weitreichende Hypothesen gestützt werden sollen.

Die Funktion der Enzyme ist an eine *intakte* Proteinstruktur gebunden. Es empfiehlt sich daher, beim Enzymnachweis *unfixiertes, natives* Gewebe zu verwenden, wie dies schon bei der Besprechung der Kryostattechnik bemerkt wurde. In Ergänzung zu den dort ausgeführten Punkten sei aber darauf hingewiesen, daß die Verwendung von unfixiertem Gewebe *vereinzelt* auch *unvorteilhaft* sein kann. Beispielsweise ist es in

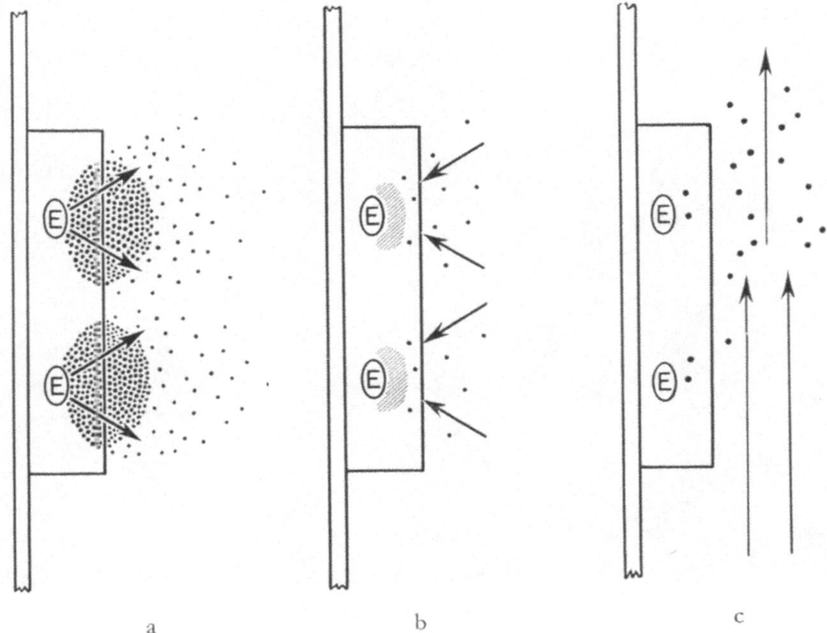

Abb. 54. Lokale Übersättigung an Reaktionsprodukt als Voraussetzung seiner Präcipitation beim Enzymnachweis. a. Zu Beginn der Inkubation Diffusion löslicher Reaktionsprodukte in die Enzymumgebung. b. Nach Erreichen der für eine Keimbildung erforderlichen Übersättigung: Präcipitation des Reaktionsproduktes am Enzymort. c. Bei Durchführung der Reaktion in einer Durchströmungskammer Ausnutzung des ganzen Cuvettenvolumens für die Lösung des Reaktionsproduktes, daher keine lokale Übersättigung: keine Präcipitation des Reaktionsproduktes

seltenen Fällen möglich, daß ein Enzym an einer Stelle des Schnittes in so großer Menge vorliegt, daß schon nach kurzer Inkubationszeit das gebildete Reaktionsprodukt die Feinstruktur der Zellen verdeckt. Dies kann besonders in der elektronenmikroskopischen Enzymhistochemie eintreten und ist beispielsweise beim Nachweis von Acetylcholinesterase im Muskelgewebe zu beobachten. In diesen Fällen werden besser zu beurteilende Präparate erhalten, wenn durch Fixierung eine *partielle* Enzyminaktivierung erreicht wird.

Unfixierte Zellen besitzen ein noch weitgehend unbeschädigtes Plasmalemm, das die Eigenschaften einer semipermeablen Membran hat und manche Inkubationsgemische

nicht in die Zelle eindringen läßt. Das ist beim Nachweis der Acetylcholinesterase mit der Thiocholinmethode zu beobachten. Im Verlauf dieser Nachweisreaktion findet eine Reduktion von Ferricyanid zu Ferrocyanid statt, das sich anschließend mit Cu^{++} zu Kupferferrocyanid verbindet. Man kann nun mikroskopisch
nachweisen, daß zwar Kupferionen und auch Thiocholin in native Zellen eindringen

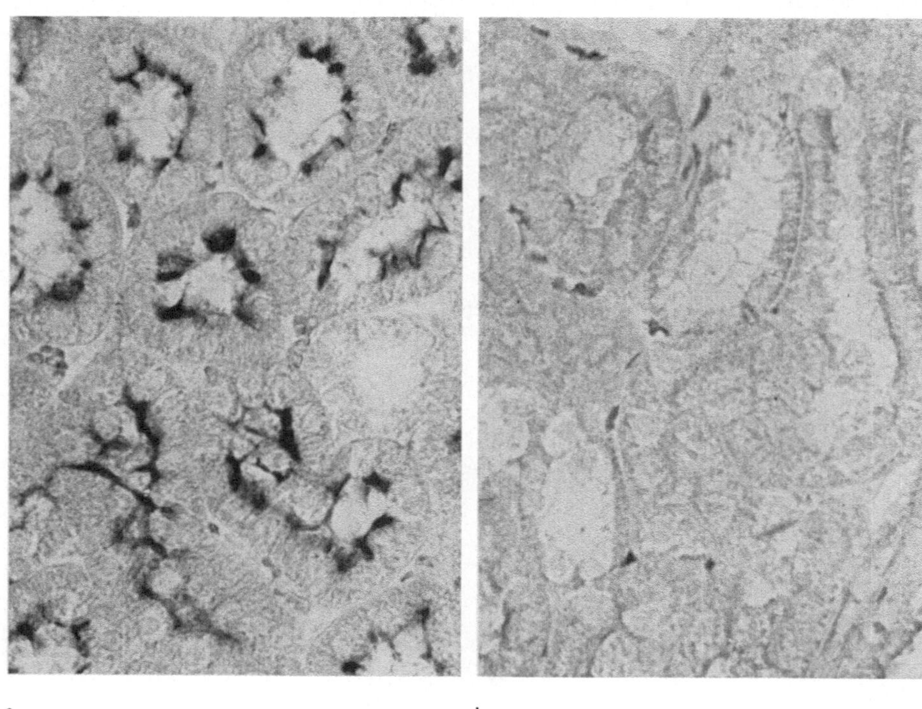

Abb. 55. Darstellung unspezifischer Phosphatase in Nierentubuli mit Naphthol-As-Bi-
Phosphat als Substrat. a. Positive Reaktion bei üblichen Versuchsbedingungen, wie sche-
matisch in (a) und (b) der Abb. 54 dargestellt. b. Negative Reaktion bei Durchführung
des Nachweises in einer Durchströmungskammer, wie in (c) der Abb. 54 dargestellt. Bis
auf die Durchströmung absolut identische Versuchsbedingungen. 420:1. (Goldhamster,
Fixierung: Aceton) (Präparat: Dr. M. KAWAMOTO, Tübingen)

können, nicht aber das wesentlich größere Ferricyanidmolekül. Daher fällt die Reaktion negativ aus. Sie wird erst positiv, wenn durch einen *osmotischen Schock* mit einer
hochprozentigen Rohrzuckerlösung die Membranen zerstört werden und das Ferricyanid dann eindringen kann. Die Bedingungen unterscheiden sich aber bei den verschiedenen Enzymnachweisen, und so ist die Frage, ob natives oder fixiertes Zell-
material mit intaktem oder zerstörtem Plasmalemm verwendet werden soll, nicht
allgemeingültig zu beantworten. Nur soviel läßt sich wohl uneingeschränkt sagen:
Für elektronenmikroskopisch-histochemische Enzymnachweise ist im Hinblick auf
eine gute Strukturerhaltung praktisch immer eine Fixierung *vor* der Inkubation
erforderlich.

b) Produktnachweis

(Arbeitsvorschriften: 65, 66)

Enzyme katalysieren überwiegend *intermediäre* Reaktionsschritte. Das enzymatisch gebildete Produkt wird unmittelbar nach seiner Bildung zum Substrat eines nachfolgenden Enzyms, und es kann so nicht zur Anhäufung des Produktes kommen. Daher ist es aber auch im allgemeinen nicht möglich, Enzyme über den Nachweis seines *Produkts* zu erfassen. Das ist nur dann ein gangbarer Weg, wenn das Produkt nicht von dem folgenden Enzym sofort weiter verwendet wird oder seine Weiterverwen-

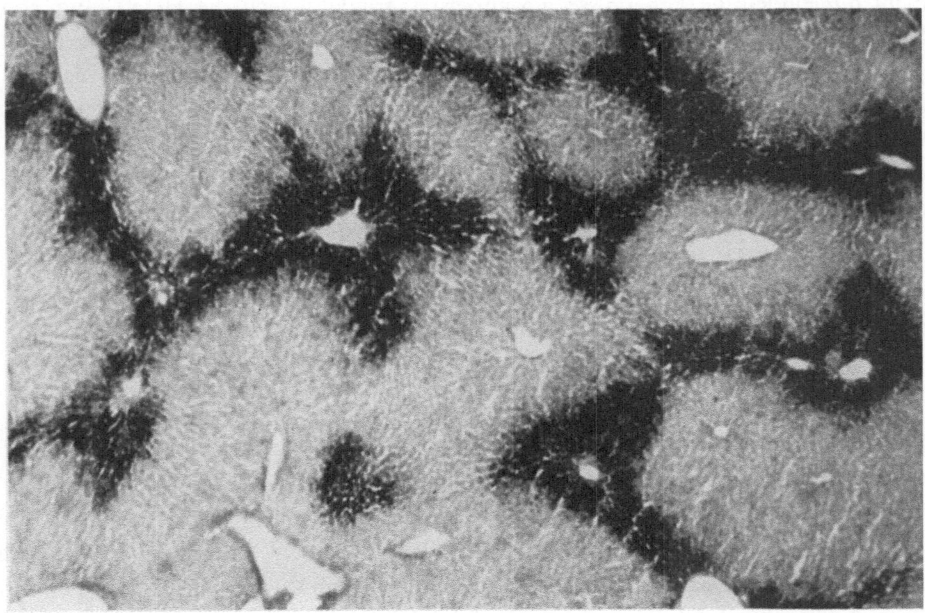

Abb. 56. Nachweis der UDPG-Transferase in der Leber. Darstellung des neugebildeten Glykogens mit der PSL-Reaktion. 75:1. (Goldhamster, nativer Kryostatschnitt). (Aufnahme: Priv.-Doz. Dr. D. Sasse, Tübingen)

dung verhindert wird. Diese Voraussetzung ist jedoch nur selten gegeben, weil zum einen nur wenige Enzyme die Bildung in der Zelle speicherbarer Produkte katalysieren, und zum anderen die Produkte nur sehr selten die erforderliche Schwer- oder Unlöslichkeit haben. Es muß zudem die Gewißheit vorhanden sein, daß das nachgewiesene Produkt tatsächlich *während* der Inkubation gebildet wurde und nicht schon *vorher* in der Zelle vorlag. Es sind also zahlreiche Bedingungen zu erfüllen, damit über den Nachweis des Produktes der Nachweis eines Enzyms gelingt, und entsprechend selten wird dieser Typ des histochemischen Enzymnachweises auch praktisch angewendet.

Als Beispiel für diesen Typ kann der Nachweis der am Glykogenaufbau beteiligten *Uridindiphosphatglucose : Glykogen-α-4-Glycosyltransferase* (UDPG-Transferase) gelten.

Notwendige Voraussetzung ist die Abgrenzung des *vor* der Inkubation im Gewebe vorliegenden Glykogens von dem *während* der Inkubation gebildeten, weil erst dann die Anwesenheit von Glykogen als Indikator für die Anwesenheit des Enzyms gelten kann. Die Unterscheidung beider Glykogenfraktionen ist ein äußerst problematischer Schritt. Man kann versuchen, das neugebildete Glykogen durch sein anderes Verhalten gegenüber Jod von dem im Schnitt bereits vorhandenen Glykogen zu unterscheiden. Je nach dem Vorliegen unverzweigten oder verzweigten Glykogens soll sich das Polysaccharid mit Jod bläulich oder bräunlich anfärben. Die Präparate müssen unmittelbar nach Beendigung der Inkubation ausgewertet werden. Um all diese Nachteile zu vermeiden, wird folgendes Vorgehen empfohlen, welches nicht nur eindeutige Ergebnisse gewährleistet, sondern auch die Herstellung von Dauerpräparaten ermöglicht: Das in der Zelle primär vorliegende Glykogen soll während der Inkubation „anhydrolysiert" werden. Durch Behandlung des Schnitts mit H_2SO_4 nach der Inkubation wird dieses Glykogen ganz hydrolisiert und entfernt, während das neugebildete Glykogen der H_2SO_4-Behandlung widerstehen soll (Abb. 56). Anstelle des Nachweises mit Jod wird anschließend die PSL-Reaktion (Anhang, S. 131) durchgeführt.

c) Metallsalzmethoden

(Arbeitsvorschriften: 53 bis 58, 60)

Für zahlreiche Enzymnachweise wird dem Schnitt ein spezielles, an und für sich *unphysiologisches* Substrat angeboten, aus dem nach Enzymeinwirkung ohne weitere Maßnahmen ein unlösliches Produkt entsteht. Durch eine gleichzeitige oder anschließend durchgeführte Reaktion wird das Produkt in ein Pigment überführt und damit sichtbar gemacht. Dieser Typ eines Enzymnachweises soll am Beispiel der Phosphatasen beschrieben werden.

Die Phosphatasen gehören zur Gruppe der Hydrolasen und können, je nach dem verwendeten Substrat, in spezifische und unspezifische Phosphatasen unterteilt werden. Nach ihren *Wirkungsoptima* werden *saure* und *alkalische* Phosphatasen unterschieden. Für den histochemischen Nachweis unspezifischer Phosphatasen wird dem Schnitt als Substrat ein organischer Phosphatester angeboten, beispielsweise Naphthyl-1-phosphat, das enzymatisch in α-Naphthol und anorganisches Phosphat gespalten wird. Die erfolgte Hydrolyse kann durch Präcipitation eines der beiden Spaltprodukte und anschließende Überführung in ein Pigment nachgewiesen werden (Abb. 57 und 58). Beim Enzymnachweis über das *Phosphatanion* wird dieses als schwerlösliches Salz präcipitiert. Dazu werden dem Inkubationsmedium in Form ihrer leicht löslichen Neutralsalze Kationen zugegeben, die schwer lösliche Phosphate bilden. Als solche „Abfangkationen" werden im alkalischen Bereich Ca^{++} als $CaCl_2$ und im sauren Bereich Pb^{++} als $Pb(NO_3)_2$ verwendet. Mit enzymatisch freigesetztem Phosphatanion bildet sich beim Nachweis alkalischer Phosphatase $CaHPO_4$ und beim Nachweis saurer Phosphatasen $Pb_3(PO_4)_2$.

Sowohl Calcium- als auch Bleiphosphat sind *weiß* und daher für einen lichtmikroskopischen Nachweis ungeeignet. Für den elektronenmikroskopischen Nachweis allerdings ist zumindest $Pb_3(PO_4)_2$ geeignet, da hierbei nicht die *Farbe*, sondern die *Massendichte* für den Kontrast von Bedeutung ist und Pb-Salze eine besonders hohe Massendichte besitzen. Für lichtmikroskopische Untersuchungen müssen beide Phosphate in ein Pigment überführt werden. Bei der großen Affinität von S^{--} zu Schwer-

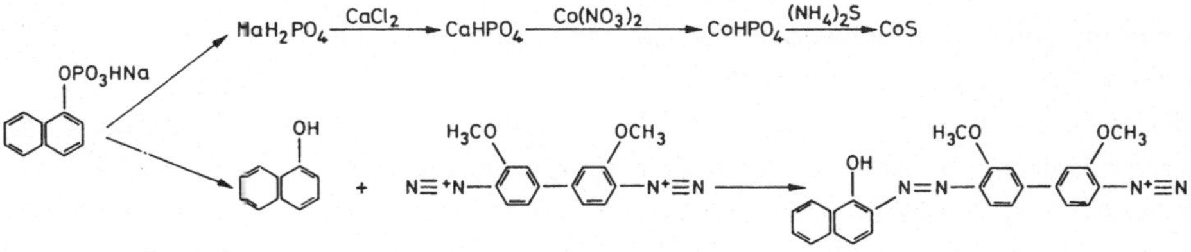

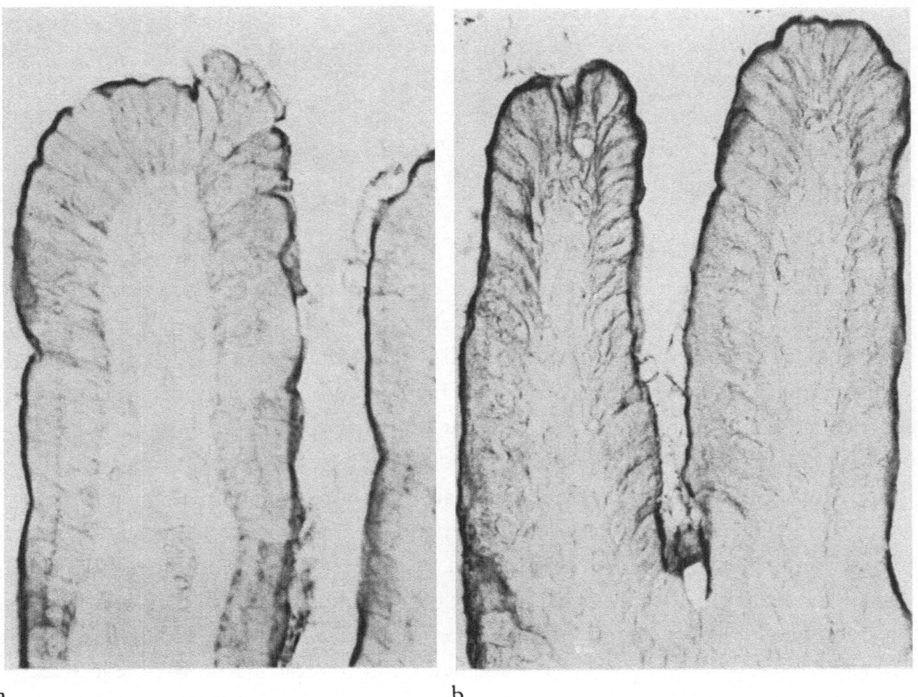

Abb. 57. Reaktionsablauf beim Nachweis unspezifischer Phosphatase. Das Substrat (Naphthyl-1-phosphat) wird enzymatisch in Naphthol und Phosphatanion gespalten. Nachweis über eines der beiden Spaltprodukte. Das Naphthol wird mit einem Diazoniumsalz zu einem Azofarbstoff gekuppelt. Das Phosphatanion wird mit einem Kation als schwerlösliches Salz abgefangen und anschließend in ein sichtbares Produkt überführt

a   b

Abb. 58. Darstellung unspezifischer alkalischer Phosphatase in Dünndarmzotten. Naphthyl-1-phosphat als Substrat. a. Metallsalzmethode. b. Farbstoffmethode. 400:1. (Goldhamster, native Kryostatschnitte)

metallen kann $Pb_3(PO_4)_2$ durch Einwirkung von $(NH_4)_2S$ in braun-schwarzes PbS umgewandelt werden. Da PbS die gleiche Löslichkeit wie $Pb_3(PO_4)_2$ hat, kann die Umwandlung nur erfolgen, wenn ein *hoher Überschuß* an S^{--} vorhanden ist und das Gleichgewicht hierdurch stark in Richtung PbS verschoben wird.

Beim Nachweis alkalischer Phosphatase über das Zwischenprodukt $CaHPO_4$ ist die Pigmentbildung umständlicher. Auch hier ist zwar eine Überführung in CaS möglich, aber CaS ist ebenso weiß wie $CaHPO_4$. Daher wird $CaHPO_4$ zunächst durch im *Überschuß* angebotenes $Co(NO_3)_2$ in $Co(PO_4)_2$ überführt und erst dieses dann mit $(NH_4)_2S$ in schwarzes CoS umgewandelt. Ganz allgemein sind die Löslichkeiten aller an diesem Nachweis beteiligten Verbindungen höher als die Löslichkeiten der entsprechenden Verbindungen bei Verwendung von Pb^{++} als Abfangreagens für das Phosphatanion. Im besonderen aber ist die ausgesprochene Neigung des $CaHPO_4$ zu erwähnen, *übersättigte* Lösungen zu bilden. Nach manchen Untersuchungen sollen dadurch bis zu 10 000mal höhere Löslichkeiten zustande kommen, als nach chemischen Bestimmungen zu erwarten wäre. Die Neigung zur Bildung übersättigter Lösungen bedeutet verzögerte Keimbildung und damit erschwerte Präcipitation, und dies kann zum Auftreten umfangreicher Artefakte führen.

Mit Hilfe der Metallsalzmethoden können nicht nur Phosphatasen, sondern auch eine Reihe anderer Hydrolasen nachgewiesen werden. Voraussetzung ist immer die Möglichkeit, als Substrat eine Verbindung verwenden zu können, deren *anorganischer* Teil ein schwer lösliches Salz zu bilden vermag. Solche Substrate sind beispielsweise das 8-Hydroxychinolinsulfat und das p-Nitrocatecholsulfat, bei deren Verwendung Arylsulfatasen zu erfassen sind. Auch hierbei wird Pb^{++} als Abfangreagens in Form von $Pb(NO_3)_2$ angeboten. An Orten der Enzymaktivität kommt es mit enzymatisch freigesetztem Sulfat zur Präcipitation des ebenfalls schwer löslichen $PbSO_4$, das wie beim Phosphatasenachweis mit $(NH_4)_2S$ in braun-schwarzes PbS umgewandelt werden kann.

Die Metallsalzmethoden sind für viele *lichtmikroskopische* Enzymnachweise verwendbar, sie sind der hohen Massendichte des Endproduktes wegen aber insbesondere auch für *elektronenmikroskopische* Zwecke geeignet. Diese weite Verwendungsmöglichkeit heißt nun allerdings keinesfalls, daß Metallsalzmethoden *fehlerfrei* sind — wenngleich die Fehlermöglichkeiten bei Befundinterpretationen nicht immer ausreichend berücksichtigt werden. Eine zu lange Inkubation der Schnitte kann zwar bei allen enzymhistochemischen Reaktionen zu Fehlern führen, es ist aber bei langer Inkubationszeit in Medien, welche Pb^{++} als Abfangreagens enthalten, mit *unspezifischen* Bleiniederschlägen zu rechnen. Die Niederschläge müssen dann nach beendeter Inkubation mit Essigsäure entfernt werden. Auch bei einer nur geringen Löslichkeit von Bleiphosphat in Essigsäure muß damit gerechnet werden, daß die durch Enzymwirkung gebildeten geringen Mengen von $Pb_3(PO_4)_2$ gelöst werden und so ein Enzymvorkommen dem Nachweis entgehen kann. Unspezifische Bleiniederschläge, die das Versuchsergebnis beeinflussen können, treten bei Inkubationszeiten von 10 bis 20 min, wie sie aufgrund der bereits dargelegten Überlegungen empfohlen werden, nicht auf oder sind zu vernachlässigen.

Die Hydrolyse des als Substrat angebotenen Phosphatesters kann auch nicht-enzymatisch erfolgen. Pb^{++} selbst kann nämlich eine Hydrolyse von Phosphatestern bewirken, und das so gebildete Bleiphosphat die Anwesenheit eines Enzyms vortäuschen. Die Hydrolyse von Phosphatestern durch Pb^{++} ist keineswegs nur von theoretischem Interesse, sondern sie findet in einem so großen Ausmaß statt, daß sie für präparative Zwecke in der Biochemie verwendet werden kann. Mit der Möglichkeit einer entsprechend hohen Hydrolyserate muß daher auch im histochemischen Inkubationsmedium gerechnet werden. Tatsächlich ist Pb^{++} in der Lage, etwa 20% des in histochemischen Untersuchungen als Substrat angebotenen Adenosintriphosphates (ATP) *spontan* zu hydrolysieren. Dieser Wert steigt oberhalb pH 7,4 stark an. Die Hydrolyse kann durch Zugabe von Komplexe bildender Äthylendiamintetraessigsäure zum Inkubationsmedium verhindert werden. Die durch Pb^{++} bedingte Spontanhydrolyse liegt in ungünstigen Fällen in der gleichen Größenordnung wie die, welche von der nach Fixierung noch im Gewebe vorliegenden Enzymaktivität bewirkt wird. In elektronenmikroskopischen Präparaten soll z. B. am Plasmalemm nur dann ein positiver Reaktionsausfall auf Adenosintriphosphatase (ATPase) vorhanden sein, wenn Blei und ATP im Inkubationsmedium in einer Konzentration vorliegen, bei der eine eindeutige nicht-enzymatische Hydrolyse stattfindet.

In den meisten enzymhistochemischen Untersuchungen bleibt erstaunlicherweise die Tatsache unberücksichtigt, daß *Schwermetallionen* sehr leicht mit bestimmten Proteingruppen *interferieren* und die Enzymaktivität *hemmen* können. Eine so bedingte Aktivitätsabnahme kann mit biochemischen Methoden quantitativ bestimmt werden. Sie beträgt beispielsweise bei ATPase nach Zugabe von Pb^{++} bis zu 80% des Ausgangswertes. Diastase wird durch 2×10^{-3} M $Pb(NO_3)_2$ vollständig inaktiviert.

Eine Wechselwirkung zwischen Abfangreagens und Puffer ist bei einigen Methoden möglich, worauf schon bei der Diskussion des pH von Fixierungsflüssigkeiten hingewiesen wurde. Ein Phosphatpuffer muß bei allen Bleimethoden vermieden werden. In Zweifelsfällen kann die Einstellung des gewünschten pH-Wertes mit NaOH oder Essigsäure vorgenommen werden.

Um Fehler beim Enzymnachweis erkennen zu können, sind an Parallelschnitten *Kontrollen* durchzuführen. Kontrollen sind zum einen möglich, indem ein Schnitt ohne Substrat „inkubiert" wird, und zum anderen, indem ein Schnitt inkubiert wird, dessen Enzym *inaktiviert* wurde. Zuweilen sind sogar beide Kontrollmöglichkeiten anzuwenden, um wirkliche Gewißheit über die *enzymatische* Bildung eines Reaktionsproduktes zu erlangen. Beispielsweise kann die Acetylcholinesterase mit Acetylthiocholin (Abb. 59) oder, weniger spezifisch, mit Thioessigsäure als Substrat nachgewiesen werden. Als Kontrollen werden Schnitte verwendet, bei denen das Enzym mit Eserin oder Physostigmin gehemmt wurde. Trotzdem kann aber unter Umständen noch eine positive Reaktion auftreten, wenn das als Abfangreagens dienende Metallsalz mit dem Substrat in Wechselwirkung tritt. So reagiert Thioessigsäure tatsächlich mit Gold und auch mit Blei. Dieser Fehler kann nur bei Auswertung von Schnitten erkannt werden, welche ohne Substrat inkubiert werden.

Trotz einiger Fehlermöglichkeiten sind die Metallsalzmethoden äußerst *vielseitig* verwendbar. Diese Vielseitigkeit kommt auch darin zum Ausdruck, daß sie nicht nur zum Nachweis von *Enzymen* im Schnitt, sondern auch zum Nachweis von *Substraten* im

Schnitt verwendet werden können, die von spezifischen Enzymen angegriffen werden. So sind *langkettige Triglyceride* nach einer durch spezifische Lipasen erfolgten Esterspaltung mit einer Metallsalzmethode nachzuweisen. In einem ersten Schritt werden die Triglyceride des Schnittes mit einer im Inkubationsmedium befindlichen Lipase in ihre Bausteine Glycerin und Fettsäuren gespalten. Die freigewordenen Fettsäuren werden durch gleichzeitig angebotenes Ca^{++} in schwerlösliche Calciumseifen überführt. Das Calcium der Fettseifen wird in einem zweiten Schritt gegen Pb^{++} ausgetauscht und zuletzt wird dann Pb^{++} durch $(NH_4)_2S$ in braun-schwarzes PbS

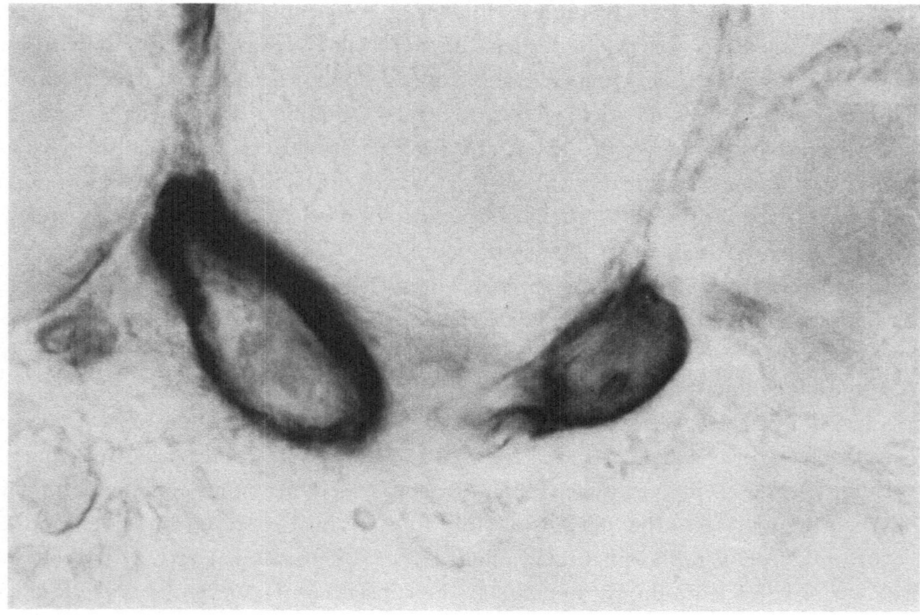

Abb. 59. Darstellung der Acetylcholinesterasereaktivität in motorischen Endplatten quergestreifter Muskulatur. 1100:1. (Goldhamster, Acetonfixierung)

und damit in ein leicht erkennbares Pigment umgewandelt. Dieser Lipidnachweis ist sehr spezifisch, da eine Lipase mit der für ein Enzym gegebenen Spezifität verwendet werden kann. Die Methode eignet sich auch für die *elektronenmikroskopische* Darstellung von Lipiden.

d) Farbstoffmethoden

(Arbeitsvorschriften: 53, 55, 59, 61 bis 64)

Phosphatasen können nicht nur über den Nachweis des freigesetzten Phosphatanions, sondern auch über den Nachweis des *Naphthols*, dann aber mit Hilfe einer Farbstoffmethode, erkannt werden (Abb. 57). Der zum Phosphatasenachweis als Substrat angebotene Phosphatester ist relativ gut löslich, während das nach erfolgter enzymatischer Hydrolyse vorliegende α-Naphthol ausfällt, da seine Löslichkeit sehr gering ist. Die Löslichkeit ist allerdings etwas höher als die des Calciumphosphats, und im Hinblick darauf scheint die Gefahr von Verlagerungen bei der Farbstoffmethode größer als bei der Metallsalzmethode. Dies ist nicht der Fall, wenn man als Substrat einen Phosphatester verwendet, der am Naphthol noch zusätzliche Substituenten aufweist. Neben einer geringeren Löslichkeit sind damit auch günstige Voraussetzungen für die anschließende Pigmentbildung gegeben. Die Pigmentbildung wird durch Kuppeln des im Gewebe vorliegenden Naphthols mit einem *Diazoniumsalz* erreicht, wodurch es zur Bildung eines in Wasser nur sehr schwer löslichen *Azofarbstoffes* kommt. Um diese Schwerlöslichkeit ausnutzen zu können und damit die Gefahr einer Verlagerung des Reaktionsproduktes zu verringern, wird die Kupplung mit dem Diazoniumsalz im allgemeinen unmittelbar nach der enzymatischen Spaltung des Phosphatesters durchgeführt. Dazu wird das Diazoniumsalz dem Inkubationsmedium zugegeben (Abb. 58). Das jeweils verwendete Diazoniumsalz bestimmt *Farbe* und *Farbtiefe* des Pigments, ist aber nicht von prinzipieller Bedeutung für den Ausfall der Reaktion, wenn man einmal davon absieht, daß sich die Geschwindigkeiten der Kupplungsreaktion von Naphthol mit verschiedenen Diazoniumsalzen geringfügig unterscheiden.

Es wurden und werden noch immer zahlreiche Untersuchungen über die Vor- und Nachteile des Enzymnachweises mit Metallsalzmethoden im Vergleich zum Nachweis mit Farbstoffmethoden durchgeführt. Tatsächlich hat diese Frage in einer bestimmten Hinsicht keine ernsthafte Bedeutung: Für die allein wünschenswerte größtmögliche Substratspezifität ist nämlich in den meisten Fällen fast ausschließlich eine Metallsalzmethode verwendbar. Die Verwendung eines Naphthylphosphates als Substrat ist beispielsweise nur zum Nachweis einer *unspezifischen* Phosphatase möglich. Wenn eine *substratspezifische* Phosphatase nachgewiesen werden soll, dann kann nicht der Phosphatester eines kupplungsfähigen Aromaten als Substrat verwendet werden, sondern es muß der Phosphatester von beispielsweise Adenosin, Guanin, Glycerin, Glucose usw. angeboten werden (Abb. 60). Bei diesen Nachweisen kann aber nur der Phosphatrest als histochemisch erfaßbares Bruchstück des Substrates angesehen werden, der dann durch ein Metallkation abgefangen wird (Abb. 61).

Andererseits können kupplungsfähige Verbindungen im Gewebe gebildet werden, wenn anstelle der Phosphatase eine *andere* unspezifische Hydrolase nachgewiesen wird. Das ist z. B. der Fall beim Nachweis unspezifischer *Esterasen*, wobei Naphthylacetat als Substrat verwendet werden kann.

Außer Hydrolasen sind insbesondere eine Reihe von Enzymen aus der Gruppe der *Oxydoreductasen* histochemisch zu erfassen. Von Ausnahmen abgesehen (elektronenmikroskopischer Nachweis von Dehydrogenasen mit Tellurit als Wasserstoffacceptor) kommen für diese Nachweise nur Farbstoffmethoden in Frage.

Als *Nadi*-Reaktion wird die oxydative Bildung von Indophenolblau aus N,N-Dimethyl-p-phenylendiamin und α-Naphthol bezeichnet (Abb. 62). Das Reaktionsprodukt wird „einstufig" gebildet, und die Reaktion erfaßt nur indirekt ein Enzym, nämlich die *Cytochromoxydase*, welche das bei der Indophenolblaubildung

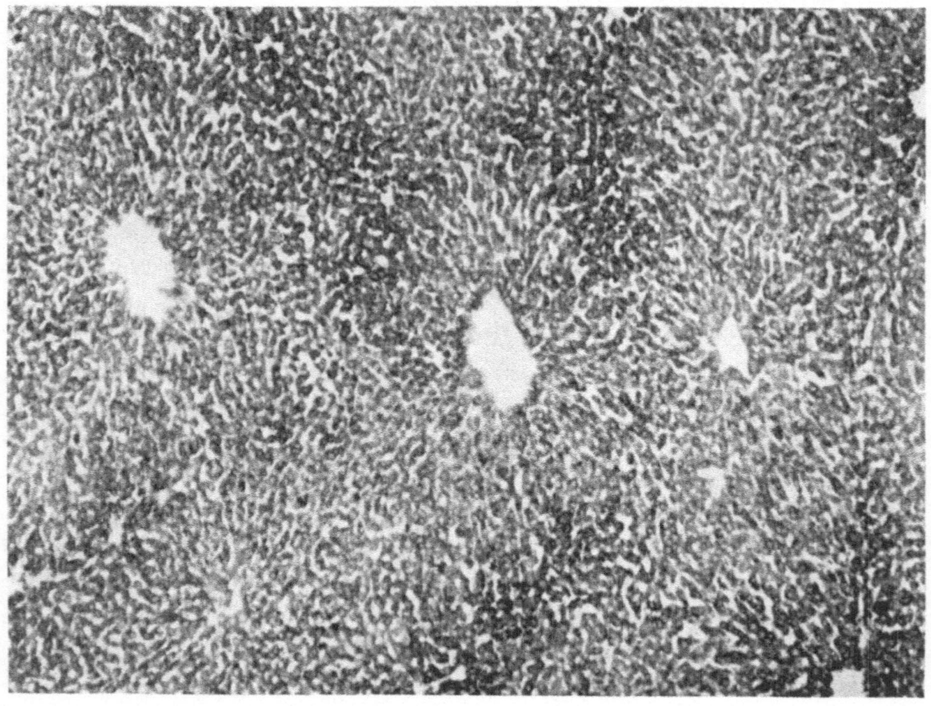

Abb. 60. Nachweis einer spezifischen Phosphatase ist nur mit einer Metallsalzmethode möglich. Substrat: Glucose-6-phosphat; Abfangreagens: Pb^{++}

Abb. 61. Darstellung der Glucose-6-phosphatase in der Leber mit Glucose-6-phosphat als Substrat. 170:1. (Goldhamster, nativer Kryostatschnitt)

reduzierte Cytochrom C wieder oxydiert (Abb. 63). Es gehen also mehrere Faktoren in die Reaktion ein, und sie ist daher nicht sehr spezifisch. Ein Nachteil ist, daß die Reaktionsprodukte *toxisch* sind und die Zellen schädigen, wodurch die Reaktion relativ rasch zum Erliegen kommt. Ein fehlerhafter Reaktionsausfall kann also in Einzelfällen sogar durch enzymatisch gebildete toxische Produkte bedingt sein!

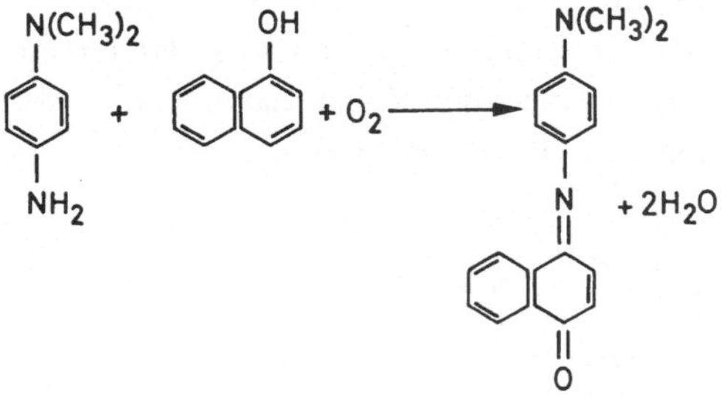

Abb. 62. Ablauf der *Nadi*-Reaktion zum Nachweis von Cytochromoxydase. N,N-Dimethyl-1,4-phenylendiamin wird mit α-Naphthol oxydativ zu Indophenolblau verbunden

Mit der aus der klinischen Chemie bekannten Benzidinprobe zur Erfassung der Peroxydaseaktivität des Hämoglobins sind Peroxydasen auch histochemisch nachzuweisen. Dem Schnitt wird als Substrat H_2O_2 angeboten, das enzymatisch zerlegt wird. Das Benzidin wirkt als Cosubstrat, nämlich als H_2-Donator der Peroxydasen

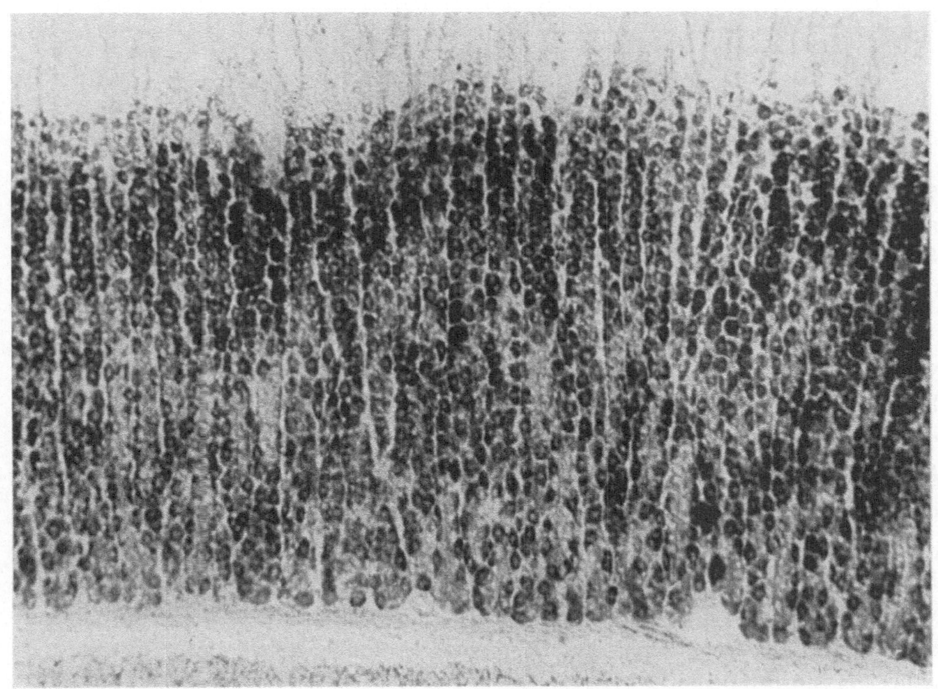

Abb. 63. Darstellung der Aktivität der Cytochromoxydase in Magendrüsen. 170:1. (Goldhamster, nativer Kryostatschnitt)

und wird dabei von der *Leukoform* in das hochpolymere *Benzidinblau* überführt. Der Informationswert des histochemischen Peroxydasenachweises ist wegen der fehlenden Substratspezifität gering.

Wie andere Leukoverbindungen wirken Benzidin oder o-Dianisidin als H_2-*Donatoren*. Eine Ausnahme von dieser Regel macht nur eine einzige Farbstoffklasse, die als H_2-*Acceptor* dient, nämlich die Gruppe der *Tetrazoliumsalze*. Mit ihrer Hilfe ist der histochemische Nachweis von *Dehydrogenasen* möglich.

Im Unterschied zu den Peroxydasen zeigen die Dehydrogenasen eine sehr *hohe* Substratspezifität, und daher hat ihr mikroskopischer Nachweis auch einen wesentlich höheren Informationswert als etwa der von Peroxydasen.

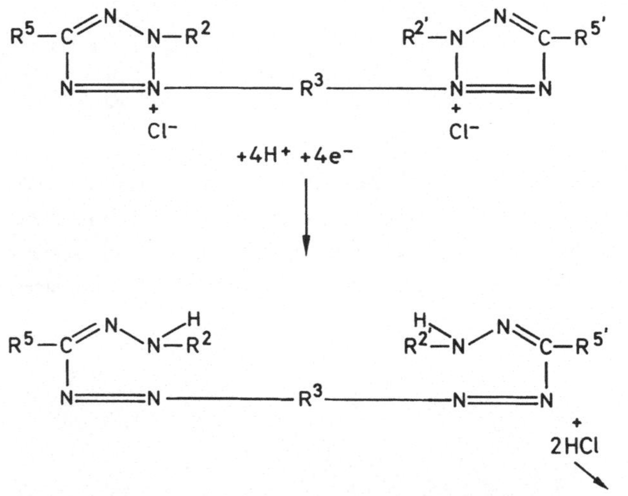

Abb. 64. Allgemeine Strukturformel eines Ditetrazoliumsalzes. Die Substituenten (R 2, 2′, R 3 und R 5, 5′) bestimmen das Redoxpotential und das Löslichkeitsverhalten. Durch Reduktion wird aus dem löslichen ungefärbten Ditetrazoliumsalz ein unlösliches gefärbtes Diformazan

Für den Nachweis wird dem Schnitt zusammen mit dem jeweiligen Substrat eine wasserlösliche Leukoverbindung angeboten, die als Wasserstoffacceptor für den vom Substrat emzymatisch abgespaltenen Wasserstoff dient. Die Aufnahme des Wasserstoffs erfolgt entweder *direkt* vom Substrat oder, in Abhängigkeit von den einzelnen Dehydrogenasen, unter zusätzlicher Zwischenschaltung der Cosubstrate *Nicotinamid-adenin-dinucleotid* (NAD^+) oder *Nicotinamid-adenin-dinucleotidphosphat* ($NADP^+$).

Durch Aufnahme von Wasserstoff wird die Leukoverbindung in ein Pigment überführt (Abb. 64). Als Wasserstoffacceptor werden *Mono-* oder *Ditetrazoliumsalze* verwendet, die zu den entsprechenden unlöslichen *Mono-* oder *Diformazanen* reduziert werden. Der Präcipitationsort des Formazans kann als Ort der durch das Substrat näher gekennzeichneten Dehydrogenase angesehen werden (Abb. 65).

Die verwendeten Tetrazoliumsalze sind unterschiedlich substituiert; dies ist für den prinzipiellen Ablauf der Reaktion unbedeutend. Es hat aber Einfluß auf die Klarheit und Sauberkeit des Ergebnisses und bis zu einem gewissen Grad auch auf die Reaktionsstärke, da sich die verschiedenen Tetrazoliumverbindungen in ihren *Redoxpotentialen* zu den Substraten bzw. Cosubstraten unterscheiden. Ein Großteil der zuerst verwendeten Tetrazoliumsalze bildete große Formazankristalle, während die neu entwickelten di- und tetranitro-substituierten Verbindungen kleinkristallin und zudem alkohol- bzw. xylolunlöslich sind. Die Fettlöslichkeit der nicht nitro-substituierten Formazane kann dazu führen, daß sie in Fettvacuolen auftreten und dort Enzymaktivitäten vortäuschen. Außerdem können diese Schnitte nicht entwässert werden. Demgegenüber sind Präparate, bei denen di- bzw. tetranitro-substituierte Tetrazolium-

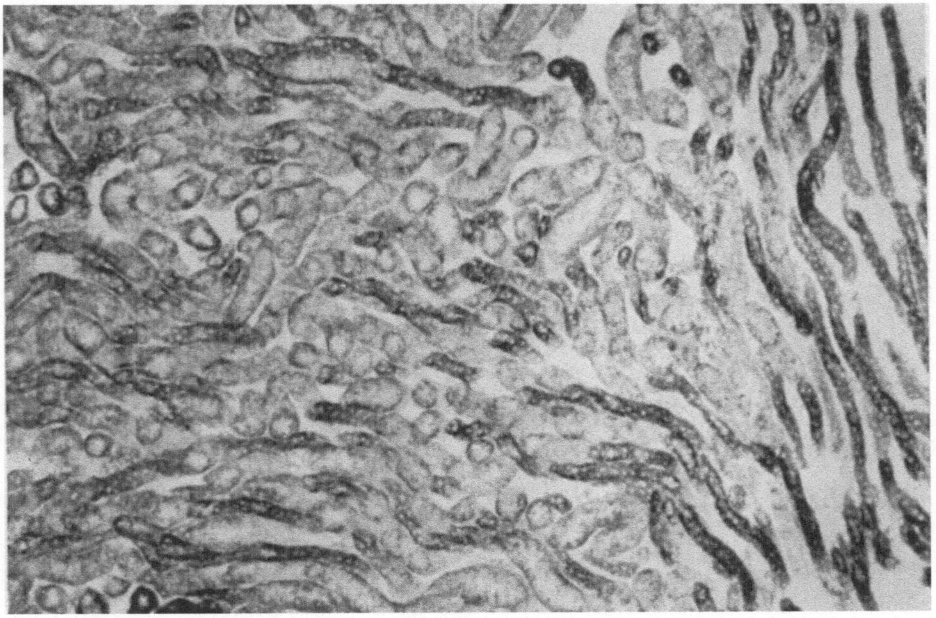

Abb. 65. Darstellung der Aktivität der Bernsteinsäuredehydrogenase mit Nitro-BT in Nierentubuli. 170:1. (Goldhamster, nativer Kryostatschnitt)

derivate verwendet wurden, mit wasserunlöslichen Medien einzuschließen. Allerdings weisen auch die meisten dieser Formazane eine geringe Löslichkeit in organischen Lösungsmitteln auf, denn in höherprozentigem Äthanol und in Xylol wird eine rötliche Fraktion aus dem Formazan gelöst. Leider können sich auch bei ständigem Bezug von ein und derselben Herstellerfirma erhebliche Unterschiede im Löslichkeitsverhalten gleicher Verbindungen zeigen, die aus verschiedenen Herstellungschargen stammen.

Die notwendigen Kontrollen werden beim Dehydrogenasenachweis meist durch Inkubation von Schnitten in einem *substratfreien* Medium durchgeführt. Dabei läßt sich unter Umständen eine als „Nothing-Dehydrogenase" bezeichnete reduktive Potenz des Gewebes feststellen, die vermutlich auf das Vorliegen von reduziertem NAD^+ sowie $NADP^+$ zurückzuführen ist.

Dehydrogenasen können auch *elektronenmikroskopisch* unter Hinnahme der durch die Fixierung bedingten Aktivitätsminderung des jeweiligen Enzyms nachgewiesen werden. Verwendet werden möglichst dünne, mit dem Tissue sectioner hergestellte Schnitte, die nach kurzer Aldehydfixierung in einem Medium inkubiert werden, welches ein nitro-substituiertes Tetrazoliumsalz enthält. Nitro-Tetrazoliumverbindungen zeigen nur einen schwachen Kontrast im Elektronenmikroskop (Abb. 66). Höhere Kontraste können mit Thio-carbamyl-nitro-blau-tetrazolium erzielt werden.

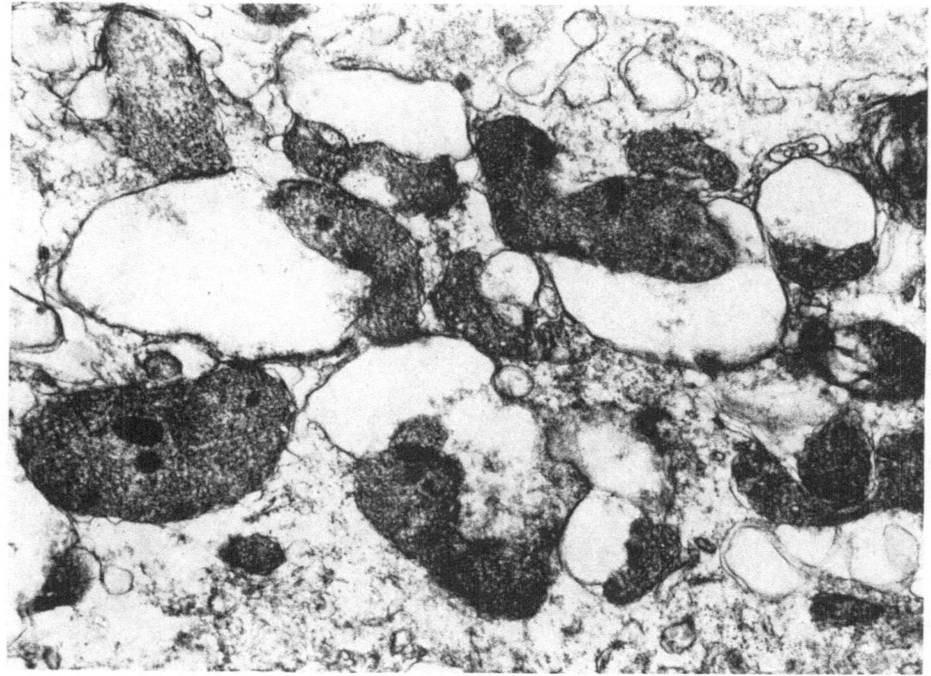

Abb. 66. Elektronenmikroskopische Darstellung der β-Hydroxysteroiddehydrogenase in Mitochondrien von Nebennierenrindenzellen. Substrat: Dehydroepiandrosteron, H_2-Acceptor: Nitro-BT. 22000:1. (Goldhamster, Fixierung: Hydroxyadipindialdehyd)

Diese Verbindung ist auch nach Reduktion zum Formazan osmiophil, und daher kommt es bei Behandlung der Schnitte mit OsO_4-Dämpfen zur Aufnahme von Osmium und damit zur Erhöhung des Kontrastes.

3. Autoradiographie

Als Autoradiographie wird der mikroskopische Nachweis radioaktiv markierter Substanzen durch Aufbringen einer strahlenempfindlichen Photoschicht auf den Schnitt bezeichnet. Die Autoradiographie ist für sich genommen nicht Histochemie in dem Sinne, daß durch ihre Anwendung unmittelbar die chemische Zusammensetzung eines Gewebes erkennbar würde.

Die Herstellung eines Histoautoradiogrammes setzt aber praktisch immer die vorherige Inkorporation einer chemisch definierten, radioaktiv markierten Verbindung in das noch lebende Gewebe voraus. Damit erfaßt sie nicht nur das Momentbild des Gewebes zum Zeitpunkt des durch die Fixierung verursachten Zelltodes, sondern auch den bis zu diesem Zeitpunkt im Hinblick auf die zugeführte radioaktiv markierte Substanz abgelaufenen *Stoffwechselprozeß*. Die zugeführte Verbindung muß daher zum Zeitpunkt des Gewebetodes gar nicht mehr in der ursprünglichen chemischen Form vorhanden sein. Dies ist aus dem Nachweis der Strahlung nicht zu entscheiden.

Wird einem Tier z. B. $Na_2{}^{35}SO_4$ verabreicht, so kann das S^{35} später im Heparin der Mastzellen, aber auch im Chondroitinsulfat des Knorpels, wiedergefunden wer-

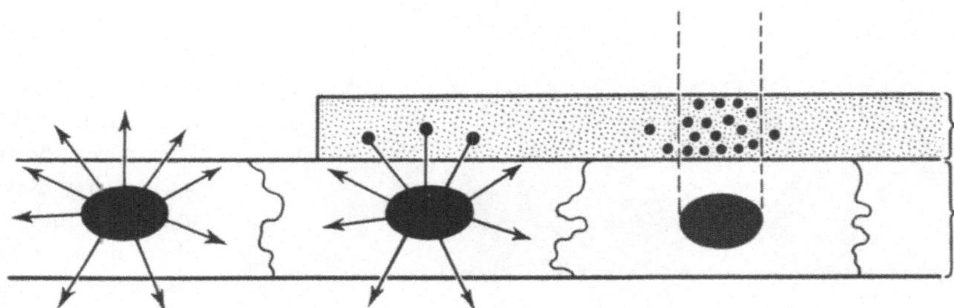

Abb. 67. Schema der Autoradiographie. Die im histologischen Schnitt abgelagerte radioaktive Substanz (linker Bildteil) belichtet die auf den Schnitt gebrachte photoempfindliche Schicht (Bildmitte). Die Lage der Strahlungsquelle kann nach Entwicklung des Films an der Schwärzung erkannt werden (rechter Bildteil)

den. Die an der Schwärzung des Films erkennbare Strahlung gibt keine eindeutige Auskunft darüber, in welche Gewebekomponente der Einbau des Schwefels stattgefunden hat. Dies kann erst nach Anwendung weiterer histochemischer Methoden entschieden werden.

Das Gewebe des Tieres, dem eine radioaktiv markierte Substanz appliziert wurde, muß nach den allgemeinen Regeln der Struktur- und Substanzerhaltung fixiert und weiterbehandelt werden. Ob ein Gefrier- oder Paraffinschnitt erforderlich ist, entscheidet einzig die Natur des nachzuweisenden Stoffes. Über den dann in üblicher Weise auf einen Objektträger aufgezogenen Schnitt wird entweder eine photographische Emulsion gegossen oder ein dünner Film gezogen. Nach Ablauf der Expositionszeit, die in Abhängigkeit von der Art der Strahlungsquelle bis zu mehreren Wochen betragen kann, wird der Film entwickelt und der Schnitt histologisch gefärbt. Die Orte radioaktiver Einlagerung sind bei mikroskopischer Auswertung von Film und Schnitt (die zusammen bleiben) an den durch Strahleneinwirkung entstandenen Silberkörnchen zu erfassen (Abb. 67 und 68). Diese liegen nicht unbedingt genau an den Stellen, an denen sich das strahlende Atom befindet. Vielmehr ist das strahlende Atom innerhalb eines Kreises anzunehmen, dessen Radius mit der mittleren freien Weglänge der radioaktiven Strahlung zuzüglich dem Durchmesser der Silberkörnchen gegeben ist. Dieser Fehler ist bei lichtmikroskopischen Untersuchungen nicht bedeutsam, kann aber bei der elektronenmikroskopischen Autoradiographie wichtig werden.

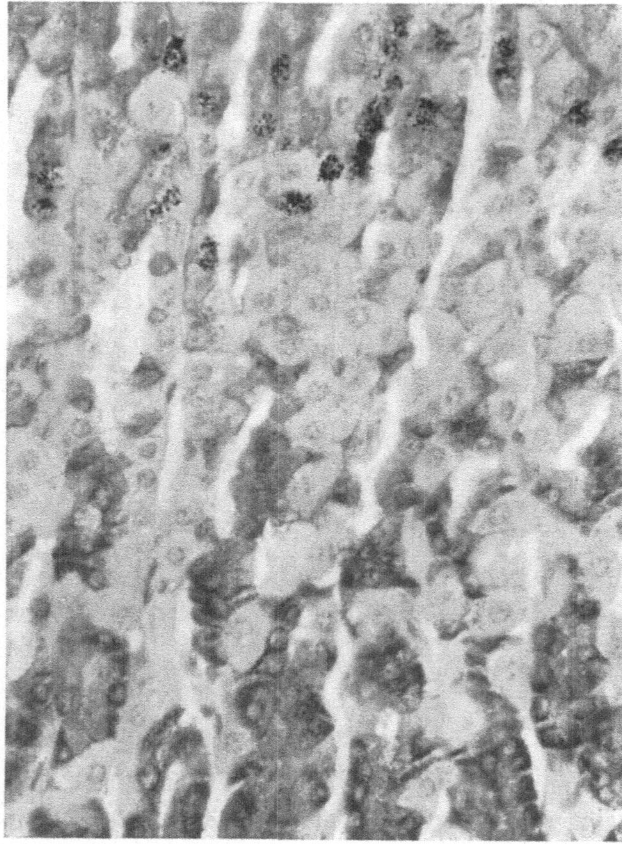

Abb. 68. Autoradiogramm der Magendrüsen nach Zufuhr von ³H-Thymidin. Die durch Strahlung bewirkte Ag⁺-Reduktion ist in Form feiner Granula nur über den im Halsbereich lokalisierten Nebenzellen nachweisbar (oberer Bildteil). Die Belegzellen (helles Cytoplasma, bevorzugt Bildmitte) und Hauptzellen (dunkles Cytoplasma, unterer Bildteil) zeigen keinen Thymidineinbau. (Maus, Fixierung: Serra; Methylgrün-Pyronin) (Präparat: Prof. Dr. K. HINRICHSEN, Tübingen)

4. Allgemeine Schlußfolgerungen

Mit Methoden, die auf den vorstehend an Beispielen aufgezeigten Prinzipien beruhen, ist eine weitreichende „chemische" Analyse an Gewebeschnitten möglich. Die einzelnen geweblichen Komponenten eines Organs bleiben dabei in der physiologischen räumlichen Beziehung zueinander, was eine in der unmittelbaren Anschaulichkeit begründete topische Aussage über den Chemismus ermöglicht. Dem Vorteil der Anschaulichkeit steht der große Nachteil einer nur begrenzten Anzahl von verfügbaren Nachweisreaktionen gegenüber. Beispielsweise sind von den z. Z. etwa 900 bekannten Enzymen nur etwa 10% histochemisch nachzuweisen. Es wäre allerdings falsch, daraus abzuleiten, daß damit auch die Informationsmöglichkeiten der

Histochemie ähnliche quantitative Relationen zu denen der Biochemie aufwiesen. Es ist ja keinesfalls erforderlich, bei der Bestimmung der Stoffwechselleistung einer bestimmten Zellsorte die Aktivität *aller* an einem Stoffwechselweg beteiligten Enzyme histochemisch zu erfassen. Für die Histochemie kann vielmehr der Nachweis eines „Schlüsselenzyms" und entsprechend einer „Schlüsselsubstanz" für die Beantwortung einer Frage ausreichen.

Das setzt allerdings voraus, daß neben der Fragestellung auch eine ungefähre Vorstellung darüber besteht, welcher Nachweis den vermutlich größten Informationswert besitzt. Daß diese Überlegungen nicht immer mit der nötigen Sorgfalt angestellt werden, geht schon daraus hervor, daß einige Nachweise immer wieder durchgeführt werden, ohne daß deshalb auch ihr Informationswert entsprechend hoch wäre. Der Nachweis der Aktivität unspezifischer alkalischer Phosphatase wird häufig geradezu routinemäßig neben der HE-Färbung o. ä. durchgeführt: Der Ausfall ist in einer Vielzahl von Geweben positiv und die Methode ist leicht und auch an fixiertem Gewebe durchzuführen. Es sollte aber nicht die Leichtigkeit der Ausführung einer Methode ihre Anwendung rechtfertigen, sondern ihr Informationswert.

Der Informationswert einer einzelnen Methode ist oft sehr gering, und nur durch die Kombination verschiedener Methoden kann eine spezifische Aussage erzielt werden. Eine Kombination von Methoden, deren Auswahl sich nach den im Chemikalienschrank vorrätigen Substraten oder nach ihrer Reihenfolge im Alphabet richtet, ist allerdings sinnlos. Eine Kombination von Methoden, deren jede einen Stoffwechselschritt erfaßt, kann hingegen die Besonderheit eines kleinen Gewebebezirks aufdecken, die bei biochemischer Aufarbeitung des entsprechenden Homogenats unbeachtet bleiben mußte.

Es ist im allgemeinen nicht gerechtfertigt, auf einen einzigen Nachweis hin eine Theorie zu gründen, die letztlich doch nur die Bezeichnung „Spekulation" verdient. Man kann diese Gefahr weitgehend vermeiden, wenn man die histochemischen Befunde grundsätzlich nur unter Berücksichtigung der aus biochemischen Untersuchungen bekannten Tatbestände interpretiert.

V. Anhang: Verfahrensweisen und Tabellen

A) Allgemeine Hinweise

Nachfolgend werden Arbeitsvorschriften für histochemische Methoden, Fixierungs-flüssigkeiten und Puffer aufgeführt. Die Herstellungsvorschriften für histochemische Reaktions- und Inkubationsmedien sind im allgemeinen einheitlich auf 100,0 ml, das Volumen der gebräuchlichen Cuvetten, berechnet. Nur bei besonders teuren Reagentien wird von dieser Regel abgegangen und den Vorschriften kleinere Volumina zugrunde gelegt. Wenn nicht anders vermerkt, werden die einzelnen Reagentien in der Reihenfolge ihrer Aufführung im Rezept dem jeweiligen Lösungsmittel zuge-geben. Bei schwerlöslichen Verbindungen (Löslichkeitstabellen S. 180ff) empfiehlt es sich, erst dann die nächste Substanz zuzugeben, wenn die vorher zugegebene gelöst ist. Für die meisten *anorganischen* Substanzen wurde außer dem Namen auch die *Bruttoformel* und gegebenenfalls die Menge des vorhandenen *Kristallwassers* aufge-nommen. Bei *organischen* Substanzen wird auf die Angabe von Bruttoformeln ver-zichtet, da aus denselben die betreffenden Substanzen nicht zweifelsfrei zu erkennen sind. Die Bruttoformeln *aller* Substanzen sind aber in den Löslichkeitstabellen auf-geführt. Vermerkt ist auch bei organischen Substanzen die Kristallwassermenge, die beim Abwägen unbedingt zu berücksichtigen ist.

Bei den Arbeitsvorschriften ist jeweils das entsprechende Kapitel des Textteils vermerkt. *LM* bezeichnet Methoden der Lichtmikroskopie, *EM* Methoden der Elektronenmikroskopie. Der Name bezeichnet im allgemeinen den Autor der Originalvorschrift, die durch Umrechnung auf 100,0 ml (s. oben) und Abrundun-gen der Substanzmengen, die das Abwägen erleichtern, für die vorliegende Samm-lung verändert wurde. Diese Veränderungen sind für die Gängigkeit der Methoden bedeutungslos, da bei histochemischen Reaktionen keine *molaren Umsätze* stattfinden.

Für die Herstellung wäßriger Lösungen wird grundsätzlich aufbereitetes Wasser verwendet. Die Aufbereitung kann durch *Destillation* oder durch *Ionenaustausch* er-folgen. Die Entmineralisierung des Wassers (aqua *dem*ineralisata anstelle von aqua *dest*illata) ist billig und kann auch in kleinen Laboratorien durchgeführt werden. Es muß bisweilen, beispielsweise beim Ansetzen von Puffern, berücksichtigt werden, daß aqua dem. im Unterschied zu aqua dest. noch CO_2 gelöst enthält und daher sauer reagiert. Durch kurzes Aufkochen wird CO_2 entfernt und das Wasser wird alkalischer (Tabelle 3).

Tabelle 3. *Mittelwerte von jeweils fünf pH-Bestimmungen*

Leitungswasser (Tübingen)	dem. Wasser	dem. Wasser gekocht	dest. Wasser in Glas	dest. Wasser in Quarz
pH 6,9	4,5	6,5	6,8	6,1

In Glasgefäßen destilliertes Wasser enthält Spuren von Alkali, die aus dem Glas gelöst wurden. Für spezielle Untersuchungen ist die Verwendung von Wasser zu empfehlen, das in einer Quarzdestillationsanlage destilliert wurde. Dabei ist zur Vermeidung einer Verunreinigung der Apparatur von entmineralisiertem Wasser auszugehen.

Die Angabe x molare (M) Lösung bedeutet, daß die Lösung mit *größter* Genauigkeit herzustellen ist. Der Ansatz erfolgt daher in einem *geeichten Meßkolben*. Beim Abwägen fester Substanzen ist das Wägegut in gut ausspülbaren Wägeschälchen (meist aus Glas) abzuwiegen, weil nur dann eine *restlose* Überführung des Wägegutes in den Meßkolben möglich ist. Die oft geübte Verwendung von Filtrierpapier ist *nicht* zu empfehlen, da keine restlose Überführung des Wägegutes gelingt.

Wenn flüssige Substanzen zum Ansatz von Lösungen verwendet werden, ist unbedingt darauf zu achten, daß Volumenprozent und Gewichtsprozent in der Regel *nicht* identisch sind. Die Molarität bezeichnet das *Gewicht* einer Substanz pro 1 l Lösungsmittel. Nur bei Flüssigkeiten vom spezifischen Gewicht 1.000 sind das Volumen und das Gewicht identisch, also wiegt 1 l = 1 kg. Bei allen Flüssigkeiten mit einem von 1.000 abweichenden spezifischen Gewicht ergeben sich *Abweichungen des Volumens vom Gewicht*. Zur Herstellung molarer Lösungen muß dies berücksichtigt werden. Bei Flüssigkeiten wird das erforderliche Volumen nach

$$\text{Vol. (ml)} = \frac{\text{Gewicht (g)}}{\text{spez. Gew.}}$$

errechnet und mit einer geeichten Pipette oder einer Bürette in den Meßkolben gefüllt.

Die Angabe %-Lösung bedeutet, daß die Lösung mit *geringerer* Genauigkeit hergestellt werden kann. Der Ansatz erfolgt daher in einem *Meßzylinder*. Das Abwiegen fester Substanzen kann auf Filtrierpapier erfolgen, für die Abmessung von Flüssigkeiten gilt aber bezüglich Umrechnung von Gewichts- in Volumenprozent das beim Ansetzen molarer Lösungen ausgeführte.

Bei Verwendung von organischen Lösungsmitteln ist die Analysenqualität (p. a. = pro analysi) üblich, mit Ausnahme von Äthanol, wo aus Kostengründen der vergällte Äthylalkohol vorzuziehen ist. Wird Petroläther als Vergällungsmittel verwendet, so kann bei niedrigen Äthanolkonzentrationen eine Trübung auftreten. Bei Verwendung von Methyläthylketon als Vergällungsmittel ist dies nicht zu befürchten.

Die elementaren Techniken der Histologie werden als bekannt vorausgesetzt.

B) Fixierungsmittel und Einbettungsmethoden

1   Fixierung mit Formol (LM, EM)

III/F

Fixierungsgemische: Bei allen Lösungen ist von *säurefreiem Formol* auszugehen (pH 5,9)

A. gepuffertes Formol (LILLIE 1954)

37% Formol	100,0 ml
aqua dem.	900,0 ml
Natriumdihydrogenphosphat-2-hydrat ($NaH_2PO_4 \cdot 2\,H_2O$)	4,0 g
di-Natriumhydrogenphosphat-2-hydrat ($Na_2HPO_4 \cdot 2\,H_2O$)	6,5 g

(pH 7,0; der Fixierungslösung kann 7,5% Rohrzucker zugesetzt werden, LM und EM)

B. Formol Calcium (BAKER 1945)
10% Formol mit 1% Calciumchlorid ($CaCl_2$) (zur Konservierung von Lipiden, LM)

C. Formol-Cetylpyridin (WILLIAMS und JACKSON 1956)
4% Formol mit 0.5% N-Cetylpyridiniumchlorid
(zur Konservierung von Mucopolysacchariden, LM)

Fixierungsdauer: Mit dem Tissue sectioner angefertigte Schnitte werden 10 min, größere Gewebeproben 24 h bei $+4\,°C$ fixiert. Eine längere Fixierung ist möglich.
Anschließend fließend wässern und weiterbehandeln. Kleine Gewebeproben für elektronenmikroskopische Untersuchungen in Phosphatpuffer (pH 7,0) spülen.

---

2   Fixierung mit Glutardialdehyd (EM, LM)

III/F

(SABATINI, BENSCH und BARRNETT 1963)

Fixierungsgemisch:

25% Glutardialdehyd	1 Teil
0,1 M Puffer pH 7,2 (S. 160)	3 Teile

Die Lösung enthält 6,25% Glutardialdehyd.
Es sind auch schwächer konzentrierte Lösungen bis 1,5% möglich.

Üblich ist der Gebrauch von 0,1 M Phosphat-, Cacodylat-, sym-Collidin- o. ä. -Puffer. Ungepufferter Glutardialdehyd ist nicht zu verwenden, da er sauer reagiert (pH 5,0). Der Fixierungslösung kann 7,5% Rohrzucker zugesetzt werden.

Fixierungsdauer:

Mit dem Tissue sectioner angefertigte Schnitte werden 15 min, größere Gewebeproben 24 h bei +4°C fixiert. Eine längere Fixierung ist möglich.
Anschließend 24 h im jeweiligen Puffer spülen und weiterbehandeln.

Anmerkung:

Bei längerer Aufbewahrung sinkt der pH-Wert der Glutardialdehyd-Stammlösung bis auf etwa 3,0 ab. In diesem Fall ist der Glutardialdehyd vor Ansetzen des Fixierungsgemisches mit Bariumcarbonat ($BaCO_3$) zu versetzen, durchzuschütteln und zu filtrieren.

3 Fixierung mit Hydroxyadipindialdehyd (EM, LM)

III/F

(SABATINI, BENSCH und BARRNETT 1963)

Fixierungsgemisch:

25% Hydroxyadipindialdehyd	1 Teil
0,1 M Puffer pH 7,2 (S. 160)	1 Teil

Die Lösung enthält 12,5% Hydroxyadipindialdehyd. Es sind auch schwächer konzentrierte Lösungen bis 5% möglich.
Üblich ist der Gebrauch von 0,1 M Phosphat-, Cacodylat-, sym-Collidin- o. ä. -Puffer. Ungepufferter Hydroxyadipindialdehyd ist nicht zu verwenden, da er sauer reagiert (pH 3,6). Der Fixierungslösung kann 7,5% Rohrzucker zugesetzt werden.

Fixierungsdauer:

Mit dem Tissue sectioner angefertigte Schnitte werden 15 min, größere Gewebeproben 24 h bei +4°C fixiert. Eine längere Fixierung ist möglich.
Anschließend 24 h im jeweiligen Puffer spülen und weiterbehandeln.

| 4 | **Fixierung mit dem Gemisch nach Bouin (LM)** |

III/F

(Bouin 1857)

Fixierungsgemisch:
Gesättigte wäßrige Pikrinsäure
(etwa 2,0 g/100 ml H_2O) — 15 Teile
37% Formol — 5 Teile
96 bis 99% Essigsäure — 1 Teil
(pH der fertigen Lösung: 2,1)
Lösungen erst unmittelbar vor Gebrauch zusammengeben.

Fixierungsdauer:
Gewebe 24 h bei $+4°C$ fixieren. Eine längere Fixierung ist möglich. Anschließend 48 h in mehrmals erneuertem 80% Äthanol spülen. Dann fließend wässern und übliche Weiterbehandlung.

| 5 | **Fixierung mit dem Gemisch nach Gendre (LM)** |

III/F

(Gendre 1937)

Fixierungsgemisch:
90% Äthanol, gesättigt mit Pikrinsäure
(etwa 6,0 g/100 ml 90% Äthanol) — 8 Teile
37% Formol — 1,5 Teile
96 bis 99% Essigsäure — 0,5 Teile
(pH der fertigen Lösung: 1,7)
Lösungen erst unmittelbar vor Gebrauch zusammengeben.

Fixierungsdauer:
Gewebe 24 h bei $+4°C$ fixieren.
Anschließend 2 h in 90% Äthanol spülen und übliche Weiterbehandlung.

6   Fixierung mit Äthanol (LM)

III/F

Fixierungsgemische: A. 80% Äthanol
B. 80% Äthanol mit 1% Trichloressigsäure
C. 80% Äthanol, gesättigt mit H_2S (in Kippscher Apparatur durch Einwirken von HCl auf FeS hergestellt).
Unter einem Abzug arbeiten!

Fixierungsdauer: Gewebe 24 h bei $+4\,°C$ fixieren.
Anschließend übliche Weiterbehandlung.

7   Fixierung mit dem Gemisch nach Carnoy (LM)

III/F

(Romeis 1968)

Fixierungsgemisch: 96% Äthanol   6 Teile
Chloroform   3 Teile
96 bis 99% Essigsäure   1 Teil
(pH der fertigen Lösung: 2,9)

Fixierungsdauer: Gewebe 24 h bei $+4\,°C$ fixieren.
Spülen in:
1. 96% Äthanol 30 min bei $+4\,°C$.
2. 96% Äthanol 30 min bei $+4\,°C$ beginnend, innerhalb dieser Zeit auf Raumtemperatur ansteigen lassen.
3. 96% Äthanol 30 min bei Raumtemperatur.
Anschließend übliche Weiterbehandlung.

8   Fixierung mit Aceton (LM) (und Vakuumeinbettung)

III/F

(Mowry 1949)

Gewebe fixieren in:	100% Aceton bei $+4\,°C$ 24 h

Gewebe fixieren in:

100% Aceton bei $+4\,°C$ 24 h
100% Aceton bei $+18$ bis $24\,°C$ 24 h
dann Petroläther (Siedepunkt $+40$ bis $+60\,°C$) 2×30 min
Anschließend im Vakuum bei $+46\,°C$ mit Paraffin (Schmelzpunkt $+42$ bis $+46\,°C$) durchtränken und einbetten.
Schnitte entweder auf aqua dem. oder auf einem Gemisch gleicher Teile 100% Aceton und 50% Äthanol strecken, *ohne* Eiweißglycerin aufziehen und 24 h bei $+18$ bis $+24\,°C$ trocknen. Schnitte mit Petroläther entparaffinieren und über eine Acetonreihe in aqua dem. bringen.

Anmerkung:

Paraffineingebettetes Material bei $+4\,°C$ aufbewahren, Schnitte nach dem Trocknen sofort weiterbehandeln.

---

9   Fixierung mit Osmiumsäure (EM, LM)

III/F

a) (Palade 1952),   b) (Bennett und Luft 1959)
c) (Millonig 1961),   d) (Wood und Luft 1965)

Fixierungsgemisch:

2% OsO_4	25,0 ml
0,1 n HCl	11,0 ml
8,5% NaCl	3,6 ml
0,1 m Puffer pH 7,2 (S. 160)	10,0 ml

Es werden Barbital-Acetat- (a), sym-Collidin- (b), Phosphat- (c), Cacodylatpuffer (d) usw. verwendet. Ungepufferte OsO_4-Lösungen reagieren stark sauer (pH 5,0).

Fixierungsdauer:

Mit dem Tissue sectioner angefertigte Schnitte werden 30 min, größere Gewebeproben 4 h bei $+4\,°C$ fixiert. Anschließend 2 h im jeweiligen Puffer spülen und übliche Weiterbehandlung.

10   Einbettung in Paraffin (LM)

Fixiertes Gewebe aus Wasser überführen in:

70% Äthanol	12 bis 24 h
80% Äthanol	12 bis 24 h
90% Äthanol	12 bis 24 h
96% Äthanol	12 h
100% Äthanol I	3 bis 6 h
100% Äthanol II	3 bis 6 h
Methylbenzoat I	1 h oder bis zum Untersinken des Gewebes
Methylbenzoat II	24 h und länger
Methylbenzoat III	24 h und länger
Benzol I	15 min
Benzol II	15 min
Benzolparaffin $(+40\,°C)$	30 min
Paraffin I $(+56\,°C)$	1 h
Paraffin II $(+56\,°C)$	2 bis 12 h
Paraffin III $(+56\,°C)$	4 bis 24 h und länger

Ausgießen mit Paraffin $+56\,°C$.

Anmerkung:

Anstelle von Paraffin kann Paraplast verwendet werden (sehr gute Schneidbarkeit).

---

11   Einbettung in Vestopal W (EM)

(nach RYTER und KELLENBERGER 1958)

Fixiertes Gewebe aus Puffer überführen in:

30% Aceton	15 min	
50% Aceton	20 min	
75% Aceton	45 min	
90% Aceton	45 min	
100% Aceton I	30 min	
100% Aceton II	30 min	bei $+4\,°C$
100% Aceton III	30 min	
Vestopal W: Aceton = 1:3	12 h	
Vestopal W: Aceton = 1:1	24 h	
Vestopal W: Aceton = 3:1	48 h	
Vestopal W 100%	5 Tage	

Vestopalgemisch:
100% Vestopal + 2% Initiator (Dibenzoylper-
oxid) + 0,2% Beschleuniger (Cobaltnaphthenat).
*Beschleuniger und Initiator getrennt einrühren. Mi-
schung kurz vor Gebrauch ansetzen.*   15 h
Gewebe in Kapseln mit Vestopalgemisch übertragen, das
10 min im Vakuumschrank entgast wurde.
Polymerisation (+ 50°C) 48 h

C. Kontrollreaktionen

12 Desaminierung

(LILLIE 1954)

Vorbehandlung: Gewebe fixieren in 80% Äthanol (S. 110);
Trichloressigsäure-Äthanol (S. 110);
Gemisch nach CARNOY (S. 110).
Schnitte in aqua dem. bringen.

Reaktion: Schnitte 48 h bei $+4°C$ in folgende Lösung:
aqua dem.   95,0 ml
96 bis 99% Essigsäure   5,0 ml
Natriumnitrit $NaNO_2$ 2,5 g
Anschließend in aqua dem. spülen.

Nachbehandlung: Gewünschte Reaktion ausführen.

13 Extraktion von Eisen

(NETH 1968)

Vorbehandlung: Gewebe fixieren in H_2S-80%-Äthanol (S. 110).

Reaktion: Schnitte bei $+18$ bis $24°C$ in folgende Lösung:
Aqua dem.   100,0 ml
1,10-Phenantroliniumchlorid   1,0 g
Mehrfach wechseln, bis keine Rotfärbung mehr auftritt.
Anschließend in aqua dem. spülen.

Nachbehandlung: Gewünschte Reaktion ausführen.

Anmerkung: Durch Phenanthrolin wird nur 2-wertiges Eisen als roter Farbkomplex herausgelöst.
Nicht mit H_2S-Äthanol fixiertes Material muß vor Durchführung der Extraktion mit H_2S-Äthanol oder einer 10% Ammoniumsulfidlösung $(NH_4)_2S$ behandelt werden.

14   Entfernung von Glykogen durch enzymatische Hydrolyse mit Diastase

(GRAUMANN und CLAUSS 1959 nach LILLIE und GRECO 1947)

Vorbehandlung: Gewebe fixieren im Gemisch nach GENDRE (S. 109),
nach CARNOY (S. 110).
Schnitte in aqua dem. bringen.

Reaktion: Schnitte 2 h bei + 18 bis 24 °C in folgende Lösung:

aqua dem.	100,0 ml
Diastase (2800 E/g)	1,0 g

Anschließend in aqua dem. spülen.

Nachbehandlung: Gewünschte Reaktion ausführen.

15   Entfernung von Hyaluronsäure durch enzymatische Hydrolyse mit Hyaluronidase

(BUNTING und WHITE 1950)

Vorbehandlung: Gewebe fixieren in
Formol-Cetylpyridin (S. 107);
Gemisch nach GENDRE (S. 109);
nach CARNOY (S. 110).
Schnitte in aqua dem. bringen.

Reaktion: Schnitte 5 h bei + 37 °C in folgende Lösung:

0,1 M Phosphatpuffer pH 5,8 (S. 171)	20,0 ml
NaCl	0,16 g
Hyaluronidase (300 E/mg)	0,1 g

Anschließend in aqua dem. spülen.

Nachbehandlung: Gewünschte Reaktion ausführen.

16 Entfernung von Nucleinsäuren durch enzymatische Hydrolyse mit Nucleasen

(Lipp 1954)

Vorbehandlung: Gewebe fixieren in gepuffertem Formol (S. 107);
                Gemisch nach Carnoy (S. 110).
                Schnitte in aqua dem. bringen.

Reaktion: Schnitte 2 h bei $+37\,°C$ in folgende Lösung:

aqua dem.	40,0 ml
Ribonuclease ($5\times$ cryst., proteasefrei)	10,0 mg

oder:

Desoxyribonuclease (purum)	10,0 mg

Anschließend 20 min fließend wässern.

Nachbehandlung: Gewünschte Reaktion ausführen.

17 Extraktion von Lipiden

(Baker 1946)

Vorbehandlung: Gewebe fixieren im Gemisch nach Bouin (S. 109).

Reaktion: Die fixierte Gewebeprobe in folgende Lösungen:

1) Pyridin $+18$ bis $24\,°C$	30 min
2) Pyridin $+60\,°C$	24 h
Unter einem Abzug arbeiten!	
3) fließend wässern	24 h

Nachbehandlung: An Gefrierschnitten die gewünschte Reaktion ausführen.

18   Blockierung von Äthylengruppen

(LILLIE 1954)

Vorbehandlung:	Gewebe fixieren in gepuffertem Formol (S. 107);
	Gemisch nach BOUIN (S. 109).
	Gefrierschnitte in 96% Äthanol bringen.

Reaktion:

Schnitte bei + 18 bis 24 °C in folgende Lösungen:

1) Tetrachlorkohlenstoff		2 × 5 min
2) Tetrachlorkohlenstoff	97,0 ml	
Brom	3,0 ml	60 min
2) Tetrachlorkohlenstoff		2 × 5 min

Über eine absteigende Äthanolreihe in aqua dem. bringen.

Nachbehandlung: Gewünschte Reaktion ausführen.

Anmerkung:

Schnitte, die leicht lösliche Lipide enthalten, 1 h bei + 18 bis 24 °C in folgende Lösung:

aqua dem.	97,0 ml
Brom	3,0 ml

---

19   Blockierung von Hydroxylgruppen

(LILLIE 1954)

Vorbehandlung:	Gewebe fixieren im Gemisch nach GENDRE (S. 109);
	nach CARNOY (S. 110).
	Schnitte in aqua dem. bringen.

Reaktion:

Schnitte 24 h bei + 18 bis 24 °C in folgende Lösung:

Pyridin	60,0 ml
Essigsäureanhydrid	40,0 ml

Unter einem Abzug arbeiten!
Anschließend in aqua dem. spülen.

Nachbehandlung: Gewünschte Reaktion ausführen.

20   Blockierung von Aldehydgruppen

(DANIELLI 1949)

Vorbehandlung: Gewebe fixieren in gepuffertem Formol (S. 107);
Gemisch nach GENDRE (S. 109);
nach CARNOY (S. 110).
Schnitte in aqua dem. bringen.

Reaktion: Schnitte 3 h bei $+18$ bis 24 °C in folgende Lösung:

aqua dem.	100,0 ml
Hydroxylamin-hydrochlorid	25,0 g
Natriumacetat	50,0 g

Anschließend in aqua dem. spülen.

Nachbehandlung: Gewünschte Reaktion ausführen.

21   Blockierung von Carboxylgruppen

(TERNER 1964)

Vorbehandlung: Gewebe fixieren im Gemisch nach GENDRE (S. 109);
nach CARNOY (S. 110).
Schnitte evtl. celloidinieren und in aqua dem. bringen.

Reaktion: Schnitte in folgende Lösungen:

1) 10 min bei $+18$ bis 24 °C in gesättigte Lösung von Natriumcarbonat Na_2CO_3; (etwa 50,0 g in 100,0 ml aqua dem.).

2) 1 min aqua dem.

3) An der Luft trocknen lassen und 18 h bei 45 °C in folgende frischbereitete Lösung:

100% Methanol	87,5 ml
Methyljodid H_3CJ	12,5 ml

Gut verschlossenes Gefäß!
Anschließend in aqua dem. spülen.

Nachbehandlung: Celloidin entfernen. Gewünschte Reaktion ausführen.

Kontrolle: Einen Parallelschnitt zur Verseifung 5 min in eine 2% Kaliumhydroxidlösung bringen.

22   Blockierung von SH-Gruppen

(BARRNETT und SELIGMAN 1954)

Vorbehandlung: Gewebe fixieren in 80% Äthanol (S. 110);
             Trichloressigsäure-Äthanol (S. 110).
        Schnitte in aqua dem. bringen.

Reaktion: Schnitte 4 h bei $+37\,^{\circ}C$ in folgende Lösung:
0,1 M Phosphatpuffer pH 7,4 (S. 171)   100,0 ml
N-Äthylmaleinimid   1,25 g
Nach der Inkubation in 1% Essigsäure und anschließend
in aqua dem. spülen.

Nachbehandlung: Gewünschte Reaktion ausführen.

---

23   Reduktion von SS- zu SH-Gruppen

(BARRNETT und SELIGMAN 1954)

Vorbehandlung: Gewebe fixieren in 80% Äthanol (S. 110);
             Trichloressigsäure-Äthanol (S. 110).
        Schnitte celloidinieren und in aqua dem. bringen.

Reaktion: Schnitte 4 h bei $+37\,^{\circ}C$ in folgende Lösung:
aqua dem.   100,0 ml
Natriumthioglykolat   6,0 g
(mit 0,1 M NaOH pH 8,0 einstellen)
Anschließend Schnitte spülen in:
1) aqua dem. 2×2 min
2) 1% Essigsäure   2 min
3) aqua dem. 2×2 min

Nachbehandlung: Celloidin entfernen.
         Gewünschte Reaktion ausführen.

---

24   Oxydation von SH- und SS- zu SO₃OH-Gruppen

24   **Oxydation von SH- und SS- zu SO_3OH-Gruppen**

(PEARSE 1951; SCHIEBLER und SCHIESSLER 1959)

Vorbehandlung: Gewebe fixieren in 80% Äthanol (S. 110);
Trichloressigsäure-Äthanol (S. 110).
Schnitte celloidinieren und in aqua dem. bringen.

Reaktionen: Schnitte 10 min bei +18 bis 24°C in *eine* der folgenden Lösungen:

A. Perameisensäure (nach Ansatz bis zum Gebrauch 1 h stehenlassen):

98% Ameisensäure	40,0 ml
30% H_2O_2	4,0 ml
98% H_2SO_4	0,5 ml

Perameisensäure ist nicht länger als 24 h haltbar!

oder:

B. Peressigsäure (nach Ansatz bis zum Gebrauch 12 h stehenlassen und unmittelbar vor Gebrauch mit der gleichen Menge aqua dem. verdünnen):

98% Essigsäure	50,0 ml
30% H_2O_2	25,0 ml

Peressigsäure ist bei +4°C einen Monat haltbar.

oder:

C. Kaliumpermanganat (unmittelbar vor Gebrauch ansetzen):

aqua dem.	70,0 ml
5,0% H_2SO_4	10,0 ml
2,5% Kaliumpermanganat $KMnO_4$	10,0 ml

Anschließend Schnitte 5 min in 3% Oxalsäure entfärben.

Nachbehandlung: In aqua dem. spülen und gewünschte Reaktion ausführen.

Kontrolle: An einem nichtoxydierten Schnitt die gleiche Reaktion ausführen.

D. Histochemische Nachweise

1. Substanznachweise

25 Nachweis von Fe^{+++} als Berlinerblau (LM)

IV/B/1/a

(nach PERLS 1867)

Vorbehandlung:
Native Kryostatschnitte oder
Gewebe fixieren in gepuffertem Formol (S. 107);
Gemisch nach BOUIN (S. 109);
80% Äthanol (S. 110).
Schnitte in aqua dem. bringen.

Reaktion:
Keine eisenhaltigen Instrumente verwenden!
Schnitte 20 min bei $+18$ bis $24\,°C$ in folgende frisch bereitete Lösung:

1% HCl	90,0 ml
2% Kaliumhexacyanoferrat(II)	
$K_4[Fe(CN)_6] \cdot 3\,H_2O$	10,0 ml

Anschließend Schnitte in aqua dem. spülen.

Nachbehandlung:
Kernfärbung ist möglich.
Entwässern und mit wasserfreiem Medium (S. 196) einschließen.

Ergebnis:
Das Reaktionsprodukt ist blau.

Kontrolle:
Vor Durchführung der Reaktion Eisenextraktion (S. 115).

26 Nachweis von Fe^{++} und Fe^{+++} als Turnbullblau

IV/B/1/a

(nach SCHMELZER 1896 und TIRMANN 1898)

Vorbehandlung:
Native Kryostatschnitte oder
Gewebe fixieren in gepuffertem Formol (S. 107);
Gemisch nach BOUIN (S. 109);
H_2S — 80% Äthanol (S. 110).
Schnitte in aqua dem. bringen.

Reaktion:	Schnitte bei $+18$ bis 24 °C in folgende Lösungen:	
	1) 10% Ammoniumsulfid $(NH_4)_2S$	15 min
	Unter einem Abzug arbeiten!	
	2) aqua dem.	$3 \times$ 2 min
	3) 1% HCl 50,0 ml	
	20% Kaliumhexacyanoferrat (III)	
	$K_3 Fe(CN)_6$ 50,0 ml	15 min
	Unmittelbar vor Gebrauch ansetzen!	
	4) aqua dem.	$2 \times$ 2 min

Nachbehandlung:	Kernfärbung ist möglich. Entwässern und mit wasserfreiem Medium (S. 196) einschließen.

Ergebnis:	Das Reaktionsprodukt ist blau.

Kontrolle:	Vor Durchführung der Reaktion Eisenextraktion (S. 115).

27 Sulfid-Silbermethode zum Nachweis von Schwermetallen (EM)

IV/B/1/a

(Haug 1967 und Pihl 1967 nach Timm 1958)

Vorbehandlung:	Gewebestückchen oder 50 µm Schnitte (Tissue sectioner) 1 h fixieren in 4% H_2S gesättigtem Glutardialdehyd [0,1 M Phosphatpuffer pH 7,4 (S. 171)]. Anschließend in Puffer spülen, der 7,5% Rohrzucker enthält. Entwässern und einbetten in Kunststoff. Unmittelbar nach abgeschlossener Polymerisation Schnitte anfertigen und versilbern oder Kunststoffblöcke bei —30 °C aufbewahren.

Reaktion:	*Bei Rotlicht ausführen!*	
	Ultradünne Schnitte mit kohlenstoffbedampften Kupfernetzen auffangen.	
	10 bis 30 min bei $+18$ bis 24 °C auf Tröpfchen der folgenden Lösung:	
	Gebrauchslösung: Lösung A	10,0 ml
	Lösung B	0,9 ml

Lösung A :

aqua dem.	100,0 ml
Gummi arabicum	30,0 g
Rohrzucker	10,0 g
Citronensäure-1-hydrat	0,43 g
Hydrochinon	0,17 g

Die Lösung muß einige Tage alt sein, um die erforderlichen kolloidalen Eigenschaften zu besitzen. Sie hat (pH 3,9 bis 4,0) und ist bei $+4\,°C$ mehrere Wochen haltbar.

Lösung B :

aqua dem.	10,0 ml
Silbernitrat $AgNO_3$	1,0 g

Anschließend Schnitte mit aqua dem. abspülen.

Nachbehandlung: Nachkontrastierung ist mit 1% Uranylacetat (5 min bei $+60\,°C$) möglich.

Ergebnis: Das Reaktionsprodukt zeigt hohen Kontrast.

Anmerkung: Die SS-Methode kann nicht nur an Ultradünnschnitten, sondern auch an H_2S-behandelten Gewebeschnitten ($^1/_2$ bis 1 mm dick) angewendet werden. Dabei kann der Grad der erreichten Versilberung an der Braunfärbung erkannt werden. Anschließend OsO_4-Nachfixierung und Kunststoffeinbettung. Bei der Versilberung von Kunststoff-eingebetteten Schnitten ist damit zu rechnen, daß nur oberflächlich liegende Sulfidkeime erfaßt werden, während tiefer im Kunststoff liegende nicht reagieren.

28   Nachweis von Chlor (EM)

IV/B/1/a

(KOMNICK 1962)

Vorbehandlung und Reaktion: *Bei Rotlicht ausführen!*
Gewebestückchen 2 h fixieren bei $+4\,°C$ in einer Schüttelmaschine in 1,5% OsO_4 (S. 111) mit 1% Silberlactat. [Mit 0,01 M di-Natriumtetraborat (Borax; $Na_2B_4O_7 \cdot 10\ H_2O$) pH 7,4 einstellen.]

Anschließend spülen in:
1) 10% Aceton   5 min
2) 30% Aceton   5 min
3) 50% Aceton mit 0,1 N HNO_3 $2 \times$ 5 min

Nachbehandlung: Entwässern und einbetten in Kunststoff.

Ergebnis: Das Reaktionsprodukt zeigt hohen Kontrast.

---

29   Nachweis von Natrium (EM)

IV/B/1/a

(KOMNICK 1962)

Vorbehandlung   Gewebestückchen 2 h fixieren bei $+4\,°C$ in 1% OsO_4
und Reaktion: (S. 111) mit 2% Kaliumhexahydroxoantimonat(V)
                   $K[Sb(OH)_6]$ auf dem Wasserbad in aqua dem. lösen und
                   nach dem Abkühlen OsO_4 zugeben.
                   Mit 0,01 N Essigsäure pH 7,2 bis 7,4 einstellen.
                   Anschließend in 0,1 M Barbital-Acetatpuffer (S. 165) spülen.

Nachbehandlung: Entwässern und einbetten in Kunststoff.

Ergebnis: Das Reaktionsprodukt zeigt hohen Kontrast.

---

30   Nachweis unveresterter Sulfatgruppen (EM)

IV/B/1/a

(BLINZINGER und MATUSSEK 1963)

Vorbehandlung: Gewebe fixieren in Glutardialdehyd (S. 107);
                   OsO_4 (S. 111). Einbetten in Methacrylat.

Reaktion: Schnitte 5 h bei $+18$ bis $24\,°C$ unter Stickstoff (zur Ver-
                   meidung einer $BaCO_3$-Bildung) mit 10% Bariumchlorid
                   (pH 4,0 bis 5,0) behandeln.
                   Anschließend in aqua dem. spülen.

Ergebnis: Stellen mit freien Sulfatgruppen zeigen hohen Kontrast.

31   Ninhydrin-Schiff-Reaktion zum Nachweis von NH_2-Gruppen

IV/B/1/e

(YASUMA und ITCHIKAWA 1953)

Vorbehandlung:	Native Kryostatschnitte oder
	Gewebe fixieren in 80% Äthanol (S. 110);
	                   Trichloressigsäure-Äthanol (S. 110);
	                   Gemisch nach CARNOY (S. 110).
	Schnitte in abs. Äthanol bringen.

Reaktion:

Schnitte 24 h bei $+37\,°C$ in folgende Lösung:

96% Äthanol	100,0 ml
Ninhydrin	0,5 g

Anschließend bei $+18$ bis $24\,°C$ in folgende Lösungen:

1) fließend wässern	1 min
2) Leukofuchsin (S. 132)	30 min
3) Sulfitwasser (S. 132)	$3\times$ 2 min
4) fließend wässern	10 min

Nachbehandlung:

Kernfärbung ist möglich.
Entwässern und mit wasserfreiem Medium (S. 196) einschließen.

Ergebnis:

Reaktionsprodukt ist rot-lila.

Kontrolle:

Vor Durchführung der Reaktion desaminieren (S. 115).

---

32   DMAB-Nitrit-Reaktion zum Nachweis von Tryptophan

IV/B/1/d

(ADAMS 1957)

Vorbehandlung:

Gewebe fixieren in gepuffertem Formol (S. 107);
                   Trichloressigsäure-Äthanol (S. 110).
Schnitte in aqua dem. bringen.

Reaktion:	Schnitte 1 min bei $+18$ bis 24 °C in folgende Lösungen:		
	1) 32% HCl	100,0 ml	
	4-Dimethylamino-benzaldehyd	5,0 g	1 min
	2) 32% HCl	100,0 ml	
	Natriumnitrit	1,0 g	1 min
	3) fließend wässern		2 min
	4) 70% Äthanol mit 1% HCl		1 min

Nachbehandlung: Kernfärbung ist möglich.
Entwässern und mit wasserfreiem Medium (S. 196) einschließen.

Ergebnis: Reaktionsprodukt ist tiefblau.

Kontrolle: Nach Oxydation mit Perameisensäure (S. 121) fällt die Reaktion negativ aus.

---

33 DDD-Reaktion zum Nachweis von SH-Gruppen (LM)

IV/B/1/d

(BARRNETT und SELIGMAN 1952)

Vorbehandlung: Gewebe fixieren in Trichloressigsäure-Äthanol (S. 110);
Gemisch nach CARNOY (S. 110).
Schnitte in aqua dem. bringen.

Reaktion: Schnitte 1 h bei $+50$ °C in folgende Lösung:

0,1 M Barbital-Acetatpuffer pH 8,5 (S. 165)	35,0 ml	
96% Äthanol, in dem 25,0 mg 2,2'-Dihydroxy-6,6'-dinaphthyldisulfid (DDD) gelöst sind	15,0 ml	
Nach Abkühlen auf $+18$ bis 24 °C in folgende Lösungen:		
1) aqua dem.		1 min
2) 1% Essigsäure		2× 10 min
3) aufsteigende Alkoholreihe		
4) Diäthyläther		2× 5 min
5) aqua dem.		2× 5 min
6) 0,1 M Phosphatpuffer		
pH 7,4 (S. 171)	50,0 ml	2 min
Echtblausalz B	50,0 mg	
unmittelbar vor Gebrauch ansetzen!		
7) fließend wässern.		

Nachbehandlung:	Entwässern und mit wasserfreiem Medium (S. 196) einschließen.
Ergebnis:	Reaktionsprodukt ist je nach SH-Gruppengehalt rot oder blau.
Kontrolle:	Nach Blockierung der SH-Gruppen fällt die Reaktion negativ aus (S. 120).
Anmerkung:	SS-Gruppen können in Schnitten nachgewiesen werden, die mit Natriumthioglykolat behandelt worden sind (S. 120). Mit Histidin oder Tyrosinresten in Proteinen kann es mit Echtblausalz zu einer Diazoniumreaktion kommen. Sorgfältige Spülung ist erforderlich, um überschüssiges DDD und Mercaptonaphthol zu entfernen und damit fehlerhaft hohe Reaktionen zu vermeiden.

34 Nachweis von biogenen Aminen (LM)

IV/B/2/b

(REUTTER 1968 nach SPRIGGS, LEVER, REES und GRAHAM 1966)

Vorbehandlung:	Native Gewebestückchen mit Kohlensäureschnee oder Isopentan (vorgekühlt mit flüssiger Luft oder flüssigem Stickstoff) einfrieren. 15 bis 20 μm Kryostatschnitte auf Deckgläser aufkleben und sofort wieder einfrieren. In luftdichter Cüvette über Phosphorpentoxid bei —20 °C eine Woche trocknen.
Reaktion:	Schnitte 2 h bei $+80$ °C im Exsiccator mit Paraformaldehyd behandeln. [Zur Standardisierung des Wassergehaltes 50 g Paraformaldehyd $HO(CH_2O)_nH$ eine Woche über 25% Schwefelsäure im Exsiccator aufbewahren.]
Nachbehandlung:	Schnitte mit Paraffinöl einschließen.
Ergebnis:	Catecholamine fluorescieren grün bis gelb-grün (Exitationsmaximum 410 nm, Emissionsmaximum 480 nm). Serotonin fluoresciert gelb bis orange-gelb (410 nm/525 nm).

Kontrolle:

A. Hydroxytyramin und Noradrenalin bilden innerhalb 1 h fluorescierende Kondensationsprodukte mit Paraformaldehyd, Adrenalin und Serotonin in 3 h.

B. Fluorescierende 3,4-Dihydroisochinoline und 3,4-Dihydrocarbolin werden durch alkoholische Lösung von Natriumborhydrid $Na(BH_4)$ zu nichtfluorescierenden 1,2,3,4-Tetrahydroderivaten reduziert. Durch erneutes Bedampfen mit Paraformaldehyd werden sie wieder in fluorescierende Formen überführt.

---

35   Chromaffinitätsreaktion zum Nachweis von Adrenalin und Noradrenalin (LM)

IV/B/1/b

(HILLARP und HÖKFELT 1955)

Vorbehandlung:

Für den Nachweis von Adrenalin *und* Noradrenalin natives Gewebe verwenden; für den Nachweis von Noradrenalin *allein* Gewebe mit Glutardialdehyd fixieren (S. 107).

Reaktion:

Gewebestückchen 24 h bei $+4\,°C$ in folgende Lösung:

5% Kaliumdichromat $K_2Cr_2O_7$	90,0 ml
5% Kaliumchromat K_2CrO_4	10,0 ml

Anschließend in aqua dem. spülen.

Nachbehandlung:

Gefrierschnitte anfertigen oder die Gewebestückchen entwässern und in Paraffin einbetten; Schnitte anfertigen. Kernfärbung ist möglich.

Ergebnis:

In nativem Gewebe enthalten adrenalin- *und* noradrenalinbildende Zellen das braun-schwarze Reaktionsprodukt; nach Fixierung mit Glutardialdehyd *nur* noradrenalinbildende Zellen.

Anmerkung:

Noradrenalin *allein* kann auch an nativem Gewebe nachgewiesen werden, welches 24 h bei $+4\,°C$ mit 10% Kaliumjodat KJO_3 behandelt wurde.

---

36   Nachweis von Noradrenalin (EM)

IV/B/1/b

(Wood und Barrnett 1964)

Vorbehandlung:	Gewebe fixieren in Glutardialdehyd (S. 107). Spülen in Puffer.

Reaktion:

Gewebestückchen 24 h bei $+4\,°C$ in folgende Lösung:
5% Kaliumdichromat $K_2Cr_2O_7$ 50,0 ml
0,2 m Barbital-Natrium-Acetatpuffer
    pH 4,1 (S. 165)   50,0 ml
Natriumsulfat Na_2SO_4 1,0 g
Anschließend 30 min spülen in Barbital-Acetatpuffer
    pH 4,1.

Nachbehandlung:

Nachfixierung in OsO_4 (S. 111) ist möglich. Entwässern und einbetten in Kunststoff.
Schnittkontrastierung ist möglich.

Ergebnis:

Hoher Kontrast der Noradrenalingranula.

Anmerkung:

Adrenalin *und* Noradrenalingranula zeigen nach konventioneller OsO_4-Fixierung (S. 111) hohen Kontrast.

---

37   PSL-Reaktion zum Nachweis von Kohlenhydraten (LM)

IV/B/1/e

(McManus 1946, 1948)

Vorbehandlung:

Native Kryostatschnitte oder
Gewebe fixieren in gepuffertem Formol (S. 107);
                Formol-Cetylpyridin (S. 107);
                Gemisch nach Gendre (S. 109);
                nach Carnoy (S. 110).
Schnitte in aqua dem. bringen.

Reaktion: Schnitte bei + 18 bis 24 °C in folgende Lösungen:
                    1) 0,5% Perjodsäure (H_5JO_6, HJO_4)   10 min
                    2) fließend wässern   10 min
                    3) aqua dem.   2× 2 min
                    4) Leukofuchsin (s. unten)   30 min
                    5) frisches Sulfitwasser (s. unten)   3× 2 min
                    6) fließend wässern   5 min
                    7) aqua dem.   2 min

Herstellen von Leuko(-para-)fuchsin (GRAUMANN 1953):
5 g Pararosanilin (Parafuchsin, acridinfrei) in 150,0 ml
1 N HCl lösen und 850 ml aqua dem. mit 5 g Kaliumdisulfit
$K_2S_2O_5$ zugeben. Die rote Lösung wird innerhalb von
24 h gelblich, sie wird dann 2 min mit 3 g Aktivkohle
geschüttelt und anschließend 2mal filtriert. Das farblose
Filtrat ist in Schliffstopfenflaschen mindestens 2 Monate
haltbar.

Herstellen des Sulfitwassers:
aqua dem.   600,0 ml
10% $K_2S_2O_5$ 30,0 ml
1,0 N HCl   30,0 ml

Nachbehandlung: Kernfärbung ist möglich.
                    Entwässern und mit wasserfreiem Medium (S. 196) ein-
                    decken.

Ergebnis: Reaktionspodukt ist rot-lila.

Kontrolle: A. Entfernung von Glykogen (S. 116);
                    B. Entfernung von Hyaluronsäure (S. 116);
                    C. Blockierung von Hydroxylgruppen (S. 118).

Anmerkung: Statt mit Perjodsäure können die Schnitte nach vorherigem
                    Spülen in 8,0 N Essigsäure 15 min mit 0,5% Bleitetraacetat
                    in 8,0 N Essigsäure behandelt werden.

38 **Versilberung zum Nachweis von Aldehydgruppen (EM)**

IV/B/1/e

(Dettmer und Schwarz 1954; Marinozzi 1961; Rambourg und Leblond 1967; Swift und Saxton 1967)

I. Kohlenhydrate
II. Desoxyribonucleinsäure

| Vorbehandlung: | Gewebe fixieren in gepuffertem Formol (S. 107); 3% Glutardialdehyd (S. 107). Einbetten in Methacrylat oder Araldit. Schnitte mit Goldnetzen auffangen oder mit Platinschlinge von einer Lösung auf die andere übertragen. |

I. Nachweis von Kohlenhydraten:

Schnitte bei $+18$ bis $24\,°C$ in folgende Lösungen:

1) 1% Perjodsäure H_5JO_6, HJO_4	20 min
2) aqua dem.	2 min
3) Gebrauchslösung (s. unten) bei $+45\,°C$	3 h
4) aqua dem.	2 min
5) 10% Natriumthiosulfat $Na_2S_2O_3$	45 min
6) aqua dem.	2 min

II. Nachweis von Desoxyribonucleinsäure:

Schnitte bei $+18$ bis $24\,°C$ in folgende Lösungen:

1) 1,0 n HCl bei $+60\,°C$	20 min
2) aqua dem.	2 min
3) Gebrauchslösung (s. unten) bei $+45\,°C$	3 h
4) aqua dem.	2 min
5) 10% Natriumthiosulfat $Na_2S_2O_3$	45 min
6) aqua dem.	2 min

Herstellen der Gebrauchslösung:

Aqua dem.	25,0 ml
Lösung A	5,0 ml
Lösung B	25,0 ml

Lösung A:

3,0% Hexamethylentetramin	100,0 ml
5,0% Silbernitrat $AgNO_3$	5,0 ml

Ein Niederschlag löst sich meist nach Schütteln auf, sonst filtrieren. Die Lösung ist bei $+4\,°C$ haltbar.

Lösung B :
1,9% di-Natriumtetraborat
     Borax; $Na_2B_4O_7 \cdot 10\ H_2O$ 100,0 ml
1,4% Borsäure H_3BO_3 10,0 ml
Die Lösung ist bei $+4\,°C$ haltbar.

Ergebnis: Aldehydreiche Strukturen zeigen hohen Kontrast.

Kontrolle: Die Reaktion ist negativ nach Blockierung der Aldehyd-
                 gruppen mit Hydroxylamin (S. 119).

39   Nachweis saurer Mucopolysaccharide mit Alcianblau-8 G (LM)

IV/B/1/g

(GOMORI 1954)

Vorbehandlung: Gewebe fixieren in gepuffertem Formol (S. 107);
                               Formol-Cetylpyridin (S. 107);
                                   Gemisch nach GENDRE (S. 109);
                                       nach CARNOY (S. 110).
                 Schnitte in aqua dem. bringen.

Reaktion: Die Schnitte 10 bis 20 min bei $+18$ bis $24\,°C$ in folgende
                 Lösung:
                 aqua dem.   100,0 ml
                 Kalium-Aluminiumsulfat $KAl(SO_4)_2$ 5,0 g
                 Alcianblau 8 G   0,5 g
                 Anschließend in aqua dem. spülen.

Nachbehandlung: Kernfärbung ist möglich. Entwässern und mit wasserfreiem
                 Medium (S. 196) einshließen.

Ergebnis: Saure Komponenten sind blau.

Kontrolle: Die Reaktion ist negativ nach Blockierung von Carboxyl-
                 gruppen (S. 119).

Anmerkung: Saure Gruppen können oxydativ gebildet werden:
                 Perameisensäure (S. 121);
                 Peressigsäure (S. 121);
                 Kaliumpermanganat (S. 121).

40 Nachweis saurer Mucopolysaccharide mit kolloidalem Eisen (LM)

IV/B/1/d

(GRAUMANN und CLAUSS 1958 und MÜLLER 1955 nach HALE 1946)

Vorbehandlung: Gewebe fixieren in gepuffertem Formol (S. 107);
Formol-Cetylpyridin (S. 107);
Gemisch nach GENDRE (S. 109);
nach CARNOY (S. 110).
Schnitte in aqua dem. bringen.

Reaktion: Schnitte 10 min bei $+18$ bis $24\,°C$ in folgende Lösungen:

1) Stammlösung	10 Teile	
96 bis 99% Essigsäure	4 Teile	10 min
2) 5% Essigsäure		$2\times$ 5 min
3) Berlinerblaureaktion (S. 123).		

Herstellen der Stammlösung:
750,0 ml aqua dem. aufkochen und während des Kochens 12,0 ml einer 32% Eisen-(III)-Chloridlösung zugeben. Die rot-braune Lösung ist haltbar.

Nachbehandlung: Kernfärbung und Kombination mit der PSL-Reaktion ist möglich (sog. Ritter-Oleson-Technik). Entwässern und mit wasserfreiem Medium (S. 196) einschließen.

Ergebnis: Reaktionsprodukt ist blau.

Kontrolle: Die Reaktion ist nach Blockierung der Carboxylgruppen (S. 119) negativ.

Anmerkung: Zur genaueren Charakterisierung von Gewebekomponenten, die durch Fe-Bindung dargestellt werden, kann das Fe nach mikroskopischer Auswertung des Schnittes extrahiert (S. 115) und eine weitere Reaktion durchgeführt werden.

41   **Nachweis saurer Mucopolysaccharide mit kolloidalem Thorium (EM)**

IV/B/1/d

(REVEL 1964)

Vorbehandlung: Gewebe fixieren in gepuffertem Formol-Cetylpyridin
(S. 107);

Glutardialdehyd (S. 107);
OsO_4 (S. 111).

Einbetten in Methacrylat. Andere Kunststoffeinbettung
eignen sich nicht.

Reaktion: Schnitte mit Xyloldämpfen spreiten und bei $+18$ bis $24\,°C$
auf die Oberfläche folgender Lösungen bringen:

1) 3% Essigsäure	5 min
2) Thoriumlösung (s. unten)	5 min
3) 3% Essigsäure	5 min

Die Schnitte werden mit einer Platinschlinge von einer Lösung auf die andere übertragen. Schnitte vorsichtig behandeln, da beim Übergang von Wasser auf Essigsäure starke
Strömungen auftreten, die das Thorium verlagern können.

Herstellen der Thoriumlösung (VANINO 1921):
20 g trockenes Thoriumnitrat $Th(NO_3)_4$ in Wasser lösen,
das Hydroxid mit Alkali ausfällen, den Niederschlag 10mal
mit aqua dem. auswaschen (zwischendurch zentrifugieren).
Den Niederschlag mit wenig Wasser in einen Kolben überführen und unter Umrühren bis zum Sieden erhitzen.
Weitere 10 g $Th(NO_3)_4$ in 50,0 ml aqua dem. lösen und aus
einer Bürette in kleinen Portionen (etwa 1,0 ml) dem Tho-
riumhydroxid beigeben. Nach jeder Zugabe 5 min kochen.
Nachdem etwa 9,5 ml verbraucht sind, verschwindet der
Niederschlag, und bei weiteren geringen Zugaben nimmt
die Flüssigkeit ein milchiges Aussehen an. Wenn etwa 10,2
bis 10,4 ml entsprechend 2,04 bis 2,08 g $Th(NO_3)_4$ verbraucht sind, wird die Flüssigkeit schwach opalescierend.
Das gewonnene Hydrosol mit 10% Thoriumoxid ist haltbar.

Ergebnis: Stellen mit sauren Gruppen zeigen hohen Kontrast.

Kontrolle:	Die Reaktion ist nach Blockierung der Carboxylgruppen (S. 119) negativ.
Anmerkung:	Statt mit kolloidaler Thoriumlösung kann der Schnitt auch 5 min mit kolloidaler Eisenlösung (S. 135) bei $+75$ bis 80°C behandelt werden. Eine Umwandlung der etwa 3,0 nm großen Eisenteilchen in Berlinerblau ist unnötig und unzweckmäßig, da diese Teilchen etwa 50,0 nm groß würden.

42 Basophilie-Bestimmung mit Methylenblau (LM)

IV/B/1/g

(DEMPSEY und SINGER 1946 nach PISCHINGER 1926)

Vorbehandlung:	Gewebe fixieren in gepuffertem Formol (S. 107); Gemisch nach CARNOY (S. 110). Schnitte in aqua dem. bringen.
Reaktion:	Schnitte 24 h bei $+18$ bis 24°C in folgende Lösungen: 1) 0,001 M Methylenblau 50,0 ml 0,1 M Citronensäure-Phosphatpuffer (S. 164) 50,0 ml *Pufferstufen:* pH 2,2 — 2,8 — 3,2 — 4,2 — 4,8 — 5,0 2) im jeweiligen Puffer kurz spülen. 3) 5% Ammoniumheptamolybdat $(HN_4)_6 Mo_7O_{24} \cdot 4 H_2O$ 15 min 4) fließend wässern 5 min
Nachbehandlung:	Entwässern und mit wasserfreiem Medium (S. 196) einschließen.
Ergebnis:	Unterschiedliche Blaufärbung in Abhängigkeit vom pH.

43 Metachromasie-Bestimmung mit Toluidinblau (LM)

IV/B/1/g

(nach KRAMER und WINDRUM 1955)

Vorbehandlung: Gewebe fixieren in gepuffertem Formol (S. 107);
                               Gemisch nach CARNOY (S. 110).
                     Schnitte in aqua dem. bringen.

Reaktion: Schnitte 15 min bei $+18$ bis 24°C in folgende Lösung:
                     0,01% Toluidinblau in 30% Äthanol.
                     Anschließend in 30% Äthanol spülen.

Nachbehandlung: Mit wasserlöslichem Medium (S. 196) einschließen. Nur bei
                     Vorliegen stark anionischer Gruppen entwässern und mit
                     wasserfreiem Medium einschließen.

Ergebnis: Metachromatische Strukturen erscheinen rot (Absorptions-
                     maximum bei 540 nm), orthochromatische blau (Absorp-
                     tionsmaximum bei 630 nm).

44 Metachromasie-Bestimmung mit Pseudoisocyanin (LM)

IV/B/1/g

(SCHIEBLER und SCHIESSLER 1959)

Vorbehandlung: Gewebe fixieren in gepuffertem Formol (S. 107);
                               Gemisch nach BOUIN (S. 109);
                               Gemisch nach CARNOY (S. 110).
                     Schnitte in aqua dem. bringen.

Reaktion: Schnitte 5 min bei $+18$ bis 24°C in 5×10^{-4} M N, N'-Diäthyl-
                     6,6'-Dichlorpseudoisocyanin färben. 21,5 mg Pseudoiso-
                     cyanin (Harms, Leverkusen) in 30% Äthanol lösen.
                     Anschließend in aqua dem. spülen.

Nachbehandlung:	Mit wasserlöslichem Medium (S. 196) einschließen oder entwässern mit Isopropanol 2× 2 min; Terpineol-Xylol āā 5 min; Xylol 3× 5 min; mit wasserfreiem Medium (S. 196) einschließen.
Ergebnis:	Metachromatische Strukturen erscheinen blau-lila (Absorptionsmaximum 580 nm); orthochromatische Strukturen erscheinen rot (Absorptionsmaximum 530 nm).
Anmerkung:	Saure Gruppen können oxydativ gebildet werden: Perameisensäure (S. 121); Peressigsäure (S. 121); Kaliumpermanganat (S. 121).

45   Nachweis von DNS mit Leukofuchsin (LM)

IV/B/1/e

(FEULGEN und ROSSENBECK 1924)

Vorbehandlung:	Gewebe fixieren in gepuffertem Formol (S. 107); 80% Äthanol (S. 110); Gemisch nach CARNOY (S. 110). Schnitte in aqua dem. bringen.
Reaktion:	Schnitte bei $+60\,^{\circ}C$ in 1 N HCl. Die Hydrolysezeiten hängen von der Fixierung ab:

Formol	8 min
CARNOY	8 min
80% Äthanol	5 min

Anschließend in folgende Lösungen:

1) aqua dem.	2 min
2) Leukofuchsin (S. 132)	45 min
3) frisches Sulfitwasser (S. 132)	3× 2 min
4) aqua dem.	2 min

Nachbehandlung:	Cytoplasmafärbung mit Lichtgrün (0,5% 20 sec) ist möglich. Entwässerung und mit wasserfreiem Medium (S. 196) einschließen.
Ergebnis:	DNS-haltige Strukturen sind rot-lila.
Kontrolle:	Die Reaktion ist nach Vorbehandlung mit DNase negativ (S. 117).

46   Nachweis von DNS und RNS mit Gallocyanin-Chromalaun (LM)

IV/B/1/g

(EINARSON zit. nach PEARSE 1961)

Vorbehandlung: Gewebe fixieren in gepuffertem Formol (S. 107);
80% Äthanol (S. 110);
Gemisch nach CARNOY (S. 110).
Schnitte in aqua dem. bringen.

Reaktion: Schnitte 48 h bei $+18$ bis 24°C in Gallocyanin-Chromalaun. Anschließend 10 min fließend wässern.

Herstellen der Farblösung:

aqua dem.	100,0 ml
Chromalaun $KCr(SO_4)_2$	5,0 g
Gallocyanin	0,15 g

Die Lösung langsam zum Sieden bringen und 5 min sieden lassen. Nach Abkühlen auf Raumtemperatur filtrieren und durch das Filter mit aqua dem. ad 100 ml auffüllen (pH 1,64). Die Lösung ist 4 Wochen haltbar.

Nachbehandlung: Entwässern und mit wasserfreiem Medium (S. 196) einschließen.

Ergebnis: RNS- und DNS-haltige Strukturen sind dunkelblau.

Kontrolle: Nach Vorbehandlung der Schnitte mit RNase werden RNS-haltige, nach Vorbehandlung mit DNase werden DNS-haltige Strukturen nicht mehr angefärbt (S. 117).

---

47   Nachweis von DNS/RNS mit Methylgrün-Pyronin (LM)

IV/B/1/g

(KURNICK 1955)

Vorbehandlung: Gewebe fixieren in gepuffertem Formol (S. 107);
Gemisch nach CARNOY (S. 110).
Schnitte in aqua dem. bringen.

Reaktion:	Schnitte bei $+$ 18 bis 24 °C in folgende Lösungen:		
	1) aqua dem.	60,0 ml	
	2% Pyronin GS (Chroma)	25,0 ml	
	2% Methylgrün (Fluka)	15,0 ml	5 min
	2) Schnitte zwischen Filtrierpapier trocknen		
	3) n-Butanol		2 $\times$ 5 min
	4) Xylol		3 $\times$ 5 min
	5) Mit DePeX einschließen.		

Ergebnis: DNS-haltige Strukturen sind blau-grün, RNS-haltige rot.

Kontrolle: Nach Vorbehandlung der Schnitte mit RNase werden RNS-haltige, nach Vorbehandlung mit DNase werden DNS-haltige Strukturen nicht mehr angefärbt.

Anmerkung: Methylgrün kann geringe Mengen von Methylviolett enthalten. Methylviolett ist im Unterschied zu Methylgrün in Chloroform sehr gut löslich. Die Verunreinigung wird durch mehrmaliges Ausschütteln der wäßrigen Methylgrünlösung in einem Scheidetrichter mit kleinen Volumina an Chloroform entfernt. Reste von Chloroform in der Farblösung werden durch Filtration durch angefeuchtetes Filtrierpapier beseitigt.

---

48   Lipiddarstellung mit Scharlachrot (LM)

IV/B/1/f

(HERXHEIMER 1901 nach MICHAELIS 1901)

Vorbehandlung: Native Kryostatschnitte oder
Gewebe fixieren in Formol-Calcium (S. 107);
                    Gemisch nach BOUIN (S. 109).
Gefrierschnitte in aqua dem. bringen.

Reaktion:	Gefrierschnitte (flottierend) bei $+$ 18 bis 25 °C in folgende Lösungen:		
	1) 50% Äthanol		3 min
	2) 70% Äthanol	50,0 ml	
	100% Aceton	50,0 ml	
	Scharlachrot	0,3 g	5 min
	3) 50% Äthanol		3 min
	4) aqua dem.		2 min

Nachbehandlung: Kernfärbung ist möglich.
                       Mit wasserlöslichem Medium (S. 196) einschließen.

Ergebnis: Lipide sind rot.

Kontrolle: Die Reaktion ist negativ nach Extraktion der Lipide (S. 117).

Anmerkung: Anstelle von Scharlachrot können Rhodamin B, Sudan III,
                       Sudanschwarz für die Lipiddarstellung verwendet werden.

49   Nachweis saurer und neutraler Lipide mit Nilblausulfat (LM)

IV/B/1/f

(CAIN 1947)

Vorbehandlung: Native Kryostatschnitte oder
                       Gewebe fixieren in Formol-Calcium (S. 107);
                                       Gemisch nach BOUIN (S. 109).
                       Gefrierschnitte in aqua dem. bringen.

Reaktion: Gefrierschnitte (flottierend) bei $+60\,°C$ in folgende Lö-
                       sungen:
                       1) 1% Nilblausulfat   5 min
                       2) aqua dem. 2×30 sec
                       3) 1% Essigsäure differenzieren   30 sec
                          bei $+18$ bis $24\,°C$
                       4) aqua dem.   5 min

Nachbehandlung: Mit wasserlöslichem Medium (S. 196) eindecken.

Ergebnis: Neutralfette sind rot, saure Lipide und andere saure Kom-
                       ponenten sind blau.

Kontrolle: Die Reaktion ist nach Extraktion der Lipide (S. 117) negativ.
                       Ein Vergleich der blau gefärbten Komponenten in extra-
                       hierten und nicht extrahierten Schnitten läßt den auf saure
                       Lipide rückführbaren Anteil der Blaufärbung erkennen.

50   Nachweis von Phosphoglyceriden (LM, EM)

IV/B/1/e

(Gallyas 1963; Weller, Bayliss, Abdulla
und Adams 1965)

Vorbehandlung:	Gewebe fixieren in Formol-Calcium (S. 107);

Glutardialdehyd (S. 107).
Mit dem Tissue sectioner hergestellte 50 µm Schnitte oder
Gefrierschnitte in 0,1 m Phosphatpuffer pH 7,2 (S. 171)
bringen.

Reaktion:

Schnitte bei + 18 bis 24 °C in folgende Lösungen:

1) 5% Hydroxylamin	1 Teil	
1,5 n NaOH	1 Teil	5 min
2) aqua dem.		2 min
3) aqua dem.	100,0 ml	
NaOH	0,025 g	
Silbernitrat AgNO$_3$	0,1 g	
Ammoniumnitrat NH$_4$NO$_3$	0,2 g	24 Std
4) 1% Essigsäure		2 min

Nur für Lichtmikroskopie:

5) 0,2% Goldchlorid (Tetrachlorogold-(III)-säure, HAuCl$_4$ · 4 H$_2$O)	10 min
6) 5% Natriumthiosulfat Na$_2$S$_2$O$_3$	5 min

Nachbehandlung:

Entwässern und mit wasserfreiem Medium (S. 196) einschließen, bzw. einbetten in Kunststoff (S. 112).

Ergebnis:

Die Reaktionsprodukte sind lichtmikroskopisch rötlichbraun, elektronenmikroskopisch kontrastreich.

Kontrolle:

Die Reaktion ist nach Extraktion der Lipide negativ (S. 117).

51   Nachweis von Äthylengruppen in Lipiden (LM)

IV/B/1/e

(Lillie 1952)

Vorbehandlung:

Gewebe fixieren in Formol-Calcium (S. 107);
Gemisch nach Bouin (S. 109).
Gefrierschnitte in aqua dem. bringen.

Reaktion: Gefrierschnitte (flottierend) bei + 18 bis 24 °C in folgende
                            Lösungen:
                            1) Perameisensäure (S. 121)   10 min
                            2) aqua dem.   2× 5 min
                            3) Leukofuchsin (S. 132)   45 min
                            4) frisches Sulfitwasser (S. 132)   3× 2 min
                            5) fließend wässern   5 min

Nachbehandlung: Kernfärbung ist möglich.
                            Mit wasserlöslichem Medium (S. 196) einschließen.

Ergebnis: Strukturen mit Äthylengruppen sind rot-lila.

Kontrolle: Die Reaktion ist negativ nach Blockierung der Äthylen-
                            gruppen (S. 118) *vor* der Perameisensäurebehandlung.

2. Enzymnachweise

52   Entfernung von Gasblasen aus Enzym-histochemischen Präparaten (LM)

(MEIER-RUGE und MEIER 1963)

Bei Diazoniumsalzmethoden können unter nativen und Aceton-fixierten Schnitten Gasblasen (N_2) entstehen. Um ihr Auftreten zu verhindern, Schnitte *nach* Durchführung der Diazoniumreaktion 15 min in folgende Lösung:

1,0 N HCl	100,0 ml
Aluminiumchlorid $AlCl_3 \cdot 6\,H_2O$	12,0 g

Anschließend 15 min fließend wässern.

Anmerkung: Kein wasserfreies $AlCl_3$ verwenden, da Explosionsgefahr mit Wasser!

53   Nachweis der Alkalischen Phosphatase (LM)

A. Metallsalzmethode IV/B/2/c; (GOMORI 1952)
B. Farbstoffmethode IV/B/2/d (nach PEARSE 1961)

Vorbehandlung: Native Kryostatschnitte oder
Gewebe fixieren in gepuffertem Formol (S. 107) für
         Gefrierschnitte;
         Aceton (S. 111) für Vakuumeinbettung.
Schnitte in aqua dem. bringen.

Reaktion A:
Schnitte bis zu 20 min bei $+37\,°C$ in folgende frisch ange-setzte Lösung:

aqua dem.	100,0 ml
Barbital-Natrium	500,0 mg
Calciumchlorid $CaCl_2 \cdot 6\,H_2O$	800,0 mg
Natrium-β-glycerophosphat	600,0 mg
Magnesiumsulfat $MgSO_4 \cdot 7\,H_2O$	100,0 mg

Anschließend bei $+18$ bis $24\,°C$ in folgende Lösungen:

1) aqua dem.	2 min
2) 2% Kobaltnitrat $Co(NO_3)_2$	5 min
3) aqua dem.	2 min
4) 2% Ammoniumsulfid $(NH_4)_2S$	5 min
Unter einem Abzug arbeiten!	
5) aqua dem.	2×2 min

Nachbehandlung:	Gegenfärbung ist möglich. Entwässern und mit wasserfreiem Medium (S. 196) einschließen.
Ergebnis:	Das Reaktionsprodukt ist braun-schwarz.
Kontrolle:	Die Reaktion ist nach Inkubation ohne Substrat (Na-β-glycerophosphat) negativ.

Reaktion B :
Schnitte 20 min bei $+20\,°C$ (Temperatur nicht überschreiten) in folgende frisch angesetzte Lösung:

0,1 M Barbital-Natriumpuffer pH 9,0 (S. 175)	100,0 ml
Naphthyl-1-phosphat Natriumsalz	100,0 mg
Echtrotsalz TR 2	100,0 mg

Anschließend in aqua dem. spülen.

Nachbehandlung:	Kernfärbung ist möglich. Mit wasserlöslichem Medium (S. 196) einschließen.
Ergebnis:	Das Reaktionsprodukt ist rot.
Kontrolle:	Die Reaktion ist ohne Substrat (Na-naphthyl-1-phosphat oder Naphthol-AS-Bi-phosphat) negativ.
Anmerkung:	Anstelle von 100,0 mg Na-naphthyl-1-phosphat kann verwendet werden: 100,0 mg Naphthol-AS-Bi-Phosphat gelöst in 0,3 ml N,N-Dimethylformamid. Anstelle von 100,0 mg Echtrotsalz TR 2 kann verwendet werden: Echtblausalz B 50,0 mg; Echtviolettsalz B 60,0 mg oder ein anderes Diazoniumsalz in ähnlicher Menge.

54 Nachweis der alkalischen Phosphatase (EM)

IV/B/2/c

(HUGON und BORGERS 1966 nach GOMORI 1952)

Vorbehandlung:	Gewebe 2 h in 5% Glutardialdehyd fixieren (S. 107). 50 μm Schnitte mit dem Tissue sectioner oder Gefriermikrotom herstellen.

Reaktion:	Schnitte bis zu 20 min bei $+37\,°C$ in folgende Lösung:

Schnitte bis zu 20 min bei $+37\,°C$ in folgende Lösung:

aqua dem.	40,0 ml
0,1 M Barbital-Natriumpuffer pH 9,0 (S. 175)	10,0 ml
Natrium-β-glycerophosphat	125,0 mg
Bleinitrat $Pb(NO_3)_2$	50,0 mg
Rohrzucker	3,5 mg

Anschließend wenige Sekunden in 2% Essigsäure spülen.

Nachbehandlung: Nachfixierung 30 min in OsO_4 (S. 111).
Entwässern und einbetten in Kunststoff (S. 112).
Nachkontrastierung ist möglich.

Ergebnis: Das Reaktionsprodukt zeigt hohen Kontrast.

Kontrolle: Die Reaktion ist nach Inkubation ohne Substrat (Na-β-glycerophosphat) negativ.

Anmerkung: Bei starken Bleiniederschlägen auf dem Präparat kann die $Pb(NO_3)_2$-Konzentration um bis zu 20% erniedrigt werden. Anstelle von Barbital-Natriumpuffer kann auch Tris-Maleatpuffer 0,2 M, pH 9 (S. 172) verwendet werden.

55 Nachweis der sauren Phosphatase (LM)

A Metallsalzmethode IV/B/2/c, (GOMORI 1950)
B Farbstoffmethode IV/B/2/d (nach PEARSE 1961)

Vorbehandlung: Native Kryostatschnitte oder
Gewebe fixieren in gepuffertem Formol (S. 107)
für Gefrierschnitte;
Aceton (S. 111) für Vakuumeinbettung.
Schnitte in aqua dem. bringen.

Reaktion A:
Schnitte bis zu 20 min bei $+37\,°C$ in folgende Lösung
(*Lösung auf $+37\,°C$ erwärmen und filtrieren*):

0,05 M Acetatpuffer pH 5,0 (S. 168)	100,0 ml
Natrium-β-glycerophosphat	300,0 mg
Bleinitrat $Pb(NO_3)_2$	100,0 mg

Anschließend bei + 18 bis 24 °C in folgende Lösungen:
1) aqua dem.	2 × 2 min
2) 2% Essigsäure	wenige sec
3) aqua dem.	2 min
4) 2% Ammoniumsulfid $(NH_4)_2S$	5 min
5) aqua dem.	2 × 2 min

Nachbehandlung: Gegenfärbung ist möglich.
Entwässern und mit wasserfreiem Medium (S. 196) einschließen.

Ergebnis: Das Reaktionsprodukt ist braun-schwarz.

Kontrolle: Die Reaktion ist nach Inkubation ohne Substrat (Na-β-glycerophosphat) negativ.

Reaktion B:
Schnitte bis zu 20 min bei + 37 °C in folgende frisch angesetzte Lösung (*Lösung auf +37°C vorwärmen*):
0,1 M Barbital-Acetatpuffer pH 5,0 (S. 165)	100,0 ml
Naphthyl-1-phosphat Natriumsalz	75,0 mg
Rohrzucker	7,5 g

Erst nach dem Lösen zugeben:
Echtrotsalz ITR	100,0 mg

Nach der Inkubation 2 min fließend wässern.

Nachbehandlung: Kernfärbung ist möglich.
Mit wasserlöslichem Medium (S. 196) einschließen.

Ergebnis: Das Reaktionsprodukt ist rot.

Kontrolle: Die Reaktion ist nach Inkubation ohne Substrat (Na-naphthyl-1-phosphat) negativ.

Anmerkung: Anstelle von Rohrzucker kann bei Reaktion B auch Polyvinylpyrrolidon, anstelle von Echtrotsalz ITR können die bei Rezept 53 genannten Diazoniumsalze in gleicher Menge verwendet werden.

---

56   # Nachweis der sauren Phosphatase (EM)

IV/B/2/c

(COLEMAN, EVENNETT und DODD 1967 nach GOMORI 1950)

Vorbehandlung: Gewebe 2 h fixieren in gepuffertem Formol (S. 107);
                                        Glutardialdehyd (S. 107).
                      Dem jeweiligen Fixierungsmedium 7,5% Rohrzucker zu-
                      setzen. Anschließend 30 min in 0,05 M Acetatpuffer pH 5,0
                      (S. 168) mit 7,5% Rohrzucker spülen. 50 μm Schnitte mit
                      dem Tissue sectioner oder Gefriermikrotom herstellen.

Reaktion: Schnitte 20 min bei $+37\,°\mathrm{C}$ im Reaktionsmedium A (Re-
                      zept 55) (S. 148) inkubieren. Anschließend spülen in:
                      1) 2% Essigsäure   wenige sec
                      2) 0,05 M Acetatpuffer pH 5,0 (S. 168)
                         mit 7,5% Rohrzucker   1 min

Nachbehandlung: Schnitte 30 min fixieren in OsO_4 (S. 111).
                      Entwässern und einbetten in Kunststoff (S. 112).
                      Nachkontrastierung ist möglich.

Ergebnis: Das Reaktionsprodukt zeigt hohen Kontrast.

Kontrolle: Die Reaktion ist nach Inkubation ohne Substrat (Na-β-
                      glycerophosphat) negativ.

---

57   # Nachweis der 5-Nucleotidase (LM)

IV/B/2/c
(nach WACHSTEIN und MEISEL 1957)

Vorbehandlung: Native Kryostatschnitte oder
                      Gewebe fixieren in gepuffertem Formol (S. 107)
                      mit Zusatz von 5% Dextran.
                      20 μm Schnitte in aqua dem. bringen.

Reaktion: Schnitte bei + 18 bis 24 °C in folgende Lösungen:
                     1) aqua dem   60,0 ml
                        0,2 M Trismaleatpuffer pH 6,7   40,0 ml
                        (S. 172)
                        Bleinitrat Pb(NO$_3$)$_2$ 100,0 mg
                        Substrat (s. Anmerkung)   150,0 mg
                        Magnesiumsulfat (MgSO$_4$)   250,0 mg   20 min

                     2) aqua dem.   2 × 2 min
                     3) 2% Ammoniumsulfid (NH$_4$)$_2$S   2 min
                     4) aqua dem.   2 × 2 min

Nachbehandlung: Kernfärbung ist möglich.
                     Entwässern und mit wasserfreiem Medium (S. 196) ein-
                     schließen.

Ergebnis: Das Reaktionsprodukt ist braun-schwarz.

Kontrolle: Die Reaktion ist nach Inkubation ohne Substrat negativ.

Anmerkung: Als Substrate können verwendet werden:
                     Adenosin-3-monophosphat,
                     Adenosin-5-monophosphat,
                     Cytidin-5-monophosphat,
                     Deoxyadenosin-5-monophosphat,
                     Deoxycytidin-5-monophosphat,
                     Glucose-6-phosphat,
                     Inosin-5-monophosphat,
                     Na-β-Glycerophosphat,
                     Ribose-5-phosphat,
                     Uridin-5-monophosphat.
                     Die Substratmenge kann nach oben oder unten variiert
                     werden.

58   # Nachweis von Adenosintriphosphatase (EM)

IV/B/2/c
(FARQUHAR und PALADE 1966 nach WACHSTEIN und
MEISEL 1957)

Vorbehandlung: Gewebe fixieren in gepuffertem Formol (S. 107);
Glutardialdehyd (S. 107);
Hydroxyadipindialdehyd (S. 108).
Das jeweilige Fixierungsmedium mit 0,05 M Cacodylatpuffer auf pH 7,2 (S. 170) einstellen und 7,5% Rohrzucker
zusetzen. In Puffer spülen und anschließend 50 μm Schnitte
mit dem Tissue sectioner oder Gefriermikrotom herstellen.

Reaktion: Schnitte bis zu 20 min bei +37°C in folgende Lösung:
(Lösung vorher auf +37°C erwärmen)

aqua dem.	30,0 ml
0,2 M Trismaleatpuffer pH 7,2 (S. 172)	20,0 ml
Adenosintriphosphat Dinatriumsalz	25,0 mg
Bleinitrat $Pb(NO_3)_2$	50,0 mg
Rohrzucker	3,5 g

Anschließend bei +18 bis 24°C in folgende Lösungen:
1) 7,5% Rohrzucker   5 min
2) 0,05 M Essigsäure   5 min

Nachbehandlung: Fixierung mit OsO_4 (S. 111)
Entwässern und einbetten in Kunststoff (S. 112).

Ergebnis: Das Reaktionsprodukt zeigt hohen Kontrast.

Kontrolle: Die Reaktion ist nach Inkubation ohne Substrat (Adenosintriphosphat) negativ.

Anmerkung: Anstelle von 25,0 mg Adenosintriphosphat kann in glei-
cher Menge verwendet werden:
Adenosindiphosphat,
Adenosin-5-monophosphat,
Inosintriphosphat,
Na-β-glycerophosphat.

59 Nachweis unspezifischer Esterasen (LM)

IV/B/2/d

(NACHLAS und SELIGMAN 1949)

Vorbehandlung: Native Kryostatschnitte oder
Gewebe fixieren in gepuffertem Formol (S. 107)
für Gefrierschnitte;
Aceton (S. 111) für Vakuumeinbettung.
Schnitte in aqua dem. bringen.

Reaktion: Schnitte bis zu 20 min bei $+18$ bis 24°C in folgende Lösung:

0,1 M Phosphatpuffer pH 6,5 (S. 171)	98,0 ml
1% Lösung von α-Naphthylacetat in 50% Aceton	2,0 ml
Echtblausalz B	100,0 mg

Anschließend 1 min fließend wässern.

Nachbehandlung: Kernfärbung ist möglich.
Mit wasserlöslichem Medium (S. 196) einschließen.

Ergebnis: Das Reaktionsprodukt ist blau.

Kontrolle: Die Reaktion ist nach Inkubation ohne Substrat (α-Naphthylacetat) negativ.

Anmerkung: Anstelle von α-Naphthylacetat kann verwendet werden:

1% Lösung von Naphthol-AS-acetat	2,0 ml

Herstellen der Lösung:
0,5 g Naphthol-AS-acetat in 5,0 ml eines Gemisches von 50% Aceton und 15% Propylenglykol lösen, 15,0 ml Propylenglykol zugeben und mit aqua dem. auf 50,0 ml auffüllen.

Anstelle von 50,0 mg Echtrotsalz B kann in gleicher Menge verwendet werden:
Echtgranatsalz GBC, Echtrotsalz RC, oder ein anderes Diazoniumsalz.

60   Nachweis von Cholinesterase (LM)

IV/B/2/c

(Gomori 1952)

Vorbehandlung: 20 μm native Kryostatschnitte oder Gewebe 6 h fixieren in gepuffertem Formol (S. 107).
Gefrierschnitte in aqua dem. bringen.

Reaktion: Schnitte 30 min bei $+18$ bis $24\,°C$ in folgende Lösungen:

1) aqua dem.	0,5 ml
Acetylthiocholinjodid	20,0 mg
Stammlösung	10,0 ml

Herstellen der Stammlösung:

35% Natriumsulfat Na_2SO_4	170,0 ml
1 N NaOH	20,0 ml
Maleinsäure	1,75 g
Magnesiumchlorid $MgCl_2 \cdot 6\,H_2O$	1,0 g
Glycin (Glykocoll)	375,0 mg
Kupfersulfat $CuSO_4 \cdot 5\,H_2O$	300,0 mg
2) 35% Na_2SO_4	3×2 min
3) 2% Ammoniumsulfid $(NH_4)_2S$	2 min
4) aqua dem.	2×2 min

Nachbehandlung: Kernfärbung ist möglich.
Entwässern und mit wasserfreiem Medium (S. 196) einschließen.

Ergebnis: Reaktionsprodukt ist braun-schwarz.

Kontrolle: Die Reaktion ist negativ, wenn vorher in 10^{-6} M Eserin oder Physostigmin inkubiert wurde.

Anmerkung: Anstelle von 20,0 mg Acetylthiocholinjodid kann 30,0 mg Butyrylthiocholinjodid verwendet werden.

61   Nachweis von β-Glucuronidase (LM)

IV/B/2/d

(SELIGMAN, TSOU, RUTENBURG und COHEN 1954)

Vorbehandlung:	20 µm native Kryostatschnitte 10 min in gepuffertem Formol (S. 107) fixieren, anschließend in aqua dem. bringen.

Reaktion:

Schnitte 6 h bei $+37\,°C$ in folgende Lösung:

aqua dem.	75,0 ml
0,15 M Citronensäure-phosphatpuffer pH 5,0 (S. 164)	20,0 ml
Natrium-6-brom-2-naphthyl-β-D-glucuronid	30,0 mg
gelöst in 100% Methanol	5,0 ml

Anschließend bei $+18$ bis $24\,°C$ in folgende Lösungen:

1) aqua dem.			2 min
2) 0,02 M Phosphatpuffer pH 7,4 (S. 171)	100,0 ml		
Echtblausalz B	100,0 mg		2 min
3) aqua dem.			2 min
4) 0,1% Essigsäure			2 min
5) aqua dem.			2 min

Nachbehandlung: Mit wasserlöslichem Medium (S. 196) einschließen.

Ergebnis: Das Reaktionsprodukt ist blau.

Kontrolle: Die Reaktion ist nach Inkubation ohne Substrat (Natrium-6-brom-2-naphthyl-β-D-glucuronid) negativ.

62   Nachweis von Cytochrom-Oxydase (LM)

IV/B/2/d

(BURSTONE 1959)

Vorbehandlung: 10 µm native Kryostatschnitte.

Reaktion:	Schnitte bis zu 20 min bei $+$ 18 bis 24 °C in folgende Lösung:

1) 96% Äthanol   1,0 ml
    1-Naphthol   20,0 mg
    4-Amino-diphenylamin   20,0 mg

Nach dem Lösen dieser Substanzen:
aqua dem.   70,0 ml
0,2 M Tris-HCl-Puffer pH 7,4 (S. 174)   29,0 ml
Lösung filtrieren:
2) 10% Kobaltnitrat $Co(NO_3)_2$ 60 min
3) fließend wässern   2 min
4) aqua dem.   2 min

Nachbehandlung:	Mit wasserlöslichem Medium (S. 196) einschließen.
Ergebnis:	Das Reaktionsprodukt ist tief-dunkelblau.
Kontrolle:	Die Reaktion ist nach Inkubation ohne 4-Amino-diphenyl-amin negativ.

63   Nachweis von Bersteinsäure-Dehydrogenase (LM)

IV/B/2/d

(GOEBEL und PUCHTLER 1955)

Vorbehandlung:	30 µm native Kryostatschnitte.
Reaktion:	Schnitte bis zu 20 min bei $+$ 37 °C in folgende Lösung:

aqua dem.   25,0 ml
0,2 M Phosphatpuffer pH 7,6 (S. 171)   25,0 ml
0,2 M Bernsteinsäure als Dinatriumsalz
(Dinatriumsuccinat)   25,0 ml
Salzlösung   25,0 ml
Nitro-Blau Tetrazoliumchlorid (Nitro-BT)
oder ein anderes Tetrazoliumsalz   100,0 mg

Herstellen der Salzlösung:
aqua dem.   68,0 ml
0,25 M Calciumchlorid $CaCl_2 \cdot 6\,H_2O$ 2,0 ml
0,05 M Magnesiumsulfat $MgSO_4 \cdot 7\,H_2O$ 2,0 ml
0,6 M Natriumhydrogencarbonat $NaHCO_3$ 20,0 ml
0,01 M Aluminiumchlorid $AlCl_3 \cdot 6\,H_2O$ 8,0 ml

Anschließend bei +18 bis 24°C in folgende Lösungen:
1) 0,2 M Phosphatpuffer pH 7,6 (S. 171)   2 min
2) 10% Formol   10 min
3) aqua dem.   3 × 5 min

Nachbehandlung: Mit wasserlöslichem Medium (S. 196) einschließen. Bei Verwendung einer Tetrazoliumverbindung, deren Formazan in organischen Lösungsmitteln unlöslich ist, entwässern und mit wasserfreiem Medium (S. 196) einschließen.

Ergebnis: Das Reaktionsprodukt ist dunkelviolett.

Kontrolle: Die Reaktion ist nach Inkubation ohne Substrat (Dinatriumsuccinat) negativ.

---

64   Nachweis von Glucose-6-Phosphat-Dehydrogenase (LM)

IV/B/2/d
(SASSE 1968 nach RUDOLPH und KLEIN 1964)

Vorbehandlung: 20 μm native Kryostatschnitte aufkleben und an der Luft trocknen lassen.

Reaktion: Schnitte bis zu 40 min bei +37°C in folgende Lösung:
0,2 M Tris-HCl-Puffer pH 7,4 (S. 174)   50,0 ml
Glucose-6-phosphat Dinatriumsalz   150,0 mg
Nicotin-amid-dinucleotid-phosphat (NADP)   160,0 mg
Äthylendiamintetraessigsäure Tetranatriumsalz
    (EDTA)   10,0 mg
Tetra-nitro-blautetrazoliumchlorid (TNBT)   15,0 mg
Anschließend bei +18 bis 24°C je 2 × 2 min in aqua dem. und in 96% Äthanol spülen.

Nachbehandlung: Mit wasserlöslichem Medium (S. 196) einschließen.

Ergebnis: Das Reaktionsprodukt ist tief-blau.

Kontrolle: Die Reaktion ist nach Inkubation ohne Substrat (Glucose-6-phosphat) negativ.

65 Nachweis von Uridindiphosphatglucose: Glykogen-α-4-Glykosyltransferase (LM)

IV/B/2/b
(Sasse 1966 nach Takeuchi und Glenner 1960)

Vorbehandlung: 20 µm native Kryostatschnitte aufkleben und an der Luft trocknen lassen.
Schnitte 10 min bei $+4\,°C$ fixieren in 96% Äthanol und in aqua dem. bringen.

Reaktion: Mehrere Schnitte für 3 h bei $+37\,°C$ in folgende Lösung:

aqua dem.	14,0 ml
0,2 M Tris-HCl-Puffer pH 7,4 (S. 174)	10,0 ml
96% Äthanol	1,0 ml
Uridin-5'-diphosphoglucose Dinatriumsalz	50,0 mg
Glykogen	10,0 mg
Aethylendiamintetraessigsäure Tetranatriumsalz (EDTA)	20,0 mg
Glucose-6-phosphat Dinatriumsalz	10,0 mg

Anschließend Schnitte bei $+18$ bis $24\,°C$ in folgende Lösungen:

1) aqua dem.	2 min

Schnitte getrennt weiterbehandeln:

A) 10% Lugolsche Lösung	10 min
B) PSL-Reaktion (S. 131)	
C) 10% H_2SO_4	30 min

anschließend PSL-Reaktion.

Nachbehandlung: Präparate nach Durchführung der PSL-Reaktion entwässern und mit wasserfreiem Medium (S. 196) einschließen, nach Lugolscher Lösung mit wasserlöslichem Medium (S. 196) einschließen und sofort auswerten.

Ergebnis: Nach Lugolscher Lösung erscheint neugebildetes Glykogen mahagonibraun. Die nach H_2SO_4-Behandlung noch vorliegende diastase-sensitive Perjodatreaktivität beruht auf neugebildetem Glykogen.

Kontrolle: Die Reaktion ist nach Inkubation ohne Substrat (Uridin-5'-diphosphoglucose) oder nach Vergiftung des Enzyms mit 10^{-3} M p-Chlormercuribenzoesäure (10,0 mg in das Inkubationsmedium) negativ.

66   Nachweis von Phosphorylase (LM, EM)

IV/B/2/b
(Sasaki und Takeuchi 1963)

Vorbehandlung:	20 μm native Kryostatschnitte.

Reaktion:

Schnitte 2 h bei $+ 37\,°C$ in folgende Lösung:

aqua dem.	15,0 ml
0,1 M Acetatpuffer pH 5,6 (S. 168)	10,0 ml
2-D-Glucose-1-phosphat als Dinatriumsalz	50,0 mg
Adenosin-5′-monophosphorsäure	50,0 mg
Insulin	10 E
Glykogen	5,0 mg

Anschließend für lichtmikroskopische Untersuchungen Schnitte für 10 min in Lugolsche Lösung bringen.

Nachbehandlung: Schnitte mit wasserlöslichem Medium (S. 196) einschließen und sofort auswerten.

Ergebnis: Neugebildetes Glykogen tritt durch Blaufärbung hervor und zeigt enzymaktive Orte an.

Kontrolle: Die Reaktion ist nach Inkubation ohne Substrat (Glucose-1-phosphat) negativ.

Anmerkung: Für elektronenmikroskopische Untersuchungen nach der Inkubation in 0,1 M Acetatpuffer (pH 5,6) spülen und in Methacrylat einbetten.

E. Puffer

	pH-Bereich (bei 18°—24°C)	Seite
1. Kaliumchlorid-Salzsäure (Clark und Lubs)	1,0 — 7,2	161
2. Glycin I (Sørensen)	1,2 — 3,6	162
3. Citrat I (Sørensen)	2,2 — 4,8	163
4. Citronensäure-Phosphat (McIlvaine)	2,2 — 8,0	164
5. Barbital-(Veronal-)Natrium-Acetat (Michaelis)	2,6 — 9,4	165
6. Citrat (II) (Horecker-Lillie)	2,86— 7,60	167
7. Essigsäure (Walpole)	3,6 — 5,6	168
8. Citrat (III) (Sørensen)	5,0 — 6,8	169
9. Cacodylat (Plumel)	5,0 — 7,4	170
10. Phosphat (Sørensen)	5,0 — 8,2	171
11. Trismaleat (Gomori)	5,2 — 8,6	172
12. Collidin (Gomori)	6,45— 8,35	173
13. Tris-HCl (Gomori)	7,2 — 9,0	174
14. Barbital-(Veronal-)Natrium (Michaelis)	6,8 — 9,6	175
15. Glycin II (Sørensen)	8,4 —13,0	176

1. Puffersubstanzen

	MG
Barbital-(Veronal-)Natrium ($C_8H_{11}N_2NaO_3$)	206,18
Borsäure (H_3BO_3)	61,83
Cacodylsäure Natriumsalz ($C_2H_6AsNaO_2 \cdot 3\ H_2O$)	214,03
Citronensäure-1-hydrat ($C_6H_8O_7 \cdot H_2O$)	210,14
sym-Collidin (2,4,6-Trimethylpyridin; $C_8H_{11}N$)	121,18
Essigsäure ($C_2H_4O_2$)	60,05
Glycin (Glykocoll; $C_2H_5NO_2$)	75,07
Kaliumchlorid (KCl)	74,56
Kaliumdihydrogenphosphat (KH_2PO_4)	136,09
Maleinsäure ($C_4H_4O_4$)	116,08
Natriumacetat-3-hydrat ($C_2H_3NaO_2 \cdot 3\ H_2O$)	136,08
Natriumchlorid (NaCl)	58,44
di-Natriumhydrogenphosphat-2-hydrat ($Na_2HPO_4 \cdot 2\ H_2O$)	177,99
Natriumhydroxid (NaOH)	40,00
Phosphorsäure (H_3PO_4)	98,00
Salzsäure (HCl)	36,46
Tris(hydroxymethyl)-aminomethan ($C_4H_{11}NO_3$)	121,14

2. Herstellungsvorschriften für Puffer

| 1 | Kaliumchlorid-Salzsäurepuffer |

(CLARK und LUBS)

pH 1,0 bis 2,2

Lösung A: 0,2 N KCl (14,9 g KCl/l H_2O)

Lösung B: 0,2 N HCl

pH	Lösung A ml	Lösung B ml
1,0	25	48,50
1,2	25	32,25
1,4	25	20,75
1,6	25	13,15
1,8	25	8,40
2,0	25	5,30
2,2	25	3,35

25 ml A + x ml B ad 100 ml aqua dem.

---

2   Glycinpuffer (I)

(SØRENSEN)

pH 1,2 bis 3,6

Lösung A: 0,1 M Glycin in 0,1 N NaCl
              (7,5 g $C_2H_5NO_2$ + 5,85 g NaCl/l H_2O)

Lösung B: 0,1 N HCl

pH	Lösung A ml	Lösung B ml
1,2	15,0	85,0
1,4	28,7	71,3
1,6	38,2	61,8
1,8	45,7	54,3
2,0	52,3	47,7
2,2	58,3	41,7
2,4	64,5	35,5
2,6	70,2	29,8
2,8	75,6	24,4
3,0	80,8	19,2
3,2	85,6	14,4
3,4	90,3	9,7
3,6	94,5	5,5

3   Citratpuffer (I)

(SØRENSEN)

pH 2,2 bis 4,8

Lösung A: 0,1 M Dinatriumcitrat
                (21,0 g Citronensäure-1-hydrat in 200 ml
                1 N NaOH ad 1000 aqua dem.)

Lösung B: 0,1 N HCl

pH	Lösung A ml	Lösung B ml
2,2	33,0	67,0
2,4	34,6	65,4
2,6	36,4	63,6
2,8	38,4	61,6
3,0	40,5	59,5
3,2	42,8	57,2
3,4	46,0	54,0
3,6	48,5	51,5
3,8	52,0	48,0
4,0	55,8	44,2
4,2	61,2	38,8
4,4	67,8	32,2
4,6	76,6	23,4
4,8	88,2	11,8

4   Citronensäure-Phosphatpuffer

(McIlvaine)

pH 2,2 bis 8,0

Lösung A : 0,1 M Citronensäure
    (21,0 g $C_6H_8O_7 \cdot H_2O$/l H_2O)

Lösung B : 0,2 M di-Natriumhydrogenphosphat-2-hydrat
    (35,6 g $Na_2HPO_4 \cdot 2\ H_2O$/l H_2O)

pH	Lösung A ml	Lösung B ml
2,2	98,00	2,00
2,4	93,80	6,20
2,6	89,10	10,90
2,8	84,15	15,85
3,0	79,45	20,55
3,2	75,30	24,70
3,4	71,50	28,50
3,6	67,80	32,20
3,8	64,50	35,50
4,0	61,45	38,55
4,2	58,60	41,40
4,4	55,90	44,10
4,6	53,25	46,75
4,8	50,70	49,30
5,0	48,50	51,50
5,2	46,40	53,60
5,4	44,25	55,75
5,6	42,00	58,00
5,8	39,55	60,45
6,0	36,85	63,15
6,2	33,90	66,10
6,4	30,75	69,25
6,6	27,25	72,75
6,8	22,75	77,25
7,0	18,15	81,85
7,2	13,05	86,95
7,4	9,15	90,85
7,6	6,35	93,65
7,8	4,30	95,70
8,0	2,75	97,25

5   Barbital-(Veronal)-Natrium-Acetatpuffer

(MICHAELIS)

pH 2,6 bis 9,4

Lösung A: 1/7 M Natriumacetat in 1/7 M Barbital-Natrium
(19,43 g $C_2H_3NaO_2 \cdot 3\ H_2O$
+ 29,43 g $C_8H_{11}N_2NaO_3/l\ H_2O$)

Lösung B: 0,1 N HCl

pH	Lösung A	Lösung B	+8,5%-NaCl-Lösung
	ml	ml	ml
2,6	50	160,5	20
2,8	50	157,5	20
3,0	50	154,5	20
3,2	50	150,0	20
3,4	50	146,0	20
3,6	50	140,0	20
3,8	50	133,5	20
4,0	50	125,5	20
4,2	50	117,5	20
4,4	50	109,5	20
4,6	50	101,5	20
4,8	50	94,5	20
5,0	50	88,0	20
5,2	50	82,5	20
5,4	50	78,0	20
5,6	50	75,0	20
5,8	50	72,5	20
6,0	50	71,0	20
6,2	50	69,5	20
6,4	50	68,5	20
6,6	50	66,5	20
6,8	50	64,0	20
7,0	50	60,5	20
7,2	50	56,5	20

ad 250 ml mit aqua dem. auffüllen.

5 Barbital-(Veronal)-Natrium-Acetatpuffer (Fortsetzung)

pH	Lösung A ml	Lösung B ml	+ 8,5%-NaCl-Lösung ml
7,4	50	50,5	20
7,6	50	43,0	20
7,8	50	34,5	20
8,0	50	26,0	20
8,2	50	18,5	20
8,4	50	13,0	20
8,6	50	9,0	20
8,8	50	6,0	20
9,0	50	4,0	20
9,2	50	2,0	20
9,4	50	1,0	20

ad 250 ml mit aqua dem. auffüllen.

6   Citratpuffer (II)

(HORECKER-LILLIE)

pH 2,86 bis 7,60

Lösung A: 0,1 M Citronensäure
(21,0 g $C_6H_8O_7 \cdot 1\ H_2O/l\ H_2O$)

Lösung B: 0,1 M tri-Natriumcitrat-2-hydrat
(29,4 g $C_6H_5Na_3O_7 \cdot 2\ H_2O/l\ H_2O$)

pH	Lösung A ml	Lösung B ml
2,86	20	0
2,95	19	1
3,08	18	2
3,23	17	3
3,40	16	4
3,58	15	5
3,80	14	6
4,01	13	7
4,27	12	8
4,50	11	9
4,65	10	10
4,84	9	11
5,04	8	12
5,26	7	13
5,50	6	14
5,74	5	15
5,97	4	16
6,17	3	17
6,42	2	18
6,77	1	19
7,60	0	20

7   Essigsäurepuffer

(WALPOLE)

pH 3,6 bis 5,6

Lösung A: 0,2 M Essigsäure

Lösung B: 0,2 M Natriumacetat
(16,4 g $C_2H_3O_2Na$ oder
27,2 g $C_2H_3O_2Na \cdot 3\ H_2O/l\ H_2O$)

pH	Lösung A ml	Lösung B ml
3,6	46,3	3,7
3,8	44,0	6,0
4,0	41,0	9,0
4,2	36,8	13,2
4,4	30,5	19,5
4,6	25,5	24,5
4,8	20,0	30,0
5,0	14,8	35,2
5,2	10,5	39,5
5,4	8,8	41,2
5,6	4,8	45,2

ad 250 ml mit aqua dem. auffüllen.

8   Citratpuffer (III)

(Sørensen)

pH 5,0 bis 6,8

Lösung A : 0,1 M Dinatriumcitrat
(21,0 g Citronensäure-1-hydrat in 200 ml
1 N NaOH ad 1000 ml aqua dem.)

Lösung B : 0,1 N NaOH

pH	Lösung A ml	Lösung B ml
5,0	96,3	3,7
5,2	85,0	15,0
5,4	76,5	23,5
5,6	69,3	30,7
5,8	63,3	36,7
6,0	59,5	40,5
6,2	56,7	43,3
6,4	54,5	45,5
6,6	53,0	47,0
6,8	51,8	48,2

9   Cacodylatpuffer

(PLUMEL)

pH 5,0 bis 7,4

Lösung A : 0,2 M Cacodylsäure Na-salz
        [42,8 g $Na(CH_3)_2AsO_2 \cdot 3\ H_2O/l\ H_2O$]

Lösung B : 0,2 N HCl

pH	Lösung A ml	Lösung B ml
5,0	25	23,5
5,2	25	22,5
5,4	25	21,5
5,6	25	19,6
5,8	25	17,4
6,0	25	14,8
6,2	25	11,9
6,4	25	9,2
6,6	25	6,7
6,8	25	4,7
7,0	25	3,2
7,2	25	2,1
7,4	25	1,4

ad 100 ml mit aqua dem. auffüllen.

10   Phosphatpuffer

(SØRENSEN)

pH 5,0 bis 8,2

Lösung A : 1/15 M Kaliumdihydrogenphosphat
        (9,08 g KH_2PO_4/l H_2O)

Lösung B : 1/15 M di-Natriumhydrogenphosphat-2-hydrat
        (11,88 g $Na_2HPO_4 \cdot 2\ H_2O$/l H_2O)

pH	Lösung A ml	Lösung B ml
5,0	98,8	1,2
5,2	98,0	2,0
5,4	96,7	3,3
5,6	94,8	5,2
5,8	91,9	8,1
6,0	87,7	12,3
6,2	81,5	18,5
6,4	73,2	26,8
6,6	62,7	37,3
6,8	50,8	49,2
7,0	39,2	60,8
7,2	28,5	71,5
7,4	19,6	80,4
7,6	13,2	86,8
7,8	8,6	91,4
8,0	5,5	94,5
8,2	3,3	96,7

11   Trismaleatpuffer

(GOMORI)

pH 5,2 bis 8,6

Lösung A : 0,2 M Trismaleat
(24,2 g Tris-(hydroxy-methyl)-amino-methan
+ 23,2 g Maleinsäure/l H_2O)

Lösung B : 0,2 N NaOH

pH	Lösung A ml	Lösung B ml
5,2	25	3,5
5,4	25	5,4
5,6	25	7,8
5,8	25	10,3
6,0	25	13,0
6,2	25	15,8
6,4	25	18,5
6,6	25	21,3
6,8	25	22,5
7,0	25	24,0
7,2	25	25,5
7,4	25	27,0
7,6	25	29,0
7,8	25	31,8
8,0	25	34,5
8,2	25	37,5
8,4	25	40,5
8,6	25	43,3

12 Collidinpuffer

(Gomori)

pH 6,45 bis 8,35

Lösung A : 0,5 м sym-Collidin
(60,59 g $C_8H_{11}N/l\ H_2O$)

Lösung B : 0,1 n HCl

pH	Lösung A ml	Lösung B ml
6,45	25	45,0
6,62	25	42,5
6,80	25	40,0
6,92	25	37,5
7,03	25	35,0
7,13	25	32,5
7,22	25	30,0
7,31	25	27,5
7,40	25	25,0
7,49	25	22,5
7,57	25	20,0
7,67	25	17,5
7,77	25	15,0
7,88	25	12,5
8,00	25	10,0
8,18	25	7,5
8,35	25	5,0

ad 100 ml mit aqua dem. auffüllen.

13   Tris-HCl-Puffer

(GOMORI)

pH 7,2 bis 9,0

Lösung A: 0,2 M Tris-(hydroxy-methyl)-amino-methan
(24,2 g $C_4H_{11}NO_3$/l H_2O)

Lösung B: 0,2 N HCl

pH	Lösung A ml	Lösung B ml
7,2	22,1	77,9
7,4	20,7	79,3
7,6	19,2	80,8
7,8	16,3	83,7
8,0	13,4	86,6
8,2	11,0	89,0
8,4	8,3	91,7
8,6	6,1	93,9
8,8	4,1	95,9
9,0	2,5	97,5

14 Barbital-(Veronal)-Natriumpuffer

(MICHAELIS)

pH 6,8 bis 9,6

Lösung A : 0,1 M Barbital-Natrium
(20,6 g $C_8H_{11}N_2NaO_3$/l H_2O)

Lösung B : 0,1 N HCl

pH	Lösung A ml	Lösung B ml
6,8	52,2	47,8
7,0	53,6	46,4
7,2	55,4	44,6
7,4	58,1	41,9
7,6	61,5	38,5
7,8	66,2	33,8
8,0	71,6	28,4
8,2	76,9	23,1
8,4	82,3	17,7
8,6	87,1	12,9
8,8	90,8	9,2
9,0	93,6	6,4
9,2	95,2	4,8
9,4	97,4	2,6
9,6	98,5	1,5

15 Glycinpuffer (II)

(Sørensen)

pH 8,4 bis 13,0

Lösung A: 0,1 M Glycin in 0,1 N NaCl
$\qquad$ (7,5 g $C_2H_5NO_2$ + 5,85 g NaCl/l H_2O)

Lösung B: 0,1 N NaOH

pH	Lösung A ml	Lösung B ml
8,4	96,5	3,5
8,6	94,8	5,2
8,8	92,1	7,9
9,0	88,5	11,5
9,2	84,2	15,8
9,4	79,0	21,0
9,6	73,2	26,8
9,8	67,7	32,3
10,0	63,0	37,0
10,2	59,0	41,0
10,4	56,1	43,9
10,6	53,7	46,3
10,8	52,2	47,8
11,0	51,0	49,0
11,2	50,3	49,7
11,4	49,7	50,3
11,6	48,8	51,2
11,8	47,8	52,2
12,0	46,2	53,8
12,2	43,6	56,4
12,4	40,0	60,0
12,6	33,4	66,6
12,8	24,2	75,8
13,0	7,5	92,5

F. Physikalisch-Chemische Daten

1   Internationale Atomgewichte

(bezogen auf ^{12}C)

Name	Symbol	Atomgew.	Name	Symbol	Atomgew.
Aluminium	Al	26,9815	Lithium	Li	6,939
Antimon	Sb	121,75	Lutetium	Lu	174,97
Argon	Ar	39,948	Magnesium	Mg	24,312
Arsen	As	74,9216	Mangan	Mn	54,9381
Barium	Ba	137,34	Molybdän	Mo	95,94
Beryllium	Be	9,0122	Natrium	Na	22,9898
Blei	Pb	207,19	Neodym	Nd	144,24
Bor	B	10,811	Neon	Ne	20,183
Brom	Br	79,909	Nickel	Ni	58,71
Cadmium	Cd	112,40	Niob	Nb	92,906
Calcium	Ca	40,08	Osmium	Os	190,2
Cäsium	Cs	132,905	Palladium	Pd	106,4
Cer	Ce	140,12	Phosphor	P	30,9738
Chlor	Cl	35,453	Platin	Pt	195,09
Chrom	Cr	51,996	Praseodym	Pr	140,907
Dysprosium	Dy	162,50	Quecksilber	Hg	200,59
Eisen	Fe	55,847	Rhenium	Re	186,2
Erbium	Er	167,26	Rhodium	Rh	102,905
Europium	Eu	151,96	Rubidium	Rb	85,47
Fluor	F	18,9984	Ruthenium	Ru	101,07
Gadolinium	Gd	157,25	Samarium	Sm	150,35
Gallium	Ga	69,72	Sauerstoff	O	15,9994
Germanium	Ge	72,59	Scandium	Sc	44,956
Gold	Au	196,967	Schwefel	S	32,064
Hafnium	Hf	178,49	Selen	Se	78,96
Helium	He	4,0026	Silber	Ag	107,870
Holmium	Ho	164,930	Silicium	Si	28,086
Indium	In	114,82	Stickstoff	N	14,0067
Iridium	Ir	192,2	Strontium	Sr	87,62
Jod	J	126,9044	Tantal	Ta	180,948
Kalium	K	39,102	Tellur	Te	127,60
Kobalt	Co	58,9332	Terbium	Tb	158,924
Kohlenstoff	C	12,01115	Thallium	Tl	204,37
Krypton	Kr	83,80	Thorium	Th	232,038
Kupfer	Cu	63,54	Thulium	Tm	168,934
Lanthan	La	138,91	Titan	Ti	47,90

1 Internationale Atomgewichte (Fortsetzung)

Name	Symbol	Atomgew.	Name	Symbol	Atomgew.
Uran	U	238,03	Ytterbium	Yb	173,04
Vanadin	V	50,942	Yttrium	Y	88,905
Wasserstoff	H	1,00797	Zink	Zn	65,37
Wismut	Bi	208,980	Zinn	Sn	118,69
Wolfram	W	183,85	Zirkonium	Zr	91,22
Xenon	Xe	131,30			

Löslichkeit anorganischer Verbindungen

g Substanz/100 g Lösungsmittel
Abkürzungen: A = Äthanol; Ä = Äther; Me = Methanol

Substanz	Formel	Mol.-Gew.	Wasser	Sonstige Lösungsmittel Anmerkungen
Aluminiumchlorid	$AlCl_3 \cdot 6\ H_2O$	241,45	45,6	Kein wasserfreies ACl_3 verwenden, da mit H_2O Explosion!
Ammoniumchlorid	NH_4Cl	53,49	37,4	Me/3,35/19,5 °C
Ammoniummolybdat	$H_{24}Mo_7N_6O_{24} \cdot 4\ H_2O$	1235,86	lösl.	Alkalien, Säuren
Ammoniumnitrat	NH_4NO_3	80,04	187,7/20 °C	A/3,8/20,5 °C, Me/16,3/18,5 °C
Ammoniumsulfat	$(NH_4)_2SO_4$	132,14	75,4	A/lösl.
Ammoniumsulfid	$(NH_4)HS$	51,11	lösl.	Die käufliche wäßrige Lösung ist etwa 20% — A/lösl.
Bariumcarbonat	$Ba(CO_3)$	197,37	$3,5 \times 10^{-3}/25\,°C$	
Bariumchlorid	$BaCl_2 \cdot 2\ H_2O$	244,28	35,7	Me/2,17; wäßrige Lösungen mit gekochtem aqua dem. ansetzen. Unter CO_2-freier Atm. aufbewahren
Bariumsulfat	$BaSO_4$	233,40	$0,23 \times 10^{-3}/18\,°C$	hochkonz. H_2SO_4
Bleihydroxid	$3\ PbO \cdot H_2O$	464,43	0,01/18 °C	Alkalien, Säuren
Bleinitrat	$Pb(NO_3)_2$	331,23	52,2	45% A/8,1/22 °C, Me/1,37/20,5 °C

2 Löslichkeit anorganischer Verbindungen (Fortsetzung)

Substanz	Formel	Mol.-Gew.	Wasser	Sonstige Lösungsmittel Anmerkungen
Bleiphosphat	$Pb_3(PO_4)_2$	811,59	$13,0 \times 10^{-6}$	Alkalien, Säuren
Bleisulfat	$PbSO_4$	303,27	$4,21 \times 10^{-3}$	Alkalien
Bleitetraacetat	$C_8H_{12}O_8Pb$	443,37	zersetzt	in heißer Essigsäure lösl.
Borsäure	H_3BO_3	61,83	4,9	A und Glycerin lösl.
Brom	Br_2	159,82	3,53	A/lösl., Ä/lösl., CCl_4/lösl., konz. HCl/lösl.
Cadmiumchlorid	$CdCl_2 \cdot H_2O$	201,32		
Calciumchlorid	$CaCl_2 \cdot 6\ H_2O$	219,09	74,5	
Calciumphosphat sec.	$CaHPO_4 \cdot 2\ H_2O$	172,10	$0,02/24,5\,°C$	verd. HCl, HNO_3, Ammon.-citratlsg., verd. Essigsäure wenig lösl.
Chlorwasserstoff	HCl	36,46	1 Vol. H_2O/0°C 507 Vol. HCl	auch in org. Lösungsmitteln lösl.
Chromalaun	$KCr(SO_4)_2 \cdot 12\ H_2O$	499,41	25/kalt W.	
Eisen-III-chlorid	$FeCl_3 \cdot 6\ H_2O$	270,30	91,9	
Eisensulfid	FeS	87,91	$0,44 \times 10^{-3}/18\,°C$	Säuren
Hydroxylamin-hydrochlorid	$H_2NOH \cdot HCl$	69,49	83,0	A und Me/sehr leicht lösl.
Kaliumaluminiumsulfat	$KAl(SO_4)_2 \cdot 12\ H_2O$	474,39	$6,01/20\,°C$	
Kaliumchromat	K_2CrO_4	194,20	63,0	
Kaliumdichromat	$K_2Cr_2O_7$	294,19	12,3	

2 Löslichkeit anorganischer Verbindungen (Fortsetzung)

Substanz	Formel	Mol-Gew.	Wasser	Sonstige Lösungsmittel Anmerkungen
Kaliumdisulfit	$K_2S_2O_5$	222,33	44,9	
Kaliumhexacyanoferrat (II)	$K_4[Fe(CN)_6] \cdot 3\ H_2O$	422,41	28,0	A/wenig lösl.
Kaliumhexacyanoferrat (III)	$K_3[Fe(CN)_6]$	329,26	40,0	A/wenig lösl.
Kaliumhexahydroxoantimonat	$K[Sb(OH)_6]$	262,90	28,82	
Kaliumjodat	KJO_3	214,00	8,1	
Kaliumpermanganat	$KMnO_4$	158,03	6,38	Me/Eisessig/Aceton/sehr lösl.
Kobaltnitrat	$Co(NO_3)_2 \cdot 6\ H_2O$	291,04	100,0	
Kobaltsulfid	CoS	91,00	$0,38 \times 10^{-3}$/18°C	Säuren
Kupfer-II-sulfat	$CuSO_4 \cdot 5\ H_2O$	249,68	20,9	A/2,46/3°C/Me/15,6/18°C
Lugolsche Lösung	$KJ \cdot J_2$			Ansatz: 3,5 g $\cdot J_2$, 6 g $\cdot$ KJ in 100 ml H_2O
Magnesiumchlorid	$MgCl_2 \cdot 6\ H_2O$	203,31	54,25	A/lösl.
Magnesiumsulfat	$MgSO_4 \cdot 7\ H_2O$	246,48	35,6	A/15,0/3°C, Me/40,1/15°C
Natriumacetat-Trihydrat	$C_2H_3NaO_2 \cdot 3\ H_2O$	136,08	204,8	A/lösl.
Natriumhydrogencarbonat	$NaHCO_3$	84,01	9,57	
Natriumborhydrid	$NaBH_4$	37,83	20,9/170°C/unter Äthylamin	Pyridin/3,1/25°C
Natriumcarbonat	Na_2CO_3	105,99	48,9/40.°C	

2 Löslichkeit anorganischer Verbindungen (Fortsetzung)

Substanz	Formel	Mol.-Gew.	Wasser	Sonstige Lösungsmittel Anmerkungen
Natriumchlorid	$NaCl$	58,44	35,85	A/wenig lösl., 1 g/10 ml Glycerin
Natriumhexahydroxoantimonat	$Na[Sb(OH)_6]$	246,78	0,03/ 12°C 0,3 /100°C	A/wenig lösl.
Natriumhydroxid	$NaOH$	40,00	107,0	
Natriumnitrit	$NaNO_2$	69,00	81,8	A/wenig lösl.
Natrium(meta)perjodat	$NaJO_4$	213,89	10,3	
Natriumphosphat prim.	$NaH_2PO_4 \cdot H_2O$	137,99	85,2	
Natriumphosphat sec.	$Na_2HPO_4 \cdot 12\ H_2O$	358,14	7,66	
Natriumsulfat	Na_2SO_4	142,06	48,1/40°C	
Natriumtetraborat	$Na_2B_4O_7 \cdot 10\ H_2O$	381,37	2,52	
Natriumthiosulfat	$Na_2S_2O_3 \cdot 5\ H_2O$	248,18	70,0	
Osmium-(VIII)-oxid	OsO_4	254,2	6,5/18°C	Alkalien, CCl_4/lösl.
Perjodsäure	H_5JO_6	227,94		
Salpetersäure	HNO_3	63,01	mischbar	A/zersetzt, Ä/lösl.
Salzsäure	HCl	36,46	mischbar	
Schwefel-IV-oxid	SO_2	64,06	sehr lösl. (mit $H_2O \rightarrow H_2SO_3$)	A/sehr gut lösl.

2 Löslichkeit anorganischer Verbindungen (Fortsetzung)

Substanz	Formel	Mol.-Gew.	Wasser	Sonstige Lösungsmittel Anmerkungen
Schwefelsäure	H_2SO_4	98,08	mischbar	
Schwefelwasserstoff	H_2S	34,08	lösl.	A/lösl.
Silberchlorid	$AgCl$	143,32	$0,154 \times 10^{-3}$	
Silberlactat	$C_3H_5O_3Ag \cdot H_2O$	214,96	7,7	
Silbernitrat	$AgNO_3$	169,88	215,5	A/lösl., Me/3,81/19°C
Tetrachlorogoldsäure	$H(AuCl_4) \cdot 4\,H_2O$	411,85	schwer lösl.	A/schwer lösl.
Thoriumhydroxid	$Th(OH)_4$	300,15	schwer lösl.	Säuren/lösl., Alkalien/lösl.
Thoriumnitrat	$Th(NO_3)_4 \cdot 6\,H_2O$	588,15	181,0	A/sehr gut lösl.
Thoriumoxid	ThO_2	264,04	nicht lösl.	konz. H_2SO_4 langsam lösl.
Wasserstoffperoxid	H_2O_2	34,02	mischbar	Ä/lösl. Die käufliche wäßrige Lösung ist 30%

3 Löslichkeit organischer Verbindungen

g Substanz/100 g Lösungsmittel
Abkürzungen: A = Äthanol; Ä = Äther; Me = Methanol

Substanz	Formel	Mol.-Gew.	Wasser	Sonstige Lösungsmittel	Schmelzpunkt Siedepunkt
Aceton	C_3H_6O	58,08	lösl.	A/lösl., Ä/lösl.	—95 °C +56,3 °C
Acetylthiocholinjodid	$C_7H_{16}JNOS$	289,18			+206—208 °C zersetzt
Adenosin-5'-diphosphat-tri-Natriumsalz	$C_{10}H_{12}N_5Na_3O_{10}P \cdot H_2O$	511,17	lösl.		
Adenosin-3'(+2')mono-phosphat-di-Natriumsalz	$C_{10}H_{12}N_5Na_2O_7P$	391,19	lösl.		
Adenosin-5'-monophosphat-di-Natriumsalz	$C_{10}H_{12}N_5Na_2O_7P$	391,19	lösl.		
Adenosin-5'-triphosphat-di-Natriumsalz	$C_{10}H_{14}N_5Na_2O_{13}P_3 \cdot 4 H_2O$	623,21	lösl.		
L-Adrenalin	$C_9H_{13}NO_3$	183,21	0,009	A/schwer lösl. Alkalien, Säuren	+210—212 °C zersetzt
Äthanol	C_2H_6O	46,07	mischbar	Ä/Chloroform	—114,15 °C +78,3 °C

3 Löslichkeit organischer Verbindungen (Fortsetzung)

Substanz	Formel	Mol.-Gew.	Wasser	Sonstige Lösungsmittel	Schmelzpunkt Siedepunkt
Äthylendiamin-tetra-essigsäure tetra-Natriumsalz	$C_{10}H_{12}N_2Na_4O_8$	380,18	lösl.		
N-Äthylmaleinimid	$C_6H_7NO_2$	125,13	schwer lösl.	A/lösl., Ä/lösl., warmes Benzol/ leicht lösl.	$+44-45\,°C$
Agar-Agar	$(C_2H_{18}O_9)_x$	3000—9000	in heißem H_2O lösl.		
Alcianblau 8 GS	unbekannt				
Ameisensäure	CH_2O_2	46,03	lösl.	A/lösl., Ä/lösl.	$\sim+7,0-8,5\,°C$ $\sim+99,0-101,0\,°C$
4-Amino-diphenylamin	$C_{12}H_{12}N_2$	184,24	lösl.	A/lösl., Ä/lösl.	$+75-76\,°C$ $+354\,°C$
Barbital-Natrium	$C_8H_{11}N_2NaO_3$	206,18	lösl.	A/lösl., Ä/lösl., Alkalien/lösl.	
Benzol	C_6H_6	78,12	0,07/22 °C 0,185/30 °C	A/∞lösl., Ä/∞lösl., Aceton/lösl., Toluol/lösl.	$+5,49\,°C$ $+79-80,5\,°C$
Bernsteinsäure, wasserfrei (Dinatriumsuccinat)	$C_4H_4Na_2O_4$	162,06	lösl.		
6-Brom-2-naphthyl-β-D-glucuronid	$C_{16}H_{17}O_6Br$	385,2			

3 Löslichkeit organischer Verbindungen (Fortsetzung)

Substanz	Formel	Mol.-Gew.	Wasser	Sonstige Lösungsmittel	Schmelzpunkt Siedepunkt
n-Butanol	$C_4H_{10}O$	74,12	7,4/15 °C	A/∞lösl., Ä/∞lösl.	—79,9 °C +116—118 °C
Butyrylthiocholinjodid	$C_9H_{20}JNOS$	317,23			+172—173 °C
Cacodylsäure Natriumsalz	$C_2H_6AsNaO_2 \cdot 3\,H_2O$	214,03	200/20 °C	A/40/20 °C	
N-Cetylpyridiniumchlorid	$C_{21}H_{38}ClN \cdot H_2O$	358,01	lösl.	A, Chloroform/lösl., Ä, Benzol/schwer lösl.	+77—83 °C
4-Chlormercuri-benzoesäure	$C_7H_5ClHgO_2$	357,16			
Chloroform	$CHCl_3$	119,38	0,82/20 °C	A/lösl., Ä/lösl.	—63,5 °C +59—61 °C
Citronensäure-1-hydrat	$C_6H_8O_7 \cdot H_2O$	210,14	73,3/20 °C	A/75,91/15 °C, Ä/2,26/15 °C	+153 °C
sym-Collidin	$C_8H_{11}N$	121,18	lösl.		+169—172 °C
Cytidin-5′-monophosphat di-Natriumsalz	$C_9H_{12}N_3Na_2O_8P$	367,16	lösl.		
Deoxyadenosin-5′-mono-phosphat Diammoniumsalz	$C_{10}H_{20}N_7O_6P \cdot 2\,H_2O$	401,33	lösl.		
Deoxycytidin-5′-monophos-phat di-Natriumsalz	$C_9H_{12}N_3Na_2O_7P$	351,18	lösl.		
Dextran	$(C_6H_{10}O_5)_n$	∼80 000	lösl.		

3 Löslichkeit organischer Verbindungen (Fortsetzung)

Substanz	Formel	Mol.-Gew.	Wasser	Sonstige Lösungsmittel	Schmelzpunkt Siedepunkt
Diäthyläther	$C_4H_{10}O$	74,12	7,5/16°C	A/lösl., Chloroform/lösl.	—116,11°C +34—36°C
N,N′-Diäthyl-pseudoiso-cyaninchlorid	$C_{23}H_{23}ClN_2$	362,90	0,0023/20°C		
Dibenzoylperoxid	$C_{14}H_{10}O_4$	242,23	schwer lösl.	A, Me, Benzin/wenig lösl., Ä, Aceton, Benzol, Essigsäure/lösl.	+105—106°C
2,2′-Dihydroxy-6,6′-di-naphtyldisulfid	$C_{20}H_{14}O_2S_2$	350,46		A/lösl., Essigsäure, Alkalien/lösl.	+220—222°C
4-Dimethylamino-benz-aldehyd	$C_9H_{11}NO$	149,19	lösl.	A/lösl., Ä/lösl.	+73—75°C
N,N-Dimethylformamid	C_3H_7NO	73,10	lösl.	A/lösl.	+152—154°C
Echtblausalz B	$C_{14}H_{12}Cl_2N_4O_2 \cdot ZnCl_2$	339,18 +136,28			
Echtgranatsalz GBC	$C_{14}H_{13}N_4^+ \cdot HSO_4^-$	237,29 +97,07			
Echtrotsalz JTR	$(C_{11}H_{16}ClN_3O_3S)_2 \cdot ZnCl_2$	611,58 +136,28			
Echtrotsalz RC	$(C_7H_6Cl_2N_2O)_2 \cdot ZnCl_2$	410,08 +136,28			

3 Löslichkeit organischer Verbindungen (Fortsetzung)

Substanz	Formel	Mol.-Gew.	Wasser	Sonstige Lösungsmittel	Schmelzpunkt Siedepunkt
Echtrotsalz TR	$C_7H_6ClN_2 \cdot C_{10}H_7O_6S_2$	153,60 +287,30			
Echtviolettsalz B	$(C_{15}H_{14}ClN_2O_2)_2 \cdot ZnCl_2$	579,48 +136,28			
Eserin	$C_{15}H_{21}N_3O_2$	275,35		A/lösl.	+106°C
Essigsäure	$C_2H_4O_2$	60,05	mischbar	A/∞lösl., Ä/∞lösl.	+15,5—16,5°C +116—118°C
Essigsäureanhydrid	$C_4H_6O_3$	102,09		A/∞lösl., Ä/∞lösl.	—73°C +139,4°C
Formaldehyd	CH_2O	30,03	lösl.	A/lösl. Die käufliche wäßrige Lösg. = 37%	~ —92°C ~ —21°C
Gallocyanin	$C_{15}H_{13}ClN_2O_5$	336,73	lösl.	A/schwer lösl., Alkalien, HCl, Essigsäure/lösl.	
D-Glucose-6-phosphat Dinatriumsalz	$C_6H_{11}Na_2O_9P$	304,10	lösl.		
D-Glucose-1-phosphat Dinatriumsalz	$C_6H_{11}Na_2O_9P \cdot 4\,H_2O$	376,17	lösl.		
Glutardialdehyd	$C_5H_8O_2$	100,12	lösl.	Die käufliche wäßrige Lösung = 25%	+187°C

3 Löslichkeit organischer Verbindungen (Fortsetzung)

Substanz	Formel	Mol.-Gew.	Wasser	Sonstige Lösungsmittel	Schmelzpunkt Siedepunkt
Glycerin	$C_3H_8O_3$	92,10	lösl.	A/lösl.	$+20\,°C$ $+290\,°C$
Glycerin-2-phosphat Dinatriumsalz	$C_3H_7Na_2O_6P \cdot 5^1/_2\,H_2O$	315,12	lösl.		
Glycin	$C_2H_5NO_2$	75,07	24,99/25 °C		$+230\,°C$ zersetzt
D(+)-Glykogen	$(C_6H_{10}O_5)_n$	$(162,14)_n$	heiß lösl.		
Gummi arabicum		$2—3 \times 10^5$	teilweise lösl.	A, Glycerin, Äthylen-glycol/wenig lösl.	
Hexamethylentetramin	$C_6H_{12}N_4$	140,19	81,3/12 °C	A/3,2/12 °C, Chloro-form/8,1/12 °C	sublimiert $\sim +278\,°C$ im Vakuum
Hyaluronsäure	$(C_{14}H_{21}NO_{10})_n$	$(163,33)_n$	lösl.		
Hydrochinon	$C_6H_6O_2$	110,11	6,16/15 °C	A/lösl., Ä/lösl., Benzol/0,02	$+170—172\,°C$ $+285\,°C$
2-Hydroxy-adipindialdehyd	$C_6H_{10}O_3$	130,14		Die käufliche wäßrige Lösung $= 12,5\%$	
Inosin-5'-triphosphat di-Bariumsalz	$C_{10}H_{11}Ba_2N_4O_{14}P_3$	778,82	wenig lösl.		
Inosin-5'-monophosphat Bariumsalz	$C_{10}H_{11}BaN_4O_8P \cdot 4\,H_2O$	555,60	lösl.		
Isopentan	C_5H_{12}	72,15		A/lösl., Ä/lösl.	$-158,6\,°C$ $+27,8\,°C$

3 *Löslichkeit organischer Verbindungen (Fortsetzung)*

Substanz	Formel	Mol.-Gew.	Wasser	Sonstige Lösungsmittel	Schmelzpunkt Siedepunkt
Isopropylalkohol	C_3H_8O	60,10	∞ lösl.	A/∞lösl., Ä/∞lösl.	—89,5°C +82—83°C
Maleinsäure	$C_4H_4O_4$	116,08	78,8/25°C	A/69,9/30°C, Ä/8,2/25°C	+135—140°C
Methanol	CH_4O	32,04	lösl.	A/lösl., Ä/lösl.	—97,1°C +64—68°C
Methyläthylketon	C_4H_8O	72,11	29,2/20°C	A, Ä∞lösl.	—86,4°C +79,6°C
Methylbenzoat (Benzoe-säure-Methylester)	$C_8H_8O_2$	136,15		A/lösl., Ä/lösl.	—12,5°C +82—84°C
Methylenblau	$C_{16}H_{18}ClN_3S \cdot 3\ H_2O$	373,91	lösl.	A/lösl., Ä/lösl.	
Methylgrün	$C_{26}H_{33}Cl_2N_3$	458,48	lösl.		
Methyljodid (Jodmethan)	CH_3J	141,94	1,8/15°C	A/∞lösl., Ä/∞lösl.	—66,1°C +41—43°C
α-Naphthol	$C_{10}H_8O$	144,18	unlösl.	A/lösl., Ä/lösl.	+95—97°C +278—280°C
β-Naphthol	$C_{10}H_8O$	144,18	0,074/25°C		
α-Naphtholacetat-mono-Natriumsalz	$C_{12}H_9NaO_2$	208,20		A/lösl., Ä/lösl.	
Naphthol-AS-acetat	$C_{19}H_{15}NO_3$	303,3			
Naphthol-AS-Bi-phosphat	$C_{17}H_2NO_5PNa_2$			A/lösl., Ä/schwer lösl.	

3 Löslichkeit organischer Verbindungen (Fortsetzung)

Substanz	Formel	Mol. Gew.	Wasser	Sonstige Lösungsmittel	Schmelzpunkt Siedepunkt
2-Naphthylphosphat-di-Natriumsalz	$C_{10}H_7Na_2O_4P$	268,12			
1-Naphthylphosphat-mono-Natriumsalz	$C_{10}H_8NaO_4P$	246,14	lösl.	A/schwer lösl.	
Natriumthioglykolat	$C_2H_3NaO_2S$	114,10	lösl.	Ä/lösl.	
Nicotinamid-adenin-dinucleotid reduzierte Form	$C_{21}H_{27}O_{14}N_7P_2Na_2$	665,5	schwer lösl.		
Nicotinamid-adenin-dinucleotid oxydierte Form	$C_{21}H_{27}O_{14}N_7P_2$	663,5	lösl.		
β-Nicotinamid-adenin-dinucleotid	$C_{21}H_{27}N_7O_{14}P_2 \cdot 4\,H_2O$	735,50	lösl.		
Nilblau A (Nilblausulfat)	$C_{20}H_{21}N_3O_5S$	415,47	8 g/20 °C	A/lösl.	
Ninhydrin	$C_9H_4O_3 \cdot H_2O$	178,14	kochend lösl.	Ä/lösl.	$+250{-}254$ °C
Nitrotetrazoliumblauchlorid	$C_{40}H_{30}Cl_2N_{10}O_6$	817,65		A/lösl., Ä/lösl.	$+252$ °C
L-Noradrenalin	$C_8H_{11}NO_3$	169,18	schwer lösl.	Alkalien, verd. Säuren/lösl.	$+216$ °C
Oxalsäure	$C_2H_2O_4$	90,04	9,5/20 °C	A/23,7/15 °C, Ä/23,6	$+188{-}191$ °C

3 Löslichkeit organischer Verbindungen (Fortsetzung)

Substanz	Formel	Mol. Gew.	Wasser	Sonstige Lösungsmittel	Schmelzpunkt Siedepunkt
Paraformaldehyd	$(CH_2O)_n$	$(30,03)_n$	heiß lösl.	Na_2SO_3/lösl., verd. NaOH/lösl.	
Parafuchsin (Pararosanilin)	$C_{19}H_{18}ClN_3$	323,83	schwer lösl.	A/lösl.	
Pikrinsäure	$C_6H_3N_3O_7$	229,11	1,2/20 °C	A/6,23/20 °C, Ä/2,1/20 °C	$+$ 121—122 °C
Propylenglykol	$C_3H_8O_2$	76,09	∞ lösl.	A/∞lösl., Ä/lösl.	$+$ 188 °C
1,10-Phenanthrolinium-chlorid	$C_{12}H_9ClN_2 \cdot H_2O$	234,69	mehr als 1 g	A/lösl., Aceton/lösl., Benzol/1,4	$+$ 93—94 °C
Pyridin	C_5H_5N	79,10	mischbar	A/∞lösl., Ä/∞lösl.	—42 °C $+$ 115,5 °C
Pyronin G	$C_{17}H_{19}ClN_2O$	302,81	8,0	A/0,5	
Rhodamin B	$C_{28}H_{31}ClN_2O_3$	479,02	lösl.	A/schwer lösl.	
D-Ribose-5-phosphat-Bariumsalz	$C_5H_9BaO_8P \cdot 2\,H_2O$	401,47			
D($+$)-Saccharose	$C_{12}H_{22}O_{11}$	342,30	204/20 °C	A/0,9	$+$ 185 °C
Scharlachrot (Sudan IV)	$C_{24}H_{20}N_4O$	380,45	unlösl.	A/0,5	
Sudan III	$C_{24}H_{20}N_4O$	380,45		A/0,15	
Sudanschwarz			unlösl.	A/wenig lösl., Ä/lösl., Diacetin/wenig lösl.	

3 Löslichkeit organischer Verbindungen (Fortsetzung)

Substanz	Formel	Mol. Gew.	Wasser	Sonstige Lösungsmittel	Schmelzpunkt Siedepunkt
Terpineol	$C_{10}H_{18}O$	154,25		A/lösl., Ä/lösl., Essigsäure/lösl.	+35°C +219°C
Tetrachlorkohlenstoff	CCl_4	153,84	0,077/25°C	A/∞lösl., Ä/∞lösl.	—22,9°C +75—77°C
Toluidinblau	$C_{15}H_{16}ClN_3S$	305,83	lösl.	A/lösl.	
Trichloressigsäure	$C_2HCl_3O_2$	163,39	1201/25°C	A/lösl., Ä/lösl.	+55—57°C +196,5°C
Tris-(hydroxymethyl)-aminomethan	$C_4H_{11}NO_3$	121,14	lösl.		+167—170°C
Uridin-5'-monophosphat Bariumsalz	$C_9H_{11}BaN_2O_9P$	459,51	lösl.		
Veronal-Natrium siehe Barbital-Natrium					
p-Xylol	C_8H_{10}	106,17	schwer lösl.	A/lösl., Ä/lösl.	+12,5—13,5°C +137—138°C

4   Dielektrizitätskonstanten einiger Lösungsmittel

Acetaldehyd	14,8
Aceton	21,5
Äthanol	25,8
Ameisensäure	58,8
Benzoesäure-Methylester (Methylbenzoat)	6,6
Benzol	2,24
Butanol	19,2
i-Butanol	28,2
Chloroform	5,16
Diäthyläther	4,4
Dioxan	3,0
Essigsäure	6,29
Formamid	84,0
Glycerin	56,2
Methanol	31,2
Tetrachlorkohlenstoff	2,25

5   Brechungsindices verschiedener Einschlußmedien

n_D gemessen bei $+20\,°C$ in der gelben Natriumlinie

Wasserlösliche Medien:

Bezeichnung	n_D
Zeiss W 15	1,515
Polyvinylpyrollidon (PVP)	1,463
Gummi arabicum	1,461
Karion F	1,451
Lävulosesirup	1,442
Glyceringelatine	1,420
Polyäthylenglykol (PAG)	1,410
Eiweißglycerin	1,407
PVP/aqua dem. 1:1	1,392
PAG/aqua dem. 1:1	1,371

Wasserfreie Medien:

Bezeichnung	n_D
Caedax	1,550
DePeX	1,530
Zeiss L 25	1,525
Kanadabalsam	1,520
Rhenohistol	1,519
Zeiss L 15	1,515
Entellan	1,497
Eukitt	1,489
Paraffinöl	1,483
Terpineol	1,481

6　Molaritäten von Säuren und Basen in kommerziellen Konzentrationen

Substanz	Mol.-Gew.	Mol/l	g/l	%	Spez.-Gew.
Eisessig	60,05	17,4	1064	99,5	1,05
Eisessig	60,05	16,7	1060	96,0	1,058
Ameisensäure	46,02	23,4	1080	90	1,20
Salzsäure	36,5	11,6	424	36	1,18
Salzsäure	36,5	6,25	263	25	1,125
Salzsäure	36,5	2,9	105	10	1,05
Salpetersäure	63,02	15,99	1008	71	1,42
Perchlorsäure	100,5	11,65	1172	70	1,67
Schwefelsäure	98,1	18,0	1766	96	1,84
Ammoniak	35,0	7,16	251	28	0,898
Natronlauge	40,0	19,1	763	50	1,53

7　pH-Werte von Standardlösungen

Normalität	HCl	CH_3COOH	NaOH	NH_3
1,0	0,10	2,37	14,05	11,77
0,1	1,07	2,87	13,07	11,27
0,01	2,02	3,37	12,12	10,77
0,001	3,01	3,87	11,13	10,27
0,0001	4,01	4,65	9,45	9,25

8   Umrechnungstabelle physikalischer Maßeinheiten

Abkürzungen:

n = nano, μ = mikro, m = milli, c = centi, d = dezi,
k = kilo, ÅE = Ångström Einheit.

I. Umrechnung von Längenmaßen:

Einheit entspricht

	nm	μm	mm	cm	dm	m
ÅE	10^{-1}	10^{-4}	10^{-7}	10^{-8}	10^{-9}	10^{-10}
nm	1	10^{-3}	10^{-6}	10^{-7}	10^{-8}	10^{-9}
μm	10^{3}	1	10^{-3}	10^{-4}	10^{-5}	10^{-6}
mm	10^{6}	10^{3}	1	10^{-1}	10^{-2}	10^{-3}
cm	10^{7}	10^{4}	10	1	10^{-1}	10^{-2}
dm	10^{8}	10^{5}	10^{2}	10	1	10^{-1}
m	10^{9}	10^{6}	10^{3}	10^{2}	10	1

II. Umrechnung von Flächenmaßen:

Einheit   entspricht

	μm^2	mm^2	cm^2	dm^2	m^2
μm^2	1	10^{-6}	10^{-8}	10^{-10}	10^{-12}
mm^2	10^{6}	1	10^{-2}	10^{-4}	10^{-6}
cm^2	10^{8}	10^{2}	1	10^{-2}	10^{-4}
dm^2	10^{10}	10^{4}	10^{2}	1	10^{-2}
m^2	10^{12}	10^{6}	10^{4}	10^{2}	1

III. Umrechnung von Volumenmaßen:

Einheit   entspricht

	μm^3	mm^3	cm^3	dm^3	m^3
μm^3	1	10^{-9}	10^{-12}	10^{-15}	10^{-18}
mm^3	10^{9}	1	10^{-3}	10^{-6}	10^{-9}
cm^3	10^{12}	10^{3}	1	10^{-3}	10^{-6}
dm^3	10^{15}	10^{6}	10^{3}	1	10^{-3}
m^3	10^{18}	10^{9}	10^{6}	10^{3}	1

IV. Umrechnung von Gewichtsmaßen:

Einheit	entspricht			
	μg	mg	g	kg
μg	1	10^{-3}	10^{-6}	10^{-9}
mg	10^3	1	10^{-3}	10^{-6}
g	10^6	10^3	1	10^{-3}
kg	10^9	10^6	10^3	1

Gewichts-% der Lösung	Erforderliche Substanzmenge in Gramm, um x ml Lösung zu erhalten													
	10 ml	15 ml	25 ml	30 ml	50 ml	60 ml	90 ml	100 ml	120 ml	150 ml	200 ml	250 ml	500 ml	1000 ml
0,01	0,001	0,0015	0,0025	0,003	0,005	0,006	0,009	0,01	0,012	0,015	0,02	0,025	0,05	0,1
0,02	0,002	0,003	0,005	0,006	0,01	0,012	0,018	0,02	0,024	0,03	0,04	0,05	0,1	0,2
0,05	0,005	0,0075	0,0125	0,015	0,025	0,03	0,045	0,05	0,06	0,075	0,1	0,125	0,25	0,5
0,1	0,01	0,015	0,025	0,03	0,05	0,06	0,09	0,1	0,12	0,15	0,2	0,25	0,5	1,0
0,2	0,02	0,03	0,05	0,06	0,1	0,12	0,18	0,2	0,24	0,30	0,4	0,5	1,0	2,0
0,25	0,025	0,0375	0,0625	0,075	0,125	0,15	0,225	0,25	0,3	0,375	0,5	0,625	1,25	2,5
0,5	0,05	0,075	0,125	0,15	0,25	0,3	0,45	0,5	0,6	0,75	1,0	1,25	2,5	5,0
1	0,1	0,15	0,25	0,3	0,5	0,6	0,9	1,0	1,2	1,5	2,0	2,5	5,0	10,0
1,5	0,15	0,225	0,375	0,45	0,75	0,9	1,35	1,5	1,8	2,25	3,0	3,75	7,5	15,0
2	0,2	0,3	0,5	0,6	1,0	1,2	1,8	2,0	2,4	3,0	4,0	5,0	10,0	20,0
3	0,3	0,45	0,75	0,9	1,5	1,8	2,7	3,0	3,6	4,5	6,0	7,5	15,0	30,0
4	0,4	0,6	1,0	1,2	2,0	2,4	3,6	4,0	4,8	6,0	8,0	10,0	20,0	40,0
5	0,5	0,75	1,25	1,5	2,5	3,0	4,5	5,0	6,0	7,5	10,0	12,5	25,0	50,0
10	1,0	1,5	2,5	3,0	5,0	6,0	9,0	10,0	12,0	15,0	20,0	25,0	50,0	100,0
15	1,5	2,25	3,75	4,5	7,5	9,0	13,5	15,0	18,0	22,5	30,0	37,5	75,0	150,0
20	2,0	3,0	5,0	6,0	10,0	12,0	18,0	20,0	24,0	30,0	40,0	50,0	100,0	200,0
25	2,5	3,75	6,25	7,5	12,5	15,0	22,5	25,0	30,0	37,5	50,0	62,5	125,0	250,0
40	4,0	6,0	10,0	12,0	20,0	24,0	36,0	40,0	48,0	60,0	80,0	100,0	200,0	400,0
50	5,0	7,5	12,5	15,0	25,0	30,0	45,0	50,0	60,0	75,0	100,0	125,0	250,0	500,0

VI. Literatur

A. Monographien, Handbücher und Zeitschriften

Acta histochemica. Hrsg.: Voss, H., G. E. Voigt und J.-H. Scharf. Jena: VEB Fischer.

Annales d'Histochimie. Organe Officiel de la Société Française d'Histochimie. Rédacteur en chef: R. Wegmann. Paris: Gauthier-Villars.

Biochemisches Taschenbuch. Hrsg.: H. M. Rauen. Berlin-Heidelberg-New York: Springer 1964/1967.

Burstone, M. S.: Enzyme histochemistry and its application in the study of neoplasms. New York, London: Academic Press 1962.

Handbuch der Histochemie. Hrsg.: Graumann, W., u. K. H. Neumann. Stuttgart: Fischer.

Harms, H.: Handbuch der Farbstoffe für die Mikroskopie. Kamp-Lintfort: Staufen 1965.

Hintzsche, E.: Das Aschenbild tierischer Gewebe und Organe. Berlin-Göttingen-Heidelberg: Springer 1956.

Histochemie. Hrsg.: Chevremont, M., P. B. Diezel, P. van Duijn, F. Duspiva, O. Eränkö, P. Gedigk, W. Gössner, W. Graumann, W. A. Jensen, Z. Lojda, F. Moog, H. A. Padykula, A. G. E. Pearse, W. Sandritter, T. H. Schiebler, A. M. Seligman, G. Siebert und M. Wolman, Berlin-Heidelberg-New York: Springer.

Journal of Histochemistry and Cytochemistry. Ed.: T. Barka. Baltimore: Williams and Wilkins Comp.

Lison, L.: Histochimie et cytochimie animales. Principes et méthodes. Paris: Gauthier-Villars 1960.

Pearse, A. G. E.: Histochemistry. Theoretical and applied, 2nd Ed. London: J. and A. Churchill, Ltd. 1961.

Romeis, B.: Mikroskopische Technik, 16. Aufl. München, Wien: R. Oldenbourg 1968.

Spannhof, L.: Einführung in die Praxis der Histochemie, 2. Aufl. Jena: VEB Fischer 1967.

Taschenbuch für Chemiker und Physiker (D'Ans/Lax). Hrsg.: E. Lax. Berlin-Heidelberg-New York: Springer 1964/1967.

B. Literatur zu den Arbeitsvorschriften

Adams, C. W. M.: A p-dimethylaminobenzaldehyde-nitrite method for the histochemical demonstration of tryptophane and related compounds. J. clin. Path. 10/1, 56—62 (1957).

Baker, J. R.: The structure and chemical composition of the Golgi element. Quart. J. micr. Sci. 85, 1—72 (1945).

— The histochemical recognition of lipine. Quart. J. micr. Sci. 87, 441—470 (1946).

Barrnett, R. J., and A. M. Seligman: Histochemical demonstration of sulfhydryl and disulfide groups of protein. J. nat. Cancer Inst. 14, 769—803 (1954).

— — Histochemical demonstration of proteinbound sulfhydryl groups. Science 116, 323—327 (1952).

BENNETT, H. S., and J. H. LUFT: s-Collidine as a basis for buffering fixatives. J. biophys. biochem. Cytol. **6**, 113—114 (1959).

COLEMAN, R., P. J. EVENNETT, and J. M. DODD: The ultrastructural localization of acid phosphatase, alkaline phosphatase and adenosine triphosphatase in induced goitres of Xenopus laevis daudin tadpoles. Histochemie **10**, 33—43 (1967).

DANIELLI, J. F.: A critical study of techniques for the cytochemical demonstration of aldehydes. Quart. J. micr. Sci. **90**, 67—74 (1949).

DEMPSEY, E. W., and M. SINGER: Observations on chemical cytology of the thyroid gland at different functional stages. Endocrinology **38**, 270—295 (1946).

DETTMER, N., u. W. SCHWARZ: Die qualitative elektronenmikroskopische Darstellung von Stoffen mit der Gruppe CHOH-CHOH. Ein Beitrag zur Elektronenfärbung. Z. wiss. Mikr. **61**, 423—429 (1954).

FARQUHAR, M., and G. E. PALADE: Adenosine triphosphatase localization in amphibien epidermis. J. Cell Biol. **30**, 359—379 (1966).

BLINZINGER, K., u. N. MATUSSEK: Die Kontrastierung elektronenmikroskopischer Dünnschnittpräparate mittels Bariumchlorid und ihre Beziehung zu strukturgebundenen unveresterten Sulfatgruppen (Untersuchungen an Mastzellen und an kollagenen Fasertexturen). Naturwissenschaften **50/23**, 723—724 (1963).

BOUIN, P.: Etudes sur l'évolution normale et l'involution du tube séminifère. Arch. Anat. micr. Morph. exp. **1**, 225—339 (1857).

BUNTING, H., and R. F. WHITE: Histochemical studies of skin wounds in normal and scorbutic guinea-pigs. Arch. Path. **49**, 590—600 (1950).

BURSTONE, M. S.: New histochemical technique for the demonstration of tissue oxidase (cytochrome oxidase). J. Histochem. Cytochem. **7**, 112—122 (1959).

CAIN, A. J.: The use of Nile Blue in the examination of lipoids. Quart. J. micr. Sci. **88**, 383—392 (1947).

FEULGEN, R., u. H. ROSSENBECK: Mikroskopisch-chemischer Nachweis einer Nucleinsäure und die darauf beruhende elektive Färbung von Zellkernen in mikroskopischen Präparaten. Hoppe-Seylers Z. physiol. Chem. **135**, 203—248 (1924).

GALLYAS, F.: The histochemical indentification of phosphoglycerides in myelin. J. Neurochem. **10**, 125—126 (1963).

GENDRE, H.: A propos des procédés de fixation et de détection histologique du glycogène. Bull. Histol. Techn. micr. **14**, 262—264 (1937).

GOEBEL, A., u. H. PUCHTLER: Untersuchungen zur Methodik der Darstellung der Succinodehydrogenase im histologischen Schnitt. Virchows Arch. path. Anat. **326**, 312—331 (1955).

GOMORI, G.: An improved histochemical technic for acid phosphatase. Stain Technol. **25**, 81—85 (1950).

— Microscopic histochemistry. Principles and practice. Chicago: University Press 1952.

— The histochemistry of mucopolysaccharides. Brit. J. exp. Path. **35**, 377—380 (1954).

GRAUMANN, W.: Zur Standardisierung des Schiffschen Reagens. Z. wiss. Mikr. **61**, 225—226 (1953).

—, u. W. CLAUSS: Weitere Untersuchungen zur Spezifität der histochemischen Polysaccharid-Eisenreaktion. Acta histochem. (Jena) **6**, 1—7 (1958).

— — Untersuchungen zum cytochemischen Glykogennachweis. III. Mitteilung. Versuch zum Diastasetest. Histochemie **1**, 241—246 (1959).

HALE, C. W.: Histochemical demonstration of acid polysaccharides in animal tissues. Nature (Lond.) **157**, 802 (1946).

HAUG, F.-M.: Electron microscopical localization of the zinc in hippocampal mossy fibre synapses by a modified sulfide procedure. Histochemie **8**, 355—368 (1967).

HERXHEIMER, G.: Über Fettfarbstoffe. Dtsch. med. Wschr. **27**, 607—609 (1901).

HILLARP, N.-A., and B. HÖKFELT: Histochemical demonstration of noradrenaline and adrenaline in the adrenal medulla. J. Histochem. Cytochem. **3**, 1—5 (1955).

Hugon, J., and M. Borgers: Ultrastructural localization of alkaline phosphatase activity in the absorbing cells of the duodenum of mouse. J. Histochem. Cytochem. 14, 629—640 (1966).

Komnick, H.: Elektronenmikroskopische Lokalisation von Na$^+$ und Cl$^-$ in Zellen und Geweben. Protoplasma (Wien) LV/2, 414—418 (1962).

Kramer, H., and G. M. Windrum: The metachromatic staining reaction. J. Histochem. Cytochem. 3, 227—237 (1955).

Kurnick, N. B.: Pyronin Y in the methyl-green-pyronin histological stain. Stain Technol. 30, 213—230 (1955).

Lillie, R. D.: Ethylene reaction of ceroid with performic acid and Schiff reagent. Stain Technol. 27, 37—45 (1952).

— Histopathologic Technic and practical histochemistry. New York, Toronto, Sidney, London: McGraw-Hill Book Company, 2. Aufl. 1954, 3. Aufl. 1965.

—, and J. Greco: Malt diastase and ptyalin in place of saliva in the identification of glycogen. Stain Technol. 22, 67—70 (1947).

Lipp, W.: Histochemische Methoden. München: R. Oldenbourg 1954.

McManus, J. F. A.: Histological demonstration of mucin after periodic acid. Nature (Lond.) 158, 202 (1946).

— Histological and histochemical uses of periodic acid. Stain Technol. 23, 99—108 (1948).

Marinozzi, V.: Silver impregnation of ultrathin sections for electron microscopy. J. biophys. biochem. Cytol. 9, 121—133 (1961).

Meier-Ruge, W., u. E. Meier: Zur Methodik der Artefaktausschaltung bei Anwendung von Diazoniumsalzen in der Histochemie (Phosphatasen, Esterasen usw.). Experientia (Basel) 19, 266 (1963).

Michaelis, L.: Die indifferenten Farbstoffe als Fettfarbstoffe. Dtsch. med. Wschr. 27, 183—184 (1901).

Millonig, G.: Advantages of a phosphate buffer for OsO_4 solutions in fixation. J. appl. Physics 32, 1637 (1961).

Mowry, R. W.: Comparison of technical procedures for histochemical preservation of alkaline phosphatase. Bull. int. Ass. med. Mus. 30, 95—98 (1949).

Müller, G.: Über eine Vereinfachung der Reaktion nach Hale. Acta histochem. (Jena) 2, 68—70 (1955).

Nachlas, M. M., and A. M. Seligman: The histochemical demonstration of esterase. J. nat. Cancer Inst. 9, 415—425 (1949).

Neth, R.: Pers. Mitteilung 1968.

Palade, G. E.: A study of fixation for electr. microscopy. J. exp. Med. 95, 285—298 (1952).

Pearse, A. G. E.: The histochemical demonstration of keratin by methods involving selective oxydation. Quart. J. micr. Sci. 92, 393—402 (1951).

Perls, M.: Nachweis von Eisenoxyd in gewissen Pigmenten. Virchows Arch. path. Anat. 39, 42—48 (1867).

Pihl, E.: Ultrastructural localization of heavy metals by a modified sulfide-silver method. Histochemie 10, 126—139 (1967).

Pischinger, A.: Die Lage des isoelektrischen Punktes histologischer Elemente als Ursache ihrer verschiedenen Färbbarkeit. Z. Zellforsch. 3, 169—197 (1926).

Rambourg, A., and C. P. Leblond: Electron microscope observations on the carbohydrate-rich cell coat present at the surface of cells in the rat. J. Cell Biol. 32, 27—53 (1967).

Reutter, K.: Pers. Mitteilung 1968.

Revel, J.-P.: A stain for the ultrastructural localization of acid mucopolysaccharides. J. Microscopie 3, 535—544 (1964).

Rudolph, G., u. H. J. Klein: Histochemische Darstellung und Verteilung der Glucose-6-Phosphatdehydrogenase in normalen Rattenorganen. Histochemie 4, 238—251 (1964).

Ryter, A., et E. Kellenberger: L'inclusion au polyester pour l'ultramicrotomie. J. Ultrastruct. Res. **2**, 200—214 (1958).

Sabatini, D. D., K. G. Bensch, and R. J. Barrnett: Cytochemistry and electron microscopy. The preservation of cellular ultrastructure and enzymatic activity by aldehyde fixation. J. Cell Biol. **17**, 19—58 (1963).

Sasaki, M., and T. Takeuchi: Histochemical and electron microscopic observations of glycogen synthesized from Glucose-1-phosphate by phosphorylase and branching enzyme in human muscle. J. Histochem. Cytochem. **11**, 342—348 (1963).

Sasse, D.: Untersuchungen zur Nachweismethodik der Uridindiphosphoglucose-glykogentransferase. Histochemie **7**, 39—49 (1966).

— Glykogen in der Ontogenese des Verdauungstraktes. — Chemomorphologische und stoffwechselhistochemische Analyse. Ergebn. Anat. Entwickl.-Gesch. **40/2**, 1—68 (1968).

Schiebler, T. H., u. S. Schiessler: Über den Nachweis von Insulin mit den metachromatisch reagierenden Pseudoisocyaninen. Histochemie **1**, 445—465 (1959).

Schmelzer, W.: Studien über den pathologisch-anatomischen Befund bei der Wismutvergiftung. Dissertation, Dorpat 1896.

Seligman, A. M., Kwang-Chung Tsou, S. H. Rutenburg, and R. B. Cohen: Histochemical demonstration of β-D-glucuronidase with a synthetic substrate. J. Histochem. Cytochem. **2**, 209—229 (1954).

Spriggs, T. L. B., J. D. Lever, P. M. Rees, and J. D. P. Graham: Controlled formaldehyde-catecholamine condensation in cryostat sections to show adrenergic nerves by fluorescence. Stain Technol. **41**, 323—327 (1966).

Swift, J. A., and C. A. Saxton: The ultrastructural location of the periodate-Schiff reactive basement membrane at the dermoepidermal junctions of human scalp and monkey gingiva. J. Ultrastruct. Res. **17**, 23—33 (1967).

Terner, J. Y.: Histochemical alkylation: A study of methyliodide and its effect on tissues. J. Histochem. Cytochem. **12**, 504—511 (1964).

Timm, F.: Zur Histochemie der Schwermetalle. Das Sulfid-Silber-Verfahren. Dtsch. Z. ges. gerichtl. Med. **46**, 706—711 (1958).

Tirmann, J.: Einiges zur Frage der Hämatologie und Genese der Gallenfarbstoffbildung bei Vergiftungen. Görbersdorfer Veröfftl. **2**, 111 (1898).

Vanino, L.: Präparative Chemie, I. Band. Stuttgart: F. Enke 1921.

Wachstein, M., and E. Meisel: Histochemistry of hepatic phosphatases at a physiologic pH. Amer. J. clin. Path. **27**, 13—23 (1957).

Weller, R. O., O. B. Bayliss, Y. H. Abdulla, and C. W. M. Adams: The electron-histochemical demonstration of phosphoglyceride. J. Histochem. Cytochem. **13**, 690—692 (1965).

Williams, G., and D. S. Jackson: Two organic fixatives for acid mucopolysaccharides. Stain Technol. **31**, 189—191 (1956).

Wood, J. G., and R. D. Barnett: Histochemical demonstration of norepinephrine at a fine structural level. J. Histochem. Cytochem. **12**, 197—209 (1964).

Wood, R. L., and J. H. Luft: The influence of buffer systems on fixation with OsO_4. J. Ultrastruct. Res. **12**, 22—45 (1965).

Yasuma, A., and T. Itchikawa: Ninhydrin-Schiff and alloxan-Schiff staining. A new histochemical staining method for protein. J. Lab. clin. Med. **41**, 296—299 (1953).

Sachverzeichnis

Rezepthinweise in Kursiv

SPRINGER-VERLAG
BERLIN · HEIDELBERG · NEW YORK

Neue medizinische Lehrbücher

Leydhecker: Grundriß der Augenheilkunde

Mit einem Repetitorium für Studenten
15., völlig neubearbeitete Auflage. Mit 280 zum Teil farbigen Abbildungen
in 343 Einzeldarstellungen. VIII, 252 Seiten. 1968. Gebunden DM 36,—; US $ 9.00

Jawetz/Melnick/Adelberg: Medizinische Mikrobiologie

2., überarbeitete und erweiterte Auflage. Übersetzt von G. Maass und
R. Thomssen. Mit 192 Abbildungen. XII, 748 Seiten. 1968
Gebunden DM 33,—; US $ 9.50

Steinegger/Hänsel: Lehrbuch der Pharmakognosie

Auf phytochemischer Grundlage. 2., neubearbeitete Auflage
XII, 531 Seiten. 1968. Gebunden DM 78,—; US $ 19.50

Kinderheilkunde

Herausgegeben von G.-A. von Harnack. Mit 195 Abbildungen
XII, 451 Seiten. 1968. Gebunden DM 38,—; US $ 9.50

Garrè/Stich/Bauer: Lehrbuch der Chirurgie

18./19. Auflage, neubearbeitet von K. H. Bauer. Unter Mitarbeit zahlreicher
Fachwissenschaftler. Mit 727, davon 101 farbige Abbildungen. XXIII, 1038 Seiten
1968. Gebunden DM 88,—; US $ 22.00

E. Kern: Allgemeine Chirurgie

Mit 118 Abbildungen. XII, 213 Seiten. 1967. Gebunden DM 28,—; US $ 7.00

K. Idelberger: Lehrbuch der Orthopädie

In Vorbereitung

H. J. Weitbrecht: Psychiatrie im Grundriß

2., überarbeitete Auflage. Mit 24 Abbildungen. XVI, 490 Seiten. 1968
Gebunden DM 46,—; US $ 11.50

Cashell/Durran: Grundriß der Orthoptik

Übersetzt von S. Mattheus. Mit 36 Abbildungen. Etwa 170 Seiten. 1968
Gebunden DM 28,—; US $ 7.00